Köhler
Statistische Einzelfallanalyse

Thomas Köhler

Statistische Einzelfallanalyse

Eine Einführung mit Rechenbeispielen

Anschrift des Autors:
Prof. Dr. Dr. Thomas Köhler
Psychologisches Institut III der Universität Hamburg
von-Melle-Park 5
20146 Hamburg
E-Mail: thomas.koehler@uni-hamburg.de

1. Auflage 2008

© Beltz Verlag, Weinheim, Basel 2008
Programm PVU Psychologie Verlags Union
http://www.beltz.de

Herstellung: Anja Renz
Reihengestaltung: Federico Luci, Odenthal
Satz: Reproduktionsfähige Vorlage des Autors
Druck und Bindung: Druck Partner Rübelmann GmbH, Hemsbach

Printed in Germany

ISBN 978-3-621-27643-6

Vorwort

Einzelfallstatistik hatte vor noch 25 bis 30 Jahren großes Interesse in den Sozialwissenschaften gefunden – Beleg dafür sind etwa im angloamerikanischen Raum die bekannten Monographien von Glass, Willson u. Gottman (1975), Gottman (1981), Barlow u. Hersen (1984) oder das deutschsprachige viel beachtete Sammelwerk von Petermann u. Hehl (1979); mittlerweile ist Einzelfallanalyse als methodisches Werkzeug offenbar in den Hintergrund getreten. Dabei sind die wissenschaftlichen Fragestellungen und Datensätze, die einzelfallstatistische Herangehensweise erfordern, nach wie vor aktuell, im zunehmenden Bemühen um eine empirisch fundierte Psychotherapieforschung sogar vielleicht von größerer Bedeutung denn je: Nachweis von Effekten an behandelten Personen, die sich nicht zu größeren Interventionsgruppen zusammenfassen lassen, sondern die als alleinige Untersuchungsobjekte oder bestenfalls als homogene Kleinstgruppen angesehen werden müssen.

Dass die einzelfallanalytische Forschung (wenigstens in den Sozialwissenschaften) nicht die eigentlich zu erwartende Weiterentwicklung genommen hat, liegt sicher wesentlich daran, dass die statistische Auswertung im Einzelfall mit gewissen methodischen Schwierigkeiten behaftet ist – hier ist in erster Linie die serielle Abhängigkeit der Daten zu nennen – und ihr Verständnis nicht leicht fällt. Insbesondere gilt: ForscherInnen, deren Daten vor allem eine solche Herangehensweise erfordern, nämlich häufig psychotherapeutisch oder beraterisch Tätige, sind nicht unbedingt identisch mit jenen, welche sich in die Feinheiten der Einzelfallstatistik einzuarbeiten bereit sind.

Auf diesem Hintergrund ist die Idee zu dem vorliegenden kleinen Buch gewachsen: Um einzelfallstatistische Auswertung ist bei vielen Datensätzen nicht herumzukommen – es sei denn, man verschenkt Information oder riskiert elementare methodische Kritik; andererseits muss eine solche Auswertung durchzuführen sein ohne ungebührlich lange Einarbeitung in subtile Zeitreihenmodelle. Hier wird deshalb versucht, eine knappe, hoffentlich verständliche, teilweise bewusst simplifizierende Einführung in die Einzelfallstatistik zu leisten. Insbesondere wurde weitgehend auf die eleganten, aber für Anfänger befremdenden Darstellungen mittels Matrizen und Operatoren verzichtet, dies bestenfalls in den Anmerkungen angedeutet. In die Anmerkungen wurde auch ein Großteil der sonstigen mathematischen Begründungen verfrachtet. Diese zu lesen, wird natürlich herzlich aufgefordert; den Gang der Argumentation sollte man aber prinzipiell auch ohne sie verstehen. Explizit sei zugestanden, dass die Ausführungen an einigen Stellen nicht „exakt" sind: So wurde nicht immer streng zwischen einer empirischen Zeitreihe und einer theoretischen (einem „Zeitreihenprozess") unterschieden, nicht konsequent Schätzwerte mit einem „Dachsymbol" kenntlich gemacht, Schätzwerte als Identitäten aufgeführt und zuweilen Voraussetzungen etwas lasch gehabt. Dafür dürfte diese Darstellung aber für statistisch wenig vorgebildete Personen leichter zu verstehen sein, was mir einige Nachlässigkeiten zu rechtfertigen scheint.

Großen Wert wurde auf Rechenbeispiele gelegt: Jeder sollte beispielsweise selbst einmal die Erstellung eines zeitreihenanalytischen Modells aus den Kennwerten des konkreten individuellen Datensatzes nachvollziehen können und die Residuen bestimmen, wenn die im Modell implizierten Zusammenhänge zwischen den Einzeldaten eliminiert werden. Diese Rechenbeispiele bestehen aus kurzen, fiktiven Datenreihen, und ihre Auswertung ist des mittels einfacher Taschenrechner per Hand möglich. Dass solche Beispiele kritisierbar sind, beispielsweise sich oft gewisse Voraussetzungen nicht überprüfen lassen (etwa die Stationarität), sei gerne konzediert.

Von den umfangreichen Anmerkungen abgesehen, ist der eigentliche Text vergleichsweise kurz. Bedenkt man noch, dass zudem eine kurze Einführung in einzelfallanalytische Versuchspläne und Messinstrumente gegeben wird, so bleibt für das, was den Inhalt umfangreicher Bücher ausmacht, nämlich die Zeitreihenanalyse, wenig Platz. Eingehende Ausführungen zu diesem Thema dürfen also nicht erwartet werden; für Vertiefung wird im Text auf weiter gehende Literatur verwiesen, nicht zuletzt auf die bedauerlicherweise nie mehr aktualisierte Monographie von Gottman (1981), der prinzipiell diese Darstellung immer wieder auf längere Abschnitte folgt.

Dank eines glücklichen Zufalls konnte ich von der Hilfe R. Schlittgens profitieren, der selbst mehrere, in zahlreichen Auflagen erschienene Bücher über Zeitreihenanalyse verfasst hat und mir bei verschiedenen Problemen wesentliche Lösungsansätze unterbreitete. Dem Beltz Verlag, insbesondere Frau H. Berger, Frau M. Radecki und Frau A. Renz danke ich sehr für das Publikationsangebot sowie die fachmännische Hilfe bei Abfassung und Texterstellung. Wie so oft, wäre auch hier ohne das Engagement und die profunden Computerkenntnisse von I. Böschen und H. Singmann die Texterstellung gar nicht möglich gewesen; wie schon früher, ist mir auch mein Kollege Reinhold Schwab diesbezüglich von großer Hilfe gewesen. Meine liebe Frau Carmen, welche die Abfassung vieler Bücher zuvor ertragen musste, hat nachweislich bei diesem am meisten gelitten; ich kann nur hoffen, dass ihr Verständnis trotzdem noch für weitere Bücher von mir reicht.

Hamburg, im November 2007   Thomas Köhler

Inhalt

1 Charakteristik und Indikation von Einzelfallanalysen

1.1 Definitionen

Eine *einzelfallanalytische Untersuchung* (Studie) oder *Einzelfallanalyse* wird dann durchgeführt, wenn explizit die *Daten eines Individuums* (allgemeiner: einer Untersuchungseinheit[1]) in einen *Zusammenhang gebracht werden*. In einfachster Form ist dies bereits der Fall, wenn beispielsweise mittels eines Fragebogens der Intelligenzwert einer Person erhoben wird, um eine Entscheidung über die Berufsausbildung zu treffen; ebenfalls eine solche einfache Einzelstudie stellt die laborchemische Bestimmung eines Blutwerts bei einem Patienten dar, um daraufhin gegebenenfalls eine Therapie einzuleiten. Nicht diese elementaren Einzelfallstudien[2] sollen im Weiteren betrachtet werden, ebenso wenig jene, in denen ein Individuum mit verschiedenen Instrumenten zu einem Zeitpunkt (in einer Situation) zur Erstellung eines Einzelprofils untersucht wird. Uns beschäftigen hier jene Studien, bei denen mit mindestens einem Instrument zu *verschiedenen Zeitpunkten* (in *verschiedenen Situationen*) die Untersuchung des betreffenden Individuums erfolgt und diese Daten in einen inneren (intraindividuellen) Zusammenhang gebracht werden.

Werden die untersuchten Variablen nicht explizit mit Hilfe von Zahlen quantifiziert, wird also beispielsweise nur von großen Trennungsängsten oder Bindungsunfähigkeit gesprochen, handelt es sich um eine *qualitative* Einzelfallstudie, was die sicher am meisten verbreitete Form von Einzelfalluntersuchung im oben definierten Sinne darstellt. Bei *quantitativen* Einzelfallstudien werden die Ausprägungen in den interessierenden Variablen skaliert, d. h. mit Zahlen versehen, und diese Zahlenwerte in Verbindung gesetzt – dabei sei angemerkt, dass auch bei vorwiegend qualitativen Einzelfallanalysen häufig diverse quantitative Daten erhoben werden, sofern dafür geeignete Messinstrumente vorliegen, diese aber in qualitativen Begriffen (wie große soziale Ängstlichkeit, geringes Schuldbewusstsein) in das Untersuchungsergebnis eingehen. Eine *statistische Einzelfalluntersuchung* ist eine Studie *quantitativer* Art, bei der die erhaltenen Daten des betrachteten Individuums mittels *statistischer Methoden* intraindividuell (innerhalb der Person) zueinander in Verbindung gesetzt werden; dies kann rein deskriptiv geschehen, indem etwa Mittelwerte in der Variable „soziale Angst" für Zeitpunkte vor und nach Therapie angegeben werden – wohlgemerkt, nicht durch *Mittelung* über verschiedene Personen, sondern *über verschiedene Erhebungszeitpunkte bei der einzigen als Untersuchungsobjekt dienenden Person*. Über diese Deskription hinaus kann versucht werden, die Daten auf Signifikanz zu testen, also bei dieser Person ein zufälliges Zustandekommen von Mittelwertunterschieden vor und nach Therapie auszuschließen – es sei hier schon betont, dass die üblichen gruppenstatistischen Testverfahren (etwa *t*-Test, Varianzanalyse) dabei nicht oder nur unter starken Einschränkungen bzw. nach zusätzlichen Analysen eingesetzt werden können.

Das Gegenstück zur *Einzelfallstatistik* ist die *Gruppen-* oder *Aggregatstatistik*. Beide Begriffe sind wenig geläufig; Aggregatstatistik wird nämlich (etwas ungenau) mit Statistik schlechthin gleichgesetzt. Mittels aggregat- oder gruppenstatistischer Verfahren versucht man, Aussagen über ein *Aggregat*, d. h. eine *Menge von Untersuchungsobjekten in ihrer Gesamtheit*, zu treffen. Ein Beispiel wäre die Bildung des Mittelwerts oder Bestimmung der Varianz einer Variable in einer Stichprobe; die Werte der einzelnen Personen gehen zwar in die Berechnung ein, tauchen aber nicht mehr im Rechenresultat auf; statt dessen ergeben sich *Kennwerte* für das *Aggregat* in seiner Gesamtheit (Stichprobenkennwerte). Unter bestimmten Bedingungen können bekanntlich diese Werte von Stichproben auf Populationen übertragen werden (Ziel der *schließenden* oder *Inferenzstatistik*), z. B. mit einem zu konzedierenden Fehler („Vertrauensbereich") der Stichprobenmittelwert als Schätzung des Populationsmittelwertes dienen. Dies ist der große Vorteil der sonst oft inhaltlich wenig befriedigenden Aggregataussagen, nämlich dass sie von einem überschaubaren *Subaggregat*, der *Stichprobe*, auf das der Untersuchung nicht zugängliche *Gesamtaggregat*, die *Population*, übertragen werden können (*statistischer Induktionsschluss*).

Bei einer *einzelfallanalytischen Untersuchung* (*Einzelfallstudie*) wird versucht, an einer Untersuchungseinheit (im häufigen Fall: einem Individuum) erhobene Daten in einen (*intra-individuellen*) *Zusammenhang* zu bringen. Eine *quantitative Einzelfallstudie* betrachtet *skalierte*, d. h. mit Zahlen versehene *Daten*. Im Rahmen *statistischer Einzelfallstudien* werden Verfahren der Statistik benutzt, um *intraindividuelle Zusammenhänge zu beschreiben* oder/und *auf Zufälligkeit zu überprüfen*; es sei schon darauf hingewiesen, dass die üblichen *Verfahren der Gruppenstatistik* dafür nur *mit Einschränkungen* geeignet sind.

1.2 Arten wissenschaftlicher Hypothesen und ihre Überprüfung

Lehrreich ist die Überlegung, welche Arten von wissenschaftlichen Hypothesen mit welchen der beiden genannten statistischen Vorgehensweisen (Einzelfall- oder Aggregatstatistik) überprüft werden können; man kommt nämlich zum überraschenden Resultat, dass bei vielen der in Psychologie, Pädagogik oder auch Medizin gängigen Hypothesen eine *einzelfallstatistische, nicht eine gruppenstatistische Herangehensweise angebracht* ist. Bunge (1967, S. 238, zitiert nach Westmeyer, 1979) unterscheidet – hier vereinfacht wiedergegeben – vier große Typen wissenschaftlicher Aussagen (bzw. Hypothesen, solange der Wahrheitsgehalt noch nicht fest steht):

- Eine *singuläre* Aussage bezieht sich auf ein einziges Objekt (im hier vornehmlich interessierenden Fall: auf ein bestimmtes Individuum), etwa: Patient A leidet an myeloischer Leukämie; oder: Person B hat nach der Therapie signifikant häufiger pro Tag soziale Kontakte als vor der Behandlung[3].
- Eine *Existenzhypothese* behauptet die Existenz eines oder mehrerer Objekte, für welche eine bestimmte singuläre Aussage zutrifft; beispielsweise: Es gibt Perso-

nen, bei denen sich im Anschluss an eine Wallfahrt ein zuvor gesicherter Tumor nicht mehr nachweisen ließ; oder: Bestimmte Personen sind in der Lage, durch Meditation ihre Pulsfrequenz um 30% zu senken.

- Eine *universelle* Hypothese ist eine All-Aussage, z. B. Freuds berühmte Verführungstheorie: „Ich stelle also die Behauptung auf, zugrunde jedes Falles von Hysterie befinden sich […] **ein oder mehrere Erlebnisse von vorzeitiger sexueller Erfahrung**, die der frühesten Jugend angehören." Oder: Bei allen Personen mit Down-Syndrom lässt sich eine Trisomie 21 nachweisen. Von den universellen Aussagen sind die *Aggregataussagen* klar *zu unterscheiden*.

- *Aggregataussagen* machen – wie oben erläutert – eine Aussage über ein *Aggregat von Objekten* (typischerweise Personen) in *seiner Gesamtheit, nicht über die Einzelobjekte*. Etwa: Die mittlere Lebenserwartung der Neugeborenen in Deutschland beträgt 79,6 Jahre; oder: Die Rückfallwahrscheinlichkeit bei Sexualstraftätern in einer bestimmten Region beträgt 45%; oder: 72% der Lehrer werden vorzeitig pensioniert; oder: Die durchschnittliche deutsche Familie hat 1,3 Kinder; oder: Die Standardabweichung des Alters in der untersuchten Stichprobe betrug 4,34 Jahre. Es leuchtet unmittelbar ein, dass eine solche Aggregataussage nicht auf die Individuen des Aggregats übertragen werden darf: So beträgt die Rückfallwahrscheinlichkeit für einen bestimmten Sexualstraftäter entweder 100% oder 0%, d. h. er wird entweder rückfällig oder nicht; ein bestimmtes Individuum wird eine Lebenserwartung von ziemlich sicher nicht genau 79,6 Jahren haben; keine einzige deutsche Familie hat 1,3 Kinder; die Standardabweichung des Alters in einer Stichprobe ist überhaupt für ein einzelnes Stichprobenelement nicht definiert.

Die Frage, an welche Hypothesentypen aggregatstatistisch oder besser einzelfallanalytisch heranzugehen ist, lässt sich rasch beantworten. Der Wahrheitsgehalt von *singulären*, *Existenz-* und *universellen* Hypothesen kann nur *einzelfallanalytisch* überprüft werden. Die singuläre Aussage, Patient A leidet an myeloischer Leukämie, setzt genaue Untersuchung dieses Individuums voraus, insbesondere Erhebung des Blutbildes, am besten mehrfach, um mögliche Irrtümer auszuschließen. An einem Aggregat erhobene Daten werden dabei lediglich insofern gebraucht, als sie die für die Beurteilung wertvollen *Referenzwerte* liefern; die dazu notwendige Untersuchung des Aggregats hat aber typischerweise lange vorher und unabhängig vom Fall des betrachteten Patienten A statt gefunden, diente zur Ermittlung von Normwerten für Blutkörperchen in der Population. Weniger einfach gestaltet sich die Überprüfung der Hypothese bezüglich Person B: Hier ist in jedem Fall zumindest eine zweifache Erhebung der sozialen Kontakte erforderlich, nämlich vor und nach der Therapie. Bekanntlich schwanken diese beträchtlich über die Erhebungszeitpunkte (abhängig u. a. von Jahreszeit, Wetter, Arbeitsbelastung), sodass Vergleich zweier Werte so gut wie gar keine Aussagekraft besitzt; erst die mehrfache Erhebung der Zahl sozialer Kontakte vor und nach Therapie (am besten über längere Intervalle, in denen alle denkbaren Varianten von Jahreszeit, Wetter und Arbeitsbelastungen in jedem der verglichenen Zeiträume vorkommen) sowie eine sorgsame einzelfallstatistische Auswertung, die insbesondere die serielle Abhängigkeit der Daten in Rechnung setzen muss, können den schlüssigen Nachweis erbringen, dass sich nach Therapie die Anzahl sozialer Kontakte in überzufälligem Ausmaß erhöht hat.

Dass die Überprüfung einer Existenzhypothese, die ja eine Variante einer singulären darstellt, ebenfalls einzelfallanalytisch zu geschehen hat, ist trivial. So müssten eben bei einer Person, deren Tumor sich angeblich nach einer Wallfahrt zurückgebildet hat, Befunde vorher und nachher in Beziehung gesetzt werden.

Eine *universelle Aussage* stellt eine *Menge von singulären Aussagen* dar, die für *alle* Mitglieder einer Gruppe (Stichprobe oder Population) gelten. Die Universalität einer Aussage für Elemente einer nicht in ihrer Gesamtheit der Untersuchung zugänglichen Menge zu beweisen, stellt bekanntlich ein erhebliches logisches Problem dar; will man gleichwohl den Versuch unternehmen, muss dies natürlich durch *einzelfallanalytische Studien* geschehen, ebenso wie Widerlegung einer universellen Aussage nur durch Nachweis eines nicht hypothesenkonformen Einzelfalls gelingt.

Aggregataussagen sind die einzigen, die gruppen- oder aggregatstatistische Herangehensweise erfordern, wobei die Logik des statistischen Induktionsschlusses es gestattet, sich bei der Untersuchung – anders als bei der Verifizierung einer universellen Hypothese – auf ein *Subaggregat zu beschränken*, eine so genannte *Stichprobe*. Vorausgesetzt, dieses Subaggregat ist repräsentativ für die ins Auge gefasste Population, lässt sich der Stichprobenbefund auf letztere verallgemeinern, wobei man entweder einen bestimmten Schätzfehler konzedieren muss (z. B. bei der Schätzung des Populations- aus dem Stichprobenmittelwert) oder im Falle komparativer Aussagen (etwa bei prä-post-Vergleichen) eine gewisse Irrtumswahrscheinlichkeit der verallgemeinernden Aussage zugibt.

Wissenschaftliche Hypothesen lassen sich in *singuläre*, *Existenz-* und *universelle Hypothesen* unterteilen; daneben gibt es die *Aggregathypothesen*, welche Aussagen über eine *Menge in ihrer Gesamtheit*, nicht über deren einzelne Elemente, machen. Überprüfung von Hypothesen der ersten Kategorie kann nur *einzelfallanalytisch* geschehen; lediglich *Aggregathypothesen* müssen mit *gruppenanalytischen Methoden*, beispielsweise gruppenstatistischen Verfahren, angegangen werden.

1.3 Aggregierung einzelfallanalytisch gewonnener Aussagen

Einzelfall- und aggregatstatistische Auswertung schließen sich keineswegs aus: Dass zum Zwecke der Verallgemeinerung eine Aggregierung singulärer Aussagen wenn irgendwie möglich versucht werden sollte, ist selbstverständlich, es sei denn, man will sich mit singulären Aussagen des Typs begnügen, bei Patienten A, B und D habe sich eine einzelfallstatistisch überzufällige Verbesserung ergeben, bei Patient C nicht. In vielen Fällen wird die Schärfe des gruppenstatistischen Tests (seine Power) durch einzelfallanalytische Vorbehandlung der Daten erhöht[4]; ein solcher Fall sei anhand fiktiver Daten besprochen.

Bei 15 Personen P_i wurde vor einer Therapie dreimal in regelmäßigen Abständen mit einem Fragebogen die Intensität der sozialen Kontakte erhoben; das geschah ebenfalls dreimal, nachdem die Probanden ein soziales Kompetenztraining absolviert hatten. Tabelle 1.1 zeigt die erhaltenen Rohwerte (Scores) x_{ij} und y_{ij} sowie erste Zwischenwerte der Analyse. In Spalte 4 finden sich die Differenzen der für jeden Probanden über die jeweils drei Messzeitpunkte gemittelten Phasenscores (also $\bar{y}_i - \bar{x}_i$). In der sechsten Spalte steht die Zahl der in der Phase nach Therapie (im Vergleich zum individuellen Mittelwert) erhöhten Messwerte für Intensität sozialer Kontakte (bezeichnet als Variable V mit den Probandenwerten v_i). Proband 1 hat über alle 6 Messzeitpunkte gemittelt eine durchschnittliche Intensität sozialer Kontakte von 6,5; alle post-Therapie-Werte liegen darüber, also ergibt sich $v_1 = 3$. (In den fiktiven Daten wurde der Fall ausgeschlossen, dass Rohwerte x_{ij} und y_{ij} genau mit dem individuellen Durchschnitt identisch sind, weiter, dass mehr als 3 von den 6 Werten überdurchschnittlich hoch liegen.)

Tabelle 1.1: Scores für soziale Kontakte vor und nach Therapie (fiktive Daten)

Nummer des Pb i 1,2,...,15	Scores vor Therapie x_{ij} zu Messzeitpunkten $j = 1,2,3$	Scores nach Therapie y_{ij} zu Messzeitpunkten $j = 1,2,3$	Differenz zwischen durchschnittlichem post- und prä-Score $z_i = \frac{1}{3}\sum_{j=1}^{3} y_{ij} - \frac{1}{3}\sum_{j=1}^{3} x_{ij}$	Durchschnittlicher Wert über alle Messungen bei der Phasen $z_i = \frac{1}{6}(\sum_{j=1}^{3} y_{ij} + \sum_{j=1}^{3} x_{ij})$	Anzahl erhöhter Werte in post-Therapie-Phase (v_i)
1	5; 5; 5	7; 8; 9	3	6,5	3
2	7; 6; 5	2; 5; 8	−1	5,5	1
3	7; 7; 7	2; 3; 4	−4	5	0
4	3; 5; 7	4; 8; 9	2	6	2
5	4; 4; 4	8; 8; 8	4	6	3
6	8; 8; 8	4; 4; 4	−4	6	0
7	2; 5; 8	3; 9; 9	2	6	2
8	1; 1; 1	7; 7; 7	6	4	3
9	6; 6; 6	4; 4; 4	−2	5	0
10	8; 4; 9	7; 3; 2	−3	5,5	1
11	6; 6; 6	5; 5; 5	−1	5,5	0
12	5; 5; 5	6; 6; 6	1	5,5	3
13	3; 3; 3	5; 5; 5	2	4	3
14	5; 8; 8	3; 7; 2	−3	5,5	1
15	2; 8; 5	7; 6; 5	1	5,5	2
	$\bar{x} = 5,33$	$\bar{y} = 5,53$	$\bar{d} = 0,2$		

Bei der üblichen aggregatstatistischen Auswertung würden wahrscheinlich zunächst die Werte der einzelnen Probanden in den beiden Phasen des Versuchs gemittelt – dieses Vorgehen liefert zwar einen weniger fehlerbehafteten Wert als die Einzelmessungen; jedoch wird hierbei die Information über die intraindividuelle Varianz der Scores für Intensität sozialer Kontakte verschenkt. Sodann würde üblicherweise die Differenz der durchschnittlichen Werte zwischen den Phasen vor und nach Therapie berechnet und mittels des t-Tests für korrelierende Stichproben diese Unterschiede auf Signifikanz getestet, also überprüft, ob die Differenzen d_i von einer Normalteilung (bzw. t-Verteilung) um 0 abweichen. Da die Differenzen aber offensichtlich nicht normalverteilt sind, dürfte man alternativ hier auf den Wilcoxon-Test als nonparametrisches Verfahren ausweichen. Dabei ergibt sich für den kleineren der beiden T-Werte des Tests 57,5, was natürlich weit von jeglicher Signifikanz entfernt ist. Konventionelle aggregatstatistische Auswertung liefert also keinen Anhalt dafür, dass das Kompetenztraining die Intensität sozialer Kontakte verändert hat.

Anders ist die Situation, wenn die Daten einzelfallanalytisch aufbereitet werden, also die bei der Mittelung verloren gehende intraindividuelle Variabilität berücksichtigt wird. Zwar lässt sich an den wenigen vorliegenden Daten keine individuelle Signifikanzprüfung durchführen[5]; immerhin wurde aber für jeden Probanden ein Kennwert erhalten, welcher die Veränderungen seiner Sozialkontakte in den beiden Phasen charakterisiert. Bei Proband 8 liegt offensichtlich ein recht konsistenter Anstieg der sozialen Kontaktfreudigkeit nach Therapie vor, bei Proband 9 ist genau das Gegenteil zu beobachten. Probanden 2 und 15 haben keine nennenswerten Veränderungen in die eine oder andere Richtung gezeigt.

Unter Zufallsbedingungen (fehlendem Einfluss der Therapie auf die Intensität sozialer Kontakte) sollte die Wahrscheinlichkeit für einen überdurchschnittlichen Wert – nennen wir solche Werte b, unterdurchschnittliche Werte a – in jeder Messung den Wert 0,5 annehmen, unabhängig ob diese vor oder nach Therapie durchgeführt wurde. Die Wahrscheinlichkeit für drei erhöhte Werte nach Therapie (also für einen Wert 3 in Spalte 6) würde dann $0,5^3$ betragen, für 0 erhöhte Scores nach Therapie (entsprechend einem Wert von 0 in Spalte 6) gleichfalls $0,5^3$. Den Wert 2 erhält man bei den Konstellationen bba oder bab oder abb (also erster und zweiter Scores der post-Therapie-Phase erhöht, oder erster und dritter, usw.); die Zufallswahrscheinlichkeit dafür ergibt sich als 3/8. Ein Wert von 1 in Spalte 6 ergibt sich, wenn nur eine der drei Messungen nach Therapie erhöhte Scores zeigt, also bei den Konstellationen aab oder aba oder baa; dafür errechnet sich die Zufallswahrscheinlichkeit ebenfalls zu 3/8. Bei den insgesamt 15 Probanden wäre also unter Zufallsbedingungen (fehlendem Einfluss der Therapie, weder im hemmenden noch fördernden Sinne) ein Wert von 3 am wahrscheinlichsten in zwei Fällen erwarten, ebenso ein Wert von 0, während sich die Werte 1 und 2 mit etwa gleicher Häufigkeit ergeben sollten (etwa 5 bis 6mal). Tatsächlich ist der Wert 3 aber 5mal aufgetreten, was sich unter Zufallsbedingungen laut Binomialverteilung bestenfalls in 3% der Fälle beobachten lässt. Bestimmt man daraufhin noch die Wahrscheinlichkeit, dass von den verbleibenden 10 Personen mit einem Wert von weniger als 3 immerhin vier den Minimalwert 0 zeigen, so berechnet sich die Zufallswahrscheinlichkeit dafür als etwa 4%. Somit lässt sich sagen: Die Therapie hat durchaus einen Einfluss gehabt, wenn auch einen für die einzelnen Teilnehmer deutlich unterschiedlichen. Mehr Personen als unter Zufallsbedingungen zu erwarten haben nach Abschluss der Therapie verstärkte Intensität sozialer Kontakte gezeigt; gleichfalls hat bei überzufällig vielen von ihnen die Intervention genau das Gegenteil bewirkt.

Anders als bei einer primären Datenaggregierung konnte sekundäre Aggregierung zunächst einzelfallanalytisch aufbereiteter Daten Effekte nachweisen (und zwar differenzielle). Zudem ließ sich jeder Proband mit einem zwar fehlerbehafteten, prinzipiell aber informativen Kennwert versehen, der seine Reaktion auf die Therapie anschaulicher beschreibt als die einfache Differenz zwischen seinem post- und seinem prä-Therapie-Score. Man könnte nun weiter gehen, nämlich Probanden mit wahrscheinlichen Therapierfolgen (Werte in Spalte 6 von 3) und solche mit wahrscheinlichen regelrechten Therapiemisserfolgen (Werte von 0) hinsichtlich diverser anderer Parameter vergleichen, um eventuelle Prädiktorvariablen für eine erfolgreiche Therapie zu finden.

Allerdings ist prinzipiell ebenso der Fall möglich, dass die aggregierten, einzelfallstatistisch abgesicherten Individualwerte sich weniger leicht gegen Zufälligkeit absichern lassen als die primär aggregierten Werte; ein Beispiel hierfür würde den gesetzten Rahmen jedoch sprengen.

Einzelfallanalytische Auswertung oder einzelfallanalytische Aufbereitung der Daten einer Probandenstichprobe schließt anschließende aggregatstatistische Auswertung keineswegs aus. Es ergibt sich sogar oft der Fall, dass hierdurch die Power des aggregatstatistischen Verfahrens erhöht wird, also die Chance eines signifikanten Resultats steigt. Einzelfallanalytische Auswertung oder Aufbereitung liefert zudem oft Hinweise, bei welchen Probanden sich Effekte nachweisen lassen und mit welchen Eigenschaften der Probanden dies assoziiert sein könnte.

Anmerkungen zu Kapitel 1

1. Eine solche Untersuchungseinheit könnte beispielsweise eine Fußballmannschaft sein, wenn überprüft werden soll, ob sie in der zweiten Halbzeit generell leistungsmäßig nachlässt; ebenso wäre eine Untersuchungseinheit der kompliziert aus den Kursen von dreißig Aktienunternehmen berechnete Deutsche Aktienindex (DAX), wenn dessen Verlauf, etwa in Abhängigkeit vom Dollarkurs, charakterisiert wird. Im Rahmen psychologischer, pädagogischer oder medizinischer Fragestellungen sind es jedoch insbesondere Individuen, deren Daten studiert werden, und auf diesen Fall wollen wir uns im wesentlichen beschränken.

2. So einfach die Erhebung ist und so leicht sich die Interpretation zu gestalten scheint, stecken sie jedoch voller Tücken: So gibt es bei einmaligen Messungen keinen Anhalt für die individuellen Schwankungen des erhobenen Variablenwerts und die Größe des Messfehlers (z. B. die Beeinflussung des Blutdruckwerts durch den Erhebungsvorgang an sich); ebenso ist Ungenauigkeit oder Fehlerhaftigkeit des Messinstruments zu bedenken. Mittelung der Ergebnisse wiederholter Messungen bei diesem Probanden bietet ei-

ne Möglichkeit, seinem „wahren" Wert in dieser Variable und dieser Situation wenigstens näher zu kommen.

3. Man beachte, dass in diesem Beispiel bereits ein einzelfallstatistischer Induktionsschluss vorliegt. Hätte die Aussage gelautet: Die durchschnittliche Zahl der täglichen sozialen Kontakte des Probanden liegt nach Therapie höher als vor Therapie, wären lediglich zwei Stichproben verglichen worden (Erhebungszeitpunkte vor und Erhebungszeitpunkte nach Therapie bei ein und demselben Individuum). Durch den Zusatz „signifikant" ist gesagt, dass ein solcher Unterschied bei tatsächlicher Gleichheit der sozialen Kontakte in beiden Messsituationen nur in weniger als 5% der Fälle (nämlich von ähnlichen Erhebungen bei dem betrachteten Individuum) zu beobachten wäre; man ist deshalb umgekehrt gut beraten, nicht mehr von gleicher Anzahl der sozialen Kontakte vor und nach Therapie auszugehen.

4. Da zur Einzelfallanalyse generell eine gewisse Anzahl von Daten jedes Individuums erforderlich ist, lassen sich geeignete (beispielsweise alle in einer bestimmten Situation erhobene) Daten mitteln und sich der individuelle Fehlerwert vermindern, welcher zusammen mit dem „wahren Wert" des Probanden in die Aggregatstatistik eingeht. Schon aus diesem Grund kann sich der Aufwand intensiverer Erhebung lohnen, auch wenn sich die Daten letztendlich doch nicht für einzelfallstatistische Behandlung eignen.

5. Es scheint nahe liegend, für jeden der Probanden aus den drei Messungen jeder Phase die Phasenmittelwerte und die Varianz innerhalb der Phase zu bilden und die Phasenunterschiede mittels des t-Tests (für unabhängige Stichproben!) auf Überzufälligkeit zu überprüfen; rein rechnerisch wäre dies möglich, die Ergebnisse aber nicht sicher zu interpretieren. Die Schwierigkeit ist hier, dass wir aus (vermutlich) seriell abhängigen Daten Kennwerte erhalten, deren Einsatz in die statistischen Formeln (beispielsweise für den t-Test) Unabhängigkeit der Ausgangsdaten verlangt (siehe 9.1).

2 Einzelfallanalytische Messinstrumente und Versuchspläne

2.1 Gruppen- und einzelfallstatistische Erhebungen: Gemeinsamkeiten und Unterschiede

Im Rahmen aggregatstatistisch ausgewerteter Untersuchungen werden Daten mehrerer (hier n) Personen oder Probanden (allgemein indiziert mit P_i, also hier laufend von P_1 bis P_n) in einer oder mehreren Variablen erhoben – beschränken wir uns augenblicklich auf deren zwei und nennen wir sie zur Vermeidung komplizierter doppelter Indizierung X und Y. Es bezeichne x_1 den Wert des 1. Probanden in Variable X, y_1 seinen Wert in Variable Y; entsprechend seien x_2 und y_2 die Werte des 2. Probanden, x_n und y_n des in der gewählten Reihenfolge letzten. Somit liegen zwei n-elementige Mengen zumeist ganzer positiver Zahlen vor, mit denen sich nun diverse gruppenstatistische Auswertungen vornehmen lassen. Anzumerken ist, dass diese Daten allesamt in einer vergleichbaren Situation erhoben wurden – wenn natürlich auch nicht unbedingt exakt zum selben Tag und zur selben Stunde, wohl aber in einem Zeitraum, während dessen keine nennenswerten Veränderungen in den Variablenwerten zu erwarten sind; der zuerst untersuchte Proband hätte also – von den unvermeidlichen als Fehler betrachteten Schwankungen abgesehen – keine wesentlich anderen Werte in X und Y geliefert, wäre er als letzter untersucht worden. Man beachte weiter, dass hier die Indizierung der Probanden und damit ihrer Variablenwerte willkürlich ist: P_1 könnte der erste Proband sein, dessen Daten vorliegen, aber auch jener, dessen Fragebogen ganz oben liegt oder jener, der schon in einer vorangegangenen Untersuchung als P_1 geführt wurde.

Diese beiden Wertemengen können nun in Beziehung gesetzt werden, beispielsweise indem die Regression von Y auf X oder die Produkt-Moment-Korrelation r_{xy} zwischen den Variablen berechnet wird. Dass für r_{xy} ein reliabler Wert erhalten wird, der sich unter ähnlichen Umständen befriedigend replizieren lässt, hat unter anderem zur Voraussetzung, dass die Werte der einzelnen Probanden in beiden Variablen möglichst unterschiedlich sind (also die Varianzen s_x^2 und s_y^2, berechnet über Individuen, einen großen Wert annehmen). Bei der Formel für den Produkt-Moment-Korrelationskoeffizienten gehen nämlich sowohl in den Zähler (wo die Kovarianz $cov(x;y)$ steht) als auch in das im Nenner stehende Produkt der Standardabweichungen die Abweichungen der einzelnen Probandenwerte von den Stichprobenmitteln ein (siehe dazu Lehrbücher der Statistik, z. B. Köhler, 2004, S. 34 ff.); dies betrifft nicht nur die Abweichungen der individuellen „wahren" Werte, sondern auch der individuellen Fehlerwerte vom durchschnittlichen Fehler (welcher bekanntlich bei einer genügend großen Stichprobe nahe 0 zu erwarten ist). Damit diese Fehlerwerte (die ja nach den Axiomen der klassischen Testtheorie nicht mit den wahren Werten korreliert sind[1] und im Regelfall gewisse Maximalwerte selten überschreiten) gering ins Gewicht bei den Berechnungen fallen, sollten sich die schreiten) gering ins Gewicht bei den Berechnungen fallen, sollten sich die Messwerte der einzelnen Probanden (also die Summe ihrer „wahren" und ihrer Fehlerwerte) möglichst stark unterscheiden. Es ist daher zu erwarten, dass der Produkt-Moment-Korrelationskoeffizient seinen an besten replizierbaren Wert annimmt, wenn die untersuchte Stichprobe in Bezug auf die interessierenden Variablen sehr inhomogen gewählt wird[2].

Diese Forderung *großer Varianz zwischen den Probandenwerten* (großer interindividueller Varianz) birgt nun ein Problem bei der Konstruktion von psychometrischen Messinstrumenten. Ein bekanntes Maß der Zuverlässigkeit solcher Messinstrumente (der Reliabilität), die Test-Retest-Reliabilität (kürzer: Retest-Reliabilität), setzt zweimalige Erhebung an derselben Stichprobe voraus. Dabei muss der Abstand lang genug sein, um eventuelle schiere Erinnerungseffekte auszuschließen; andererseits darf er nicht so groß sein darf, dass inzwischen Veränderungen des Merkmals zu erwarten sind. Die zum Messzeitpunkt t_1 erhobenen Werte der n Probanden $x_{11}, x_{21}, ...x_{i1}, ...x_{n1}$ werden mit den zum Zeitpunkt t_2 mit demselben Messinstrument gewonnenen Werten $x_{12}, x_{22}, ..., x_{i2}, ..., x_{n2}$ korreliert (im Allgemeinen unter Verwendung des Pearsonschen Produkt-Moment-Korrelationskoeffizienten r, in diesem Fall als r_{tt} bezeichnet). Hat r_{tt} einen Wert von 1, so ist die Retest-Reliabilität perfekt; trägt man auf der x-Achse die Nummern der Probanden an, auf der y-Achse ihre Werte bei erster und zweiter Erhebung, würden sich (beim nicht ganz legitimen Verbinden der Punkte) zwei parallele Kurven ergeben[3]. Wie leicht zu sehen, ist dazu Identität der Ergebnisse von erster und zweiter Messung nicht erforderlich; es genügt, dass sich die relative Position der Probanden im Vergleich zum Rest der Stichprobe oder zum Stichprobenmittelwert nicht ändert.

Die Reliabilität eines Tests (welche bekanntlich über die Test-Retest-Reliabilität oder ein anderes Reliabilitätsmaß lediglich *geschätzt* wird) definiert sich als das Verhältnis der „wahren" zur tatsächlichen Varianz in einer genügend großen Stichprobe (im Idealfall: einer Population), also als Populationsvarianz der letztlich unbekannten „wahren Werte" x_i^*, dividiert durch die gefundene Varianz der Messwerte x_i. Somit:

2.1 $\quad r_{tt} = \dfrac{\sigma_{x*}^2}{\sigma_x^2}$.

Wegen $x_i = x_i^* + e_i$ und als Folge der Annahme[4], dass wahre Werte und Fehlerwerte nicht korreliert sind, ergibt sich:

2.2 $\quad \sigma_x^2 = \sigma_{x*}^2 + \sigma_e^2$; daraus folgt durch Umformung: $r_{tt} = 1 - \dfrac{\sigma_e^2}{\sigma_x^2}$.

Die Retest-Reliabilität (ebenso die anderen Indikatoren der Zuverlässigkeit des Messvorgangs wie Paralleltest-Reliabilität, Split-Half- oder Halbierungs-Reliabilität und interne Konsistenz) lässt sich also durch *Vergrößerung der Varianz der Messwerte erhöhen*. Entsprechend ist dafür zu sorgen, dass ein beispielsweise Aktivität operationalisierendes fünfstufiges Item von einigen Probanden tatsächlich auch in der niedrigsten, von anderen in der höchsten Ausprägung angekreuzt wird.

Dies bringt für *Veränderungsmessungen* den gravierenden Nachteil, dass bei einigen Probanden schon in einer vergleichsweise neutralen Situation gewisse Items im Maximalsinn beantwortet wurden und deshalb in extremen Testsituationen diesbezüglich keine weitere Ausschöpfung möglich ist. Die an psychometrische Tests gestellte *Doppelaufgabe*, einerseits *in einer gegebenen Situation optimal zwischen den einzelnen Probanden* zu differenzieren, andererseits *auch situative Unterschiede im Verhalten* nachzuweisen, stellt sich somit als nur schwer lösbar heraus[5].

Bei einzelfallanalytischen Erhebungen sind lediglich die intraindividuellen Unterschiede von Interesse – entweder indem das Verhalten des einzigen betrachteten Individuums in verschiedenen Situationen (z. B. eines Kindes zu Hause und in der Schule) verglichen wird, oder indem zeitliche Veränderungen in ein und derselben Situation in Abhängigkeit von äußeren Faktoren betrachtet werden (etwa eine bestimmte Form des Sozialverhaltens vor und nach Kompetenztraining). Auch hier ist es natürlich erforderlich, dass die gemessenen und zur Verhaltensinterpretation herangezogenen intraindividuellen Unterschiede tatsächlich existieren, also nicht auf zufällige Messschwankungen zurückzuführen sind; somit sind Abschätzungen der Zuverlässigkeit unerlässlich, die jedoch nicht mit den Reliabilitätsprüfungen interindividuell eingesetzter Instrumente gleich gesetzt werden dürfen. Dies sei im nächsten Abschnitt noch etwas genauer ausgeführt.

> In der üblichen Gruppenstatistik eingesetzte Messinstrumente sollen möglich zuverlässig Unterschiede *zwischen einzelnen Personen* erheben. Da zu diesem Zwecke bereits in einer gegebenen Situation möglichst große interindividuelle Varianz vorliegen soll, sind diese Instrumente oft nicht oder nur sehr bedingt geeignet, situative Unterschiede (also Unterschiede *innerhalb eines Probanden*) reliabel zu erfassen. Daher ist ihr Einsatz für Einzelfallstudien nicht empfehlenswert.

2.2 Anforderungen an einzelfallanalytische Messinstrumente

Wir gehen davon aus, dass quantitative Daten erhoben werden und betrachten lediglich den Fall, dass dies mittels eines Fragebogens geschehen soll[6].

Als Beispiel diene ein Messinstrument, das mittels 10 vierstufiger Items Aggressivität messen will. Liegt es bereits vor, muss man sich zunächst Klarheit darüber verschaffen, ob es als so genanntes trait- oder als state-Messinstrument konzipiert wurde. Im ersten Fall soll es überdauerndes, weitgehend von den jeweiligen Situationen unabhängiges (situationsinvariantes) Verhalten messen, was sich typischerweise schon in den Fragen und den angebotenen Antwortmöglichkeiten ausdrückt, etwa: „Ich könnte oft meinem Gegenüber ins Gesicht schlagen", mit den möglichen Antworten: „trifft voll zu", „trifft eher zu", „trifft eher nicht zu", „trifft nicht zu". Oder: „Wenn ich einem Kontrahenten schaden kann, lasse ich mir diese Gelegenheit nicht entgehen"[7]. Allein schon wegen der dezidiert situationsinvariant formulierten Feststellungen wird sich dieses Instrument *nicht eignen*, bei einem *ausgesuchten Probanden den Verlauf der Aggressivität über Zeitpunkte* zu erfassen; hinzu kommt das oben formulierte Problem, dass zur maximalen Ausschöpfung der interindividuellen Varianz in der Messsituation einige Probanden die Fragen schon im Sinne maximaler Aggressivität beantworten sollten.

Ist der betrachtete Fragebogen als state-Messinstrument gedacht, soll er beispielsweise den Zustand der Aggressivität unter verschiedenen Bedingungen messen, etwa in einer vergleichbaren Situation vor und nach einem Aggressionsbewältigungstraining. Somit wird er von der Items her bereits deutlich besser zur Erfassung individueller Verläufe geeignet sein. Eine zu bewertende Aussage könnte etwa lauten: „Augenblicklich könnte ich alles kurz und klein schlagen", mit den Ankreuzmöglichkeiten: „trifft voll zu", „trifft eher zu", „trifft eher nicht zu", „trifft nicht zu". Auch hier ist aber nicht garantiert, dass mittels dieses Inventars eine optimale Beschreibung des Aggressionsverhaltens beim betrachteten Probanden ermöglicht wird und dass die damit gemessenen intraindividuellen Unterschiede auch reliabel[8] sind. Zum einen äußert sich Aggressivität bekanntlich in sehr unterschiedlicher Form, während ein für Gruppenanalysen konstruierter Fragebogen möglichst allgemeine Indikatoren der Aggressivität aufführt. Zum anderen wird bei der Erhebung der Gütekriterien, speziell der Reliabilität, typischerweise wieder die *Varianz zwischen Personen* zur Abschätzung herangezogen, also in diversen Situationen beispielsweise die Split-Half-Reliabilität berechnet. Im Grunde bestimmt man damit aber nicht die Zuverlässigkeit gemessener Veränderungen, sondern die Reliabilität der in den jeweiligen Situationen erhobenen Unterschiede zwischen Probanden.

Ein Instrument zur Erfassung intraindividueller Unterschiede soll jedoch in der Lage sein, diese zuverlässig darzustellen; es muss also im obigen Beispiel sicher gestellt sein, dass ein Unterschied in den Aggressivitätsscores des Probanden zwischen zwei Zeitpunkten (z. B. im nüchternen Zustand und nach dem ersten Glas Bier) nicht auf Unzuverlässigkeit der Messung zurückzuführen ist. Die intraindividuelle Test-Retest-Reliabilität als Kriterium dafür heranzuziehen, dürfte ein sehr schwieriges Unterfangen darstellen – der Test wäre der betrachteten Person in einer Reihe sich inhaltlich entsprechender Paare von Zeitpunkten vorzulegen. Auch die Paralleltest-Reliabilität bietet sich dafür nicht gerade an; in letzterem Fall müsste in zahlreichen Situationen nicht nur der bezüglich Reliabilität zu bewertende Test, sondern auch eine Parallelform präsentiert werden und die beiden Testergebnisse der untersuchten Person über Zeitpunkte korreliert werden. Besser unterteilt man zur Bestimmung der intraindividuellen Zuverlässigkeit künstlich den einzigen Fragebogen in zwei Unterfragebogen (fasst also etwa die Items 1, 3, 5, 7 und 9 als einen Teiltest auf, die Items 2, 4, 6, 8 und 10 als den anderen), summiert die gescorten Antworten als Aggressivitätsmaße A_{unger} und A_{ger} und korreliert diese beiden Werte über die Erhebungssituationen; bekanntlich erhält man damit nur die Reliabilität $r_{1,2}$ der *Testhälften*, die sich mittels der Formel

2.3 $r_{tt} = \dfrac{2r_{1,2}}{1 + r_{1,2}}$

zur Reliabilität r_{tt} des Gesamttests hochrechnen lässt. Diese intraindividuelle Split-Half-Reliabilität zeigt somit an, wieweit die ungeraden Items in gleicher Weise situative Aggressivitätsunterschiede abbilden wie die geraden, alles natürlich nur gültig für die gerade untersuchte Person.

Dies sei am Beispiel eines Instruments zur Messung intraindividueller Schwankungen (beispielsweise hinsichtlich Aggressivität) illustriert, welches nur aus vier Items A, B, C und D besteht; die Scores in diesen Items sollen zur Vermeidung komplizierter Indizierung mit a, b, c und d bezeichnet werden; dieses Instrument sei einer Person zu zehn Zeitpunkten vorgelegt worden. Dabei bedeutet a_j den Score des ersten Items (z. B. „Augenblicklich könnte ich alles kurz und klein schlagen") zum Zeitpunkt t_j; die Antwort „trifft voll zu" wird mit 3 gescort, „trifft eher zu" mit 2, „trifft eher nicht zu" mit 1, „trifft nicht zu" mit 0. Es ergaben sich:

Tabelle 2.1: Fiktive Daten zur Bestimmung der intraindividuellen Split-Half-Reliabilität

Zeitpunkt t_j	1	2	3	4	5	6	7	8	9	10	
a_j	3	2	3	0	0	2	1	3	2	0	
b_j	2	1	3	0	0	1	0	1	1	0	
c_j	3	1	3	0	0	1	0	2	2	1	
d_j	2	2	3	0	0	2	0	1	0	1	
$x_{ungerj} = a_j + c_j$	6	3	6	0	0	3	1	5	4	1	$\bar{x}_{unger} = 2{,}90;$ $s_{unger} = 2{,}33$
$x_{gerj} = b_j + d_j$	4	3	6	0	0	3	0	2	1	1	$\bar{x}_{ger} = 2{,}00;$ $s_{ger} = 2{,}00$

Mittels der Gleichung

$$\textbf{2.4} \quad r_{1,2} = \frac{\sum_{j=1}^{10}(x_{ungerj} - \bar{x}_{unger}) \cdot (x_{gerj} - \bar{x}_{ger})}{(10-1) \cdot s_{unger} \cdot s_{ger}}$$

berechnet sich die Korrelation $r_{1,2}$ zwischen den summierten ungeraden und geraden Items über die 10 Zeitpunkte zu 0,83. Rechnet man diese Split-Half-Reliabilität des halben Tests auf den Gesamttest mit Hilfe von Formel 2.3 hoch, ergibt sich 0,91. Somit zeigen die ungeraden Items A und C Unterschiede zwischen den Zeitpunkten in ähnlicher Weise an wie die geraden Items B und D; würde man x_{ungerj} und x_{gerj} gegen die Zeitpunkte t_j auftragen, ergäbe sich ein weitgehend paralleler Verlauf. Diese Schätzung der intraindividuellen Split-Half-Reliabilität darf allerdings nur zurückhaltend mit den anhand interindividueller Varianz ermittelten Split-

Half-Reliabilitäten von Tests verglichen werden, da die Unabhängigkeit der Messwerte im intraindividuellen Fall mit Sicherheit nicht gegeben ist; immerhin lässt sich sagen, dass situative Unterschiede in den Aggressivitätswerten der betrachteten Person sich sowohl durch die Scores in den ungeraden wie in den geraden Items belegen lassen und daher kaum zufällig sein dürften.

Die intraindividuelle Split-Half-Reliabilität eines Tests lässt sich nach dem Gesagten sehr anschaulich darstellen (im Gegensatz zum interindividuellen Fall): Ist sie hoch, haben die Werte der beiden Zeithälften weitgehend gleichen Zeitverlauf. Dies zeigt Abbildung 2.1, wo gegen die Zeit nicht nur der Mittelwert des Gesamttests, sondern auch die Werte der ungeraden und geraden Items aufgetragen sind.

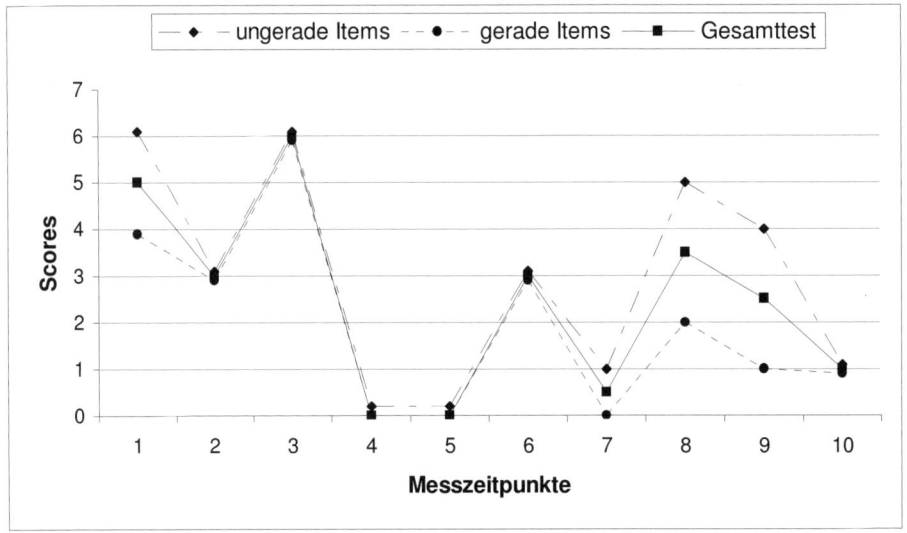

Abbildung 2.1: Zeitverlauf der ungeraden und geraden Items eines Aggressionsfragebogens

Zweifellos kommt es vor, dass ein bewährtes state-Inventar bei der zu untersuchenden Person sich nicht als intraindividuell reliabel erweist; in solchem Fall ist von seiner Verwendung abzuraten und selbst ein einzelfallanalytisch geeignetes Messinstrument zu entwickeln. Dies ist meist gut lösbar, wenn man die betreffende Person genauer beobachtet hat und Indikatoren ihres Verhaltens bzw. ihrer Stimmung kennt. Zu bedenken bei der Konstruktion ist, dass solche Instrumente in der Regel in kurzen Abständen zu bearbeiten sind und daher nur wenige Items umfassen sollen – weniger als einmalig vorgelegte Instrumente zur Messung interindividueller Unterschiede. Vor Einsatz ist das Instrument zweckmäßigerweise für einige Tage dem Probanden zur Bearbeitung in verschiedenen Situationen vorzulegen und zu überprüfen, ob sich hinreichende intraindividuelle Split-Half-Reliabilität findet.

Hohe Reliabilität (Zuverlässigkeit) eines einzelfallanalytischen Messinstruments bedeutet, dass damit gemessene Unterschiede innerhalb einer Person nicht durch Zufall zu Stande gekommen sind, sondern prinzipiell reproduzierbar sind. Im Falle von Einzelfallstudien, bei denen ein Fragebogen mit mehreren Items zum Einsatz kommt, bietet sich als Maß für diese Reproduzierbarkeit die Halbierungs- bzw. Split-Half-Reliabilität an: Mittels der Korrelation (typischerweise der Produkt-Moment-Korrelation) wird überprüft, ob die aus den ungeraden und den geraden Items bestimmten Teilsummenscores vergleichbar über die Zeitpunkte variieren (ähnlichen zeitlichen Verlauf zeigen); angesichts der seriellen Abhängigkeit der Daten darf allerdings diese intraindividuelle Split-Half-Reliabilität hinsichtlich ihrer Höhe nicht allzu rigide interpretiert werden.

Das Kriterium hoher intraindividueller Reliabilität wird in aller Regel nicht von Messinstrumenten erfüllt, die im Rahmen der üblichen trait-Diagnostik entwickelt wurden. Ob ein Instrument zur Erfassung von Zuständen („states") hierfür hinreichend intraindividuell zuverlässig ist, lässt sich im Allgemeinen nicht anhand der für das Inventar angegebenen, auf interindividueller Varianz basierenden Gütekriterium beurteilen; hierzu muss das Instrument der zu untersuchenden Person über eine Reihe von Zeitpunkten präsentiert und die intraindividuelle Reliabilität bestimmt werden. Es kann durchaus der Fall eintreten, dass für diese Person ein eigenes Inventar mit ausreichender (nur für den betrachteten Probanden gültiger) intraindividueller Zuverlässigkeit entwickelt werden muss.

2.3 Einzelfallanalytische Versuchspläne

Soll mittels gruppenstatistischer Verfahren die Effektivität einer Intervention (etwa eines Trainingsprogramms, einer pharmakologischen Behandlung) nachgewiesen werden, ist ein Kontrollgruppendesign das Mittel der Wahl. Die Gruppe, an der die Intervention durchgeführt werden soll (die „treatment-Gruppe") wird üblicherweise zunächst unter Baselinebedingungen untersucht (Phase A), sodann in einer Phase B während und/oder nach Intervention. Einzelheiten solcher Versuchspläne und diverse Varianten (etwa die Unterteilung in die eigentliche Treatment- und die post-treatment-Phase) sind ausführlich in Lehrbüchern zu Interventionsmethoden oder zu Evaluation beschrieben und brauchen in diesem Rahmen nicht dargestellt zu werden. Entscheidend ist, dass auf Grund der Daten dieser Treatment-Gruppe (auch wenn sich signifikante Unterschiede zwischen den Phasen zeigen) nicht sicher auf einen Effekt der Intervention geschlossen werden kann (Frage der internen Validität des Experiments). Deswegen wird – wenn irgend möglich – eine Kontrollgruppe eingesetzt, die in wesentlichen Merkmalen der Interventionsgruppe gleich ist (z. B. bezüglich Altersverteilung, Schwere des Störungsbildes); sie wird in Phase A vor Intervention nicht anders behandelt als die Treatment-Gruppe; in der Treatment-Phase geschieht dann weiterhin nichts mit den Kontrollpersonen oder sie erhalten eine Placebo-Behandlung; in der post-Treatment- und der eventuellen Follow-up-Phase werden vermutlich ähnliche Bedingungen wie in Phase A gewählt werden – wie gesagt, sind gruppenstatistische Versuchspläne nicht Gegenstand dieser Monographie und werden daher höchst summarisch abgehandelt.

Die Auswertung geht im einfachsten Fall so vor sich, dass die Differenzen zwischen Baseline-Phase A und Treatment- bzw-post-Treatment-Phase B in den interessierenden Variablen für jede Person der Treatment-Gruppe bestimmt werden, ebenso die Differenzen in denselben Variablen zwischen entsprechenden Phasen bei den Kontrollpersonen; anschließend werden die beiden Gruppen hinsichtlich Unterschiedlichkeit dieser Differenzen verglichen (z. B. mit dem *t*-Test oder dem *U*-Test nach Mann-Whitney). Raffinierter, wenn auch letztlich nicht sehr viel aussagekräftiger wäre eine zweifaktorielle Varianzanalyse mit den Faktoren Gruppe (Treatment- versus Kontrollgruppe) und dem Faktor Phase (mit einer bestimmten Anzahl von Stufen, beispielsweise zwei beim einfachen prä-post-Vergleich). Zeigen sich signifikant unterschiedliche Veränderungen zwischen den Gruppen, etwa von Phase A zur Phase nach Abschluss der Therapie, lässt sich dies mit guten Argumenten auf die Intervention zurückführen, da alle anderen Bedingungen (etwa Möglichkeit von Spontanremissionen, saisonale Schwankungen, Einfluss weiterer Zufallsvariablen) ähnlich auf Kontroll- und Treatment-Gruppe Einfluss nehmen sollten.

Bei einer einzelfallanalytischen Untersuchung ist die Einführung einer oben geschilderten Kontrollbedingung in der Regel nicht praktikabel[9]. Hier versucht man mit speziellen einzelfallanalytischen Versuchsplänen, die interne Validität wahrscheinlich zu machen, also gegebenenfalls auftretende Veränderungen schlüssig als Folge veränderter Bedingungen (z. B. Einschaltung eines Treatments) zu interpretieren; in Anlehnung an Reinecker (1999) sollen nur einige wenige dargestellt werden (dort weitere Designs mit zahlreichen Literaturangaben; sehr ausführlich dazu auch Barlow u. Hersen, 1984).

A-B-Design
Der einfachste Versuchsplan ist das A-B-Design, wo bei der betrachteten Person zunächst unter einer Ausgangsbedingung A (Baseline) und anschließend nach oder während einer Intervention[10] die Werte in diversen Variablen („abhängigen Variablen") erhoben werden. Dieses in der einzelfallanalytischen Interventionsforschung sehr verbreitete Design entspricht einem gruppenstatistischen prä-post-Vergleich ohne Kontrollgruppe und unterliegt den diesbezüglich bekannten Kritikpunkten, insbesondere der Konfundierung von Interventions- und reinen Zeiteffekten (etwa Reifungsprozessen). Hinzu kommt die „historische Konfundierung", nämlich dass unvorhergesehene Ereignisse die AV in der einen oder anderen Richtung beeinflussen. Während im Fall einer einzigen Therapiegruppe aber wenigstens zu hoffen steht, dass sich gewisse Effekte über die Gruppenelemente mitteln, ist beim einzelfallanalytischen Design die Gefahr unkontrollierter Einflüsse wesentlich größer[11].

A-B-A-Design
Kehrt man nach der Interventionsphase wieder zur Baselinebedingung zurück (geht vom Einzelunterricht zum Klassenunterricht zurück, setzt eine Medikation ab, macht Verstärkungspläne rückgängig) und finden sich Veränderungen der abhängigen Variablen, die denen von Phase A zu Phase B entgegen gesetzt sind, ist der

Schluss zumindest plausibel, dass die zeitlich mit der Intervention zusammen fallenden Veränderungen auch einen Interventionseffekt darstellen[12]. Das Problem ist hierbei natürlich, dass sich gewisse Effekte oft rein praktisch oder aus ethischen Überlegungen schlecht rückgängig machen lassen.

A-B-A-B-Design

Diese auch Replikationsdesign genannte Phasenabfolge ist vor allem zur Kontrolle der Effektivität von operanten Verfahren (Einsatz bzw. Entzug von Verstärkern oder Aversivreizen) gebräuchlich; dass die Aussagekraft über die von A-B- und A-B-A-Designs hinaus geht, ist leicht einzusehen, ebenso aber, dass auch hier der praktischen Durchführbarkeit Grenzen gesetzt sind – während ethisch gesehen die Wiedereinsetzung der unterbrochenen (offenbar wirksamen) Intervention sogar höchst zwingend ist.

Multiple Designs

Von diesen Versuchsplänen, die sehr ausführlich in der Monographie von Barlow u. Hersen (1984, S. 209 ff.) dargestellt sind, sei nur das Multiple-Baseline-Design etwas genauer erläutert. Dabei wird die Baseline A in Unterphasen (A_1, A_2, ..., A_n) eingeteilt, in denen sukzessive die Intervention ausgeweitet wird – insofern wäre die Bezeichnung Multiple-Interventions-Designs mindestens genauso gerechtfertigt. Voraussetzung des multiplen Baseline-Designs sind mehrere abhängige Variablen, die zeitversetzt beeinflusst werden, beispielsweise Hyperaktivität (AV_1) und Aufmerksamkeitsdefizit (AV_2); ebenso könnte man Hyperaktivität in verschiedenen Lebenssituationen (z. B. in der Schule = AV_1, im häuslichen Kreise = AV_2, in der Freizeit außerhalb des Hauses = AV_3) als abhängige Variablen betrachten. In letzterem Beispiel könnte A_1 jene Unterphase der Baseline sein, in der die Ausprägungen in allen drei AVs zunächst nur beobachtet werden, A_2 jene Phase, in der man an AV_2 und AV_3 noch keine Änderungen versucht, während AV_1 (Hyperaktivität in der Schule) gezielt therapiert wird (z. B. mit Belohnung oder Verstärkerentzug), A_3 jene, in der auch das Verhalten im häuslichen Kreis Ziel der Intervention darstellt. Die nächste Phase wäre nicht mehr als Baselineunterphase zu bezeichnen, da in ihr die Intervention auf sämtliche AVs gerichtet ist. Ändern sich nur jene Verhaltensweisen (also hier Verhalten in unterschiedlichen Situationen), die gerade therapiert werden, ist tatsächlich ein Effekt der Intervention sehr wahrscheinlich.

Die augenfällige Problematik dieses Ansatzes ist, dass in aller Regel Verhalten sich keineswegs so selektiv beeinflussen lässt – wäre das Kind mit Methylphenidat behandelt worden, hätten sich natürlich die veränderten Verhaltensweisen sowohl in der Schule, wie zu Hause wie in der sonstigen Freizeit gezeigt; dieses Problem sowie diverse andere des Multiple-Baseline-Designs werden bei Barlow und Hersen (1984, S. 210 ff.) diskutiert und Lösungsmöglichkeiten aufgezeigt; speziell Interessierte seien darauf verwiesen, ebenso bezüglich anderer einzelfallanalytischer Versuchspläne[13].

Anmerkungen zu Kapitel 2

1. Nach diesen Axiomen setzt sich der Messwert x_i eines Probanden zusammen aus dem wahren Wert x_i^* und einem Fehlerwert e_i, der aber von Messung zu Messung unterschiedlich sein kann und daher eindeutiger mit e_{ij} (i = Nummer des Probanden, j = Nummer der Messung) bezeichnet werden sollte; entsprechend müsste natürlich auch der Messwert doppelt indiziert werden, also x_{ij} statt x_i. Liegt nur eine Messung vor bzw. bezeichnen x_i und e_i die über die Messungen gemittelten Werte des Probanden i, gilt die bekannte Gleichung:

$$x_i = x_i^* + e_i \, .$$

Dabei wird angenommen, dass der Erwartungswert des Fehlers (oder weniger mathematisch formuliert: der Populationsmittelwert μ_e der Fehlervariable) 0 beträgt, die Korrelation der Fehlerwerte e_i mit den wahren Werten x_i^* ebenfalls den Wert 0 annimmt.

2. Bestimmt man beispielsweise die Korrelation zwischen Schuh- und Körpergröße bei Kindern in der Vorschule, so wird der erhaltene Wert möglicherweise keineswegs der Erwartung entsprechend ausfallen (beispielsweise nahe 0 liegen oder vielleicht sogar negativ sein) und sich wahrscheinlich bei erneuter Messung einige Tage später oder an anderen vergleichbaren Stichproben nur ungenügend replizieren lassen. Hier sind individuelle Fehlerwerte unverhältnismäßig stark eingegangen; so sind kleine, in der Ungenauigkeit des Messgeräts gegründete Abweichungen der Körpergröße proportional sehr groß, Fehler in der Angabe der Schuhgröße fallen hier besonders ins Gewicht oder manche Eltern (nicht alle) haben die Schuhe vorausschauend schon um eine Nummer größer gekauft – was bei diesen kleinen Füßchen eine überproportionale Erhöhung darstellt. Eine entsprechende Erhebung an einer altersinhomogenen Personengruppe (von Heranwachsenden bis hin zu Personen mit voll abgeschlossenem Wachstum, aber noch nicht einsetzenden Umbildungsprozessen an Körper und Füßen) würde hingegen sicher eine hoch-positive Korrelation liefern, die bei Wiederholung der Erhebung in einem nicht extrem großen Intervall aller Voraussicht ähnlich hoch ausfallen dürfte.

3. Wenig anschaulich ist die übliche Darstellung der Probandenwerte x_{i1}, x_{i2} als Punkte im Koordinatensystem; Proband 1, der beispielsweise bei erster Testung den Wert 5 hat, bei der zweiten den Wert 4, bekäme also den Punkt (5;4) zugewiesen, Proband 10 mit den Werten 5 bei erster und 5 bei zweiter Testung (5;5). Im Falle perfekter Test-Retest-Reliabilität lägen alle diese Punkte dann auf einer (ansteigenden) Geraden.

4. Streng genommen wäre e_{xi} zu schreiben, da dies ein spezifischer, bei Messung von Variable X auftretender Fehler ist; zu viele Indizes machen die Formeln zwar exakter, oft aber unverhältnismäßig schwer lesbar.

5. Üblicherweise wird dies auf einen Kompromiss hinauslaufen, nämlich in einer gegebenen Situation nicht gänzlich die interindividuelle Varianz auszuschöpfen – und damit auf eine möglicherweise noch höhere Reliabilität des Messinstruments zu verzichten –, sodass auch bei Probanden in den Extrembereichen der Merkmalsausprägung noch situative Veränderungen erfasst werden können.

6. Ebenso könnten natürlich psychophysiologische Daten erhoben werden, beispielsweise die Herzrate in sozialen Situationen vor und nach einem Kompetenztraining. Das Problem der Reliabilität psychophysiologischer Messungen ist noch zu wenig thematisiert; hier wird es im Allgemeinen sehr viel mehr darauf ankommen, dass die *situativen Unterschiede* bei einem *einzelnen Probanden* (oder einem mittleren fiktiven Probanden) verlässlich interpretiert werden können als dass *situationsunabhängige Probandenunterschiede* nachgewiesen werden können.

Weiter werden in Einzelfallstudien Verhaltensbeobachtungen eingesetzt (beispielsweise Videoaufzeichnungen mit Registrierung bestimmter Verhaltensmerkmale). Hier ist bekanntlich die Objektivität der Auswertung (z. B. im Sinne von Interrater-Reliabilität) eine zusätzliche Anforderung an die Messung. Gleichwohl darf auch dort das Problem der Test-Retest-Reliabilität in Form der Reproduzierbarkeit situativer Unterschiede nicht vernachlässigt werden. Auf die speziellen Anforderungen an solche Messungen im Rahmen einzelfallanalytischer Auswertung kann hier nicht eingegangen werden (z. B. dass die Interrater-Reliabilität an situativen Unterschieden bei ein und demselben Probanden bestimmt werden muss). Manches lässt sich aus den Überlegungen zur intraindividuellen Reliabilität von Fragebogen ableiten.

7. Das soll hier keineswegs ein Persiflieren der Fragebogendiagnostik darstellen, sondern mit markanten fiktiven Items schnell das Wesentliche solcher trait-Messinstrumente charakterisieren. Selbstverständlich sind bei den bewährten Fragebogen die Fragen deutlich elaborierter und operationalisieren sicher wesentlich besser das betreffende Konstrukt (hier: generelle Aggressivität oder Aggressionsbereitschaft).

8. Wenn man also die Reliabilität angibt, sollte klar durch einen Index gekennzeichnet werden, dass sich diese Angaben nur auf eine bestimmte Person beziehen. Entsprechend konsequent wäre es dann allerdings auch, bei interindividueller (durch Korrelation über Personen) bestimmter Reliabilität durch einen Index anzuzeigen, dass sich dies auf einen *bestimmten Messzeitpunkt* beziehungsweise eine *konkrete Messsituation* bezieht.

9. Prinzipiell wäre es denkbar, dass eine zweite, der untersuchten in wesentlichen Merkmalen vergleichbaren Person zumindest einen Anhalt gibt, wie der Verlauf ohne Intervention hätte aussehen können. So könnte man beispielsweise eines von zwei ADHS-Kindern in einer Klasse unbehandelt lassen, während das andere eine psychostimulatorische Substanz wie Methylphenidat (Ritalin®, CONCERTA®, Medikinet®) erhält; nimmt beim zweiten Kind die Häufigkeit der auffälligen Verhaltensweisen deutlich ab, während beim nicht therapierten Kind keine nennenswerten Veränderungen vorliegen, können diese Effekte schwerlich auf veränderte sonstige Bedingungen (etwa Schulung der Lehrerin in ADHS, häufigere Pausen) zurückgeführt werden. Allerdings wird man bei einem solchen Design nicht mehr als Plausibilitäten herausfinden können.

10. Wird in der Baselinephase sowie während und nach einer Intervention gemessen, handelt es sich um ein A-B-C-Design.

11. Mitunter gelingt es, einige bekannte Einflüsse (etwa begleitende Medikation, soziale Kontakte) wenigstens insofern zu kontrollieren, als man sie über diverse Zeitpunkte protokolliert und mit den prä-post-Verläufen der abhängigen Variable in Beziehung setzt.

12. Ein banales Beispiel aus dem täglichen Leben: Tritt beim Fahren ein Klappergeräusch im Auto auf (Phase A), und verschwindet dieses in Phase B nach besserer Fixierung der Koffer (Intervention), würde der vorsichtige Autofahrer erneut die Koffer in die Ausgangsposition versetzen (Rückkehr zu Phase A), um zu sehen, ob tatsächlich die unsachgemäße Beladung Schuld am Geräusch trägt; er würde so weitgehend ausschließen, dass etwa der Haltevorgang und Auskühlen des Motors das Klappern beseitigt haben; im letzteren Fall wäre eine Wiederkehr der Störung recht wahrscheinlich. Platziert unser Fahrer danach wieder die Koffer korrekt, folgt er einem A-B-A-B-Design.

13. Es sei ergänzt, dass Barlow und Hersen (1984, S. 213 ff.) Multiple-Baseline-Designs nicht nur über verschiedene Verhaltensweisen oder über eine Verhaltensweise in verschiedenen Situationen (wie in die hier im Text angeführten Beispiele) definieren, sondern auch über Personen (across persons). Hier wird eine Therapiemethode zeitversetzt an mehreren vergleichbaren Individuen angewandt, sodass man sich in gewisser Weise dem Kontrollgruppen-Design bei Aggregatuntersuchungen annähert.

3 Intraindividuelle Kennwerte

3.1 Allgemeines; Erinnerung an den interindividuellen Fall

Zur Vorbereitung auf das Studium der Sachverhalte bei einer einzigen Untersuchungseinheit – dem *intraindividuellen* Fall, wie wir dies nennen wollen, weil die Daten typischerweise „innerhalb" eines Individuums erhoben werden – sei kurz an die Verhältnisse bei einer aus vielen Elementen bestehenden Menge erinnert, üblicherweise einer Menge von Personen. Die Grundgesamtheit aller Personen, über die eine Aussage gesucht wird, heißt bekanntlich *Population* – zuweilen wird mit Population auch die Menge der Werte in einer Variable bezeichnet, welche an den Personen der Grundgesamtheit erhoben wird; hier soll Population zumeist im Sinne einer Grundgesamtheit von Personen gebraucht werden (im intraindividuellen Fall möglicher Erhebungszeitpunkte). Eine Population definiert sich über Eigenschaften ihrer Mitglieder, z. B. die Menge der in Deutschland lebenden Frauen, die voll berufstätig sind und zwei Kinder im schulpflichtigen Alter haben. Populationen, wie sie Gegenstand von Psychologie und Pädagogik sind, können sehr groß sein. Daneben gibt es ausgesprochen kleine Populationen, etwa die Bewohner eines Kaukasustals, die eine seltene Sprache sprechen; oder: das Lehrerkollegium eines Gymnasiums einer bestimmten niedersächsischen Kleinstadt.

Bezüglich interessierender Variablen werden Populationen durch *Populationsparameter* beschrieben, die üblicherweise mit griechischen Buchstaben symbolisiert werden. Sei X die Variable Lebensalter, dann bezeichnet μ_x den Altersmittelwert der betrachteten Population; ist letztere vollständig der Untersuchung zugänglich, beispielsweise das angeführte Lehrerkollegium, berechnet sich μ_x einfach als Durchschnitt der Lebensalter der Populationselemente; analog ließe sich die Populationsvarianz σ_x^2 bestimmen. Ein weiterer Populationsparameter wäre das Geschlechtsverhältnis, im Falle des Lehrerkollegiums: 20 Frauen zu 17 Männern. Wie an diesem Beispiel zu sehen, müsste streng genommen jeder Populationsparameter mit einem Zeitindex versehen werden, denn mittleres Lebensalter, Altersvarianz und Geschlechtsverhältnis können sich im kleinen Kollegium rasch ändern.

Üblicherweise ist aber die Population so groß oder in ihrer Gesamtheit der Untersuchung so schlecht zugänglich, dass man sich darauf beschränken muss, die Werte in einer Variable X – nennen wir sie nicht ganz korrekt, aber im Einklang mit dem Sprachgebrauch: AV = abhängige Variable – an einer Untermenge zu erheben, einer *Stichprobe*. Eine solche heißt *repräsentativ*, wenn sie bezüglich *Verteilung der Moderatorvariablen* sich nicht anders verhält als die Population selbst, also u. a. der prozentuale Anteil der Frauen in Stichprobe wie Grundgesamtheit etwa gleich ist, die Altersverteilung in beiden Mengen sich nicht wesentlich unterscheidet, usw. Dies führt auf die Frage, welche der kaum zu überblickenden Moderatorvariablen (neben Alter und Geschlecht möglicherweise diverse „exotische") bei Zusammenstellung einer repräsentativen Stichprobe berücksichtigt werden müssen. Die wenig befriedigende Antwort kann nur lauten: alle jene, welche mutmaßlich auf die Verteilung der Werte in der AV Einfluss nehmen. Letzteres ist keineswegs immer sicher zu beurteilen; in Köhler (2004, S. 124) findet sich ein Beispiel, wo eine zunächst in diesem Kontext irrelevant scheinende Moderatorvariable sich nicht unwesentlich auf die Verteilung einer bestimmten AV auswirken dürfte. Dem Problem, die Repräsentativität der Stichprobe auch bei sorgfältiger Zusammenstellung nicht garantieren zu können, wird bekanntlich durch *Ziehung einer Zufallsstichprobe* begegnet. Hierbei muss jedes Element der Population die *gleiche Wahrscheinlichkeit* haben, *in die Stichprobe aufgenommen* zu werden. Dann verteilen sich bei ausreichendem Stichprobenumfang die Moderatorvariablen (auch jene, an die nicht gedacht wurde) in etwa so wie in der Population. Eine echte Zufallsstichprobe ist also im Wesentlichen auch repräsentativ – von Zufallseinflüssen abgesehen, die sich bei großen Stichproben meist als wenig gravierend erweisen.

Die über die Stichprobenmitglieder verrechneten Werte der abhängigen Variablen werden *Stichprobenkennwerte* genannt und mit lateinischen Buchstaben symbolisiert; gängig sind der Stichprobenmittelwert in der Variable X, meist mit $\bar{x}$, seltener mit m_x bezeichnet, weiter s_x^2, die Varianz der Werte von X in der Stichprobe, schließlich die Wurzel aus der Stichprobenvarianz, die Standardabweichung[1] s_x.

Bekanntlich lassen sich mittels der *Stichprobenkennwerte* die *Populationsparameter schätzen*; wenn nur eine Stichprobe vorliegt, bietet ihr Mittelwert $\bar{x}$ die beste Schätzung[2] für μ_x; üblicherweise werden Schätzwerte mit dem „Dachsymbol" gekennzeichnet: So würde die Beziehung $\bar{x}=\hat{\mu}_x$ besagen, dass man μ_x durch den Mittelwert der Stichprobe schätzt. Berechnet man die Standardabweichung s_x in der Stichprobe dadurch, dass die Summe der Abweichungsquadrate durch $n-1$ dividiert wird (siehe auch Anmerkung 1), so stellt $\hat{\sigma}_x=s_x$ die beste Schätzung von σ_x dar, s_x^2 beste Schätzung von σ_x^2. In vielen Fällen von Stichprobenbefunden (etwa dass in der untersuchten Stichprobe Frauen höhere Werte in Sprachbegabung aufweisen als Männer) ist mit gewisser Irrtumswahrscheinlichkeit auf gleiche Verhältnisse in der Population zu schließen (statistischer Induktionsschluss)[3].

Population im interindividuellen Fall ist eine Grundgesamtheit von Personen, an denen Werte in einer Zufallsvariable X erhoben wurden. Stichproben sind Teilmengen von Populationen; sie heißen repräsentativ, wenn sie in der Verteilung der Moderatorvariablen (jener Variablen, die auf die Werte der Zufallsvariable Einfluss nehmen) sich ähnlich verhalten wie die zu Grunde liegende Population. Zieht man eine genügend große Zufallsstichprobe, haben also alle Elemente der Population die gleiche Wahrscheinlichkeit, in die Stichprobe aufgenommen zu werden, ist diese – von Zufallseinflüssen abgesehen – auch repräsentativ.

Liegt eine repräsentative Stichprobe (Zufallsstichprobe) vor, lassen sich mit gewisser Unschärfe aus den Stichprobenkennwerten die Populationsparameter schätzen, z. B. aus $\bar{x}$, dem Stichprobenmittelwert der Zufallsvariable, der Populationsmittelwert μ_x; dieser Schätzwert wird üblicherweise mit $\hat{\mu}_x$ symbolisiert. Unter bestimmten Bedingungen ist aus Unterschieden zwischen Teilstichproben auf Unterschiede zwischen den entsprechenden Teilen der Population zu schließen (statistischer Induktionsschluss).

3.2 Übertragung auf Einzelfallanalysen

Hier gibt es lediglich *ein Untersuchungsobjekt* (*eine Untersuchungseinheit*), im einfachsten Fall eine bestimmte Person, bei der zu einer Vielzahl von Zeitpunkten Daten erhoben werden. Diese *Untersuchungszeitpunkte* mit den dort bestimmten Werten *entsprechen* also formal den *Personen der Gruppenstatistik*. Auch im Einzelfall lassen sich dann *Populationen* (*Grundgesamtheiten*) und *Stichproben von Zeitpunkten* definieren – dass wir später eine ganz andere Konzeption von Population einführen werden, nämlich als theoretische Zeitreihe oder der einer empirischen Zeitreihe zu Grunde liegende Prozess, sei hier nur erwähnt. Ein Beispiel wäre etwa die Population der Zeitpunkte, in der sich ein als Untersuchungseinheit betrachteter männlicher Proband mit einem ungefähr gleichaltrigen weiblichen Wesen trifft – sie heiße kurz „Interaktionspartnerin". Notwendigerweise muss die Zeitpunktmenge zweckmäßig definiert werden: So wäre es wenig sinnvoll, diese Grundgesamtheit alle Zeitpunkte mit dieser Eigenschaft von der Geburt bis zum Tod des Probanden umfassen zu lassen; je nach Fragestellung ist es sicher zweckmäßiger, nur jene aufzunehmen, die in den Jahren seiner sexueller Interessen liegen, aber auch das würde eine repräsentative Auswahl von Zeitpunkten und dort erhobenen Daten über Jahrzehnte erfordern. Letztendlich muss man sich auf Zeitpunkte im engen Untersuchungszeitraum beschränken – bei der Frage nach repräsentativen Stichproben und Moderatorvariablen wird sich alsbald ergeben, dass auch diese Population noch zu groß gewählt war. Ausschließlich für diese vorab definierten Zeitpunkte wird es bestenfalls gelingen, aus Stichprobenbefunden eine Populationsaussage abzuleiten. Es leuchtet ein, dass eine solche Aussage nicht ohne weiteres noch stärker generalisiert werden darf, z. B. auf die Populationen von Zeitpunkten vor und nach der Untersuchung[4].

Wie in der Gruppenstatistik stellt sich auch im Einzelfall die Aufgabe der *Stichprobenziehung*, hier also die Auswahl geeigneter Zeitpunkte für die Datenerhebung. Wieder müssen diese natürlich *repräsentativ* sein, um eine Generalisierung der Befunde auf die Population der Zeitpunkte zu ermöglichen – im obigen Beispiel auf die Gesamtheit der Treffen mit einem gleichaltrigen weiblichen Wesen (einer „Interaktionspartnerin") innerhalb des Untersuchungszeitraums. Wieder muss zunächst Klarheit über die Moderatorvariablen herrschen, welche diese Zeitpunkte charakterisieren und möglicherweise Einfluss auf das dort gezeigte Partnerinteraktionsverhalten nehmen; letzteres muss natürlich zuvor genau definiert, in Einzelverhaltensweisen zerlegt und beispielsweise mittels Fragebogen messbar gemacht worden sein. Eine wichtige Moderatorvariable im gegebenen Beispiel bildet unzweifelhaft die Unterscheidung zwischen Beruf und Freizeit (mit anderen motivationalen Hintergründen des Treffens), und der Untersucher könnte sich entschließen, die Population von Zeitpunkten pragmatisch auf jene privater Natur einzugrenzen. Angesichts dieser erneuten Einschränkung ist es sicher zweckmäßig zu unterscheiden, ob die Interaktion in öffentlichen Räumen nur zu zweit, in öffentlichen Räumen in weiterer Gesellschaft, in Privaträumen mit und ohne Anwesenheit weiterer passiert. Diese

Trivialausführungen sollen nicht weiter fortgesetzt werden; es ist einleuchtend, dass eine generalisierende Aussage über das Partnerinteraktionsverhalten einer Person nur dann möglich ist, wenn es in einer repräsentativen Auswahl von Situationstypen und am besten dort mehrmals erhoben wurde.

Wiederum besteht die Möglichkeit, eine Zufallsstichprobe von Zeitpunkten für die Erhebungen zu gewinnen; wie ausgeführt, müsste jede persönliche Interaktion der definierten Art im Untersuchungszeitraum die gleiche Chance haben, in die Stichprobe aufgenommen zu werden.

Im Einzelfall entsprechen den Personen der Gruppenstatistik die Zeitpunkte, an denen bei der untersuchten Person Werte der Zufallsvariable erhoben wurden. Auch hier lassen sich Populationen von Zeitpunkten und Untermengen in Form von Stichproben definieren; von den Befunden an letzteren lässt sich, wenn es sich um repräsentative oder Zufallsstichproben handelt, unter gewissen Umständen auf entsprechende Befunde in der Population schließen.

3.3 Univariate Kennwerte

Terminologische Vorbemerkungen
Wurden in einer Stichprobe von Zeitpunkten Werte in einer Variable X erhoben, liegt eine Zeitreihe bezüglich dieser Variable vor (Zeitreihe im weiteren Sinne). Bezeichnet man die Messzeitpunkte mit t_1, t_2, ..., t_j, ...t_K, so sollen die Werte des Probanden in der Variable X zu diesen Zeitpunkten $x(t_1),..x(t_j),..x(t_K)$, genannt werden. Die Zeitpunkte haben hier also den laufenden Index j (während zur Kennzeichnung von Probanden der Index i üblich ist), der höchste Indexwert K gibt die Zahl der Zeitpunkte in der Stichprobe an, die „Länge der Zeitreihe" (für die Zahl der Probanden einer Stichprobe ist n oder N gebräuchlich)[5]. Anders als im interindividuellen Fall ist die *Reihenfolge der Indizierung nicht willkürlich*, sondern es werden die Zeitpunkte in ihrer Abfolge durchnummeriert; es gilt also $t_j < t_q$ für $j < q$. Im Weiteren sollen die Zeitpunkte einfach mit t symbolisiert werden, wobei die Werte in dieser Variable nur ganze positive (natürliche) Zahlen annehmen können; wir schreiben also statt t_1 nur 1, entsprechend statt $x(t_1)$ einfach $x(1)$.

Mittelwert, Varianz und Streuung
Wie im interindividuellen Fall lässt sich der Mittelwert in X beim einzigen zur Beobachtung stehenden Probanden über die Zeitpunkte der Stichprobe (die Stichprobe von Messzeitpunkten) berechnen; er wird üblicherweise ebenfalls mit $\bar{x}$ symbolisiert und ergibt sich – mit der gerade eingeführten Schreibweise – als:

3.1 $\quad \bar{x} = \frac{1}{K} \cdot \sum_{t=1}^{K} x(t)$

Dieser Mittelwert einer Zeitreihe ist dann wenig aussagekräftig, wenn letztere *nicht stationär* ist, also nicht über den Zeitraum ihre Höhe beibehält, sondern beispielsweise linear ansteigt (einen positiven linearen Trend aufweist).

Ganz analog zum interindividuellen Fall lässt sich die *Varianz* bestimmen, wobei hier im Allgemeinen jener Definition der Vorzug gegeben werden soll, in der durch die um 1 verminderte Zahl der Zeitpunkte dividiert wird; somit:

3.2 $\quad s_x^2 = \frac{1}{K-1} \cdot \sum_{t=1}^{K} (x(t) - \bar{x})^2$;

die *Standardabweichung* berechnet sich wie üblich durch Ziehen der Quadratwurzel, also:

3.3 $\quad s_x = \sqrt{s_x^2} = \sqrt{\frac{1}{K-1} \cdot \sum_{t=1}^{K} (x(t) - \bar{x})^2}$

Standardabweichung und Varianz werden in der Stichprobe genau dann 0, wenn sämtliche Werte $x(t)$ gleich sind.

Niveau (Level); Trend und Steigung

Der häufig in der Literatur verwendete Begriff *Niveau* (englisch: Level) wird nirgendwo präzise definiert, sodass wir ihn hier als den minimalen Wert einführen wollen, über dem sich die Zeitreihe bewegt, also

$L_x = \min\{x(t) \text{ für } t = 1,2,..,K\}.$

Da die Werte in X angeordnet sind, lässt sich der *Trend* bestimmen, ein für die Beschreibung von Zeitreihen sehr wichtiges Maß. Wir setzen hier voraus[7], dass aufeinander folgende Untersuchungszeitpunkte gleiche Abstände haben (z. B. jeweils eine Woche), die als Zeiteinheiten aufgefasst werden.

Liegt in der Zeitreihe ein perfekter linearer Trend vor, gilt:

3.4 $\quad x(t) = x(1) + \lambda \cdot (t-1)$;

dabei ergibt sich der Steigungskoeffizient λ als:

3.5 $\quad \lambda = \frac{x(t+k) - x(t)}{k} = \frac{x(t+1) - x(t)}{1}$.

Allerdings ist ein solch makelloser linearer Zusammenhang zwischen Variablenwerten und Erhebungszeitpunkten nicht zu erwarten; man wird zufrieden sein, wenn sich $x(t)$ mittels eines Wertes $\hat{x}(t)$ unter Inkaufnahme eines nicht allzu großen Fehlers $e(t)$ schätzen lässt, also wenn gilt:

3.6 $\quad x(t) = \hat{x}(t) + e(t)$.

Der Schätzwert gehorcht dann der Gleichung:

3.7 $\quad \hat{x}(t) = a + b \cdot t$.

a und b sind dabei so zu wählen, dass $\sum_{t=1}^{K} (\hat{x}(t) - x(t))^2$ ein Minimum annimmt.

Zeigt eine Zeitreihe einen linearen Trend[6], so heißt sie bei positivem b in Gleichung 3.7 *steigend*, bei negativem b *fallend*.

Ob ein linearer Trend in der Zeitreihe mit äquidistanten Erhebungszeitpunkten[7] existiert, lässt sich grob und rasch auch mittels eines Rechenverfahrens entscheiden, welches in Kapitel 4 als Methode der Trendbereinigung vorgestellt wird, nämlich durch „Differentation" (besser: Differenzenbildung oder Bildung des Differenzenquotienten). Hier bestimmt man

3.8 $x'(t)=x(t+1)-x(t)$

und überprüft, ob die um ein Element verkürzte Zeitreihe der $x'(t)$ in etwa konstant und von 0 verschieden ist – oft genügt zur Beurteilung bereits der Augenschein.

Zur Illustration: An zehn Zeitpunkten, z. B. allabendlichen Messungen der aggressiven Stimmung über eineinhalb Wochen, fanden sich folgende Werte:

Tabelle 3.1: Nachweis eines linearen Trends durch Differenzenbildung (fiktive Daten)

Zeitpunkte t	1	2	3	4	5	6	7	8	9	10
Aggressive Stimmung $x(t)$	1	0	2	3	5	6	7	8	9	9
$x'(t)=x(t+1)-x(t)$	−1	2	1	2	1	1	1	1	0	–

Gleichungen 3.1 – 3.3 liefern für Mittelwert, Varianz und Standardabweichung:

$\bar{x}=5; s_x^2 = 11{,}11; s_x = 3{,}33.$

Zur Bestimmung der die Zeitreihe am besten approximierenden Gerade sind a und b so zu wählen, dass

$$f(a;b)=\sum_{j=1}^{K}(x(t)-a-b\cdot t)^2 \text{ ein Minimum annimmt}[8].$$

Als eindeutige Lösung ergibt sich: $a = -0{,}94$ und $b = 1{,}08$; es findet sich also eine steigende Tendenz.

Ebenso könnte in Zeitreihen ein quadratischer Trend vorliegen; dieser ist fehlerfrei, wenn es drei Zahlen a, b und c gibt, sodass die K Gleichungen

3.9 $x(t)=a+b\cdot t+c\cdot t^2$

für alle Wertepaare t und $x(t)$ gültig sind. Allgemein liegt ein perfekter polynomialer Trend vom Grad g (der Ordnung g) vor, wenn mit geeigneten Zahlen a_0, a_1, .., a_g für alle $t = 1, 2,.., K$ gilt:

3.10 $x(t)=a_0+a_1\cdot t^1+a_2\cdot t^2+...+a_g\cdot t^g$.

Auch hier wird es in aller Regel auf eine mehr oder weniger genaue Approximation hinauslaufen, also die Findung von Zahlen a_0, a_1, .., a_g, sodass

3.11 $$\sum_{t=1}^{K}[(\hat{x}(t)-x(t)]^2=\sum_{t=1}^{K}\Big[(a_0+a_1\cdot t+...+a_g\cdot t^g)-x(t)\Big]^2$$

einen Minimalwert annimmt. Wieder ist eine solche Approximation durch ein Polynom dann sinnvoll, wenn die Fehlervarianz dieser Schätzung deutlich kleiner als die Varianz der Zeitreihe ist, also

$$\frac{1}{K-1}\sum_{t=1}^{K}\Big[(\hat{x}(t)-x(t)\Big]^2 << s_x^2.$$

Auch hier kann man sich die Arbeit insofern erleichtern, als im Falle eines *g*-polynomialen Trends die *g*-fache Differenzenbildung (Differentation) eine ungefähr konstante (von 0 verschiedene) Gerade liefern müsste, die *g*–1-fache Differentation aber noch nicht. Dazu ein Beispiel:

Zu zehn gleich weit entfernten Zeitpunkten wurden am untersuchten Probanden Scores für Aggressivität gemessen (siehe Tabelle 3.2).

Tabelle 3.2: Nachweis eines quadratischen Trends durch zweimalige Differenzenbildung

Zeitpunkte t	1	2	3	4	5	6	7	8	9	10
Scores für Aggressivität $x(t)$	10	5	2	1	2	5	9	17	26	38
$x'(t)=x(t+1)-x(t)$	–5	–3	–1	1	3	4	8	9	12	–
$x''(t)=x'(t+1)-x'(t)$	2	2	2	2	1	4	1	3	–	–

Das Polynom 2. Grades $\hat{x}(t)=(t-4)^2+1$ kann die Zeitreihe gut, jedoch nicht perfekt approximieren; eine geringfügig bessere, gleichfalls nicht fehlerfreie Approximation würde ein anderes Polynom desselben Grades mit weniger „schönen" Koeffizienten leisten. Zweimaliges Bilden der Differenzen liefert eine um zwei Elemente verkürzte Zeitreihe, die sich am besten durch eine konstante Gerade mit von 0 verschiedenen Elementen beschreiben lässt (Zeile 4 von Tabelle 3.2). Das bestätigt die obige Vermutung, dass die ursprüngliche Zeitreihe in etwa die Gestalt eines Polynoms 2. Grades hat.

3.4 Intraindividuelle Korrelationen

Aus didaktischen Gründen fahren wir zunächst nicht mit weiteren univariaten intraindividuellen Kennwerten fort, nämlich den Autokorrelationen mit verschiedenen lags (siehe 3.5), sondern führen vorab die (dem Verständnis sehr viel leichter zugänglichen) zeitsynchronen und zeitversetzten *Korrelationen zwischen zwei Variablen* (Kreuzkorrelationen) ein, welche bei einem *einzigen Individuum über eine*

Reihe von Messzeitpunkten erhoben wurden (betrachten also eigentlich Korrelationen zweier Zeitreihen). Ein Beispiel soll die Fragestellung und Vorgehensweise illustrieren: Eine mit Migräne behaftete Person sei gleichzeitig eine passionierte Rotweintrinkerin. Der Rotweinkonsum soll anhand der konsumierten (kleinen) Gläser gemessen werden, wobei der Intervallskalierung zu Liebe theoretisch auch halbe, viertel oder zehntel Gläser als Messergebnis vorkommen könnten. Die tägliche Belastung durch Migräne wird durch einen einzigen Wert ausgedrückt, der sich u. a. aus Schwere und Dauer der Schmerzen sowie aus der Begleitsymptomatik berechnet. Über 11 aufeinander folgende Tage ergaben sich folgende Werte in den beiden abhängigen Variablen:

Tabelle 3.3: Zeitreihen für Rotweinkonsum und Migränebelastung (fiktive Daten)

Zeitpunkte	1	2	3	4	5	6	7	8	9	10	11
Rotweinkonsum (X)	3	4	0	0	0	3	4	1	0	4	3
Migränebelastung (Y)	0	0	3,5	2	0	0	2	4	0	0	5

Für Mittelwerte und Standardabweichungen über die 11 Messzeitpunkte ergibt sich:
$\bar{x}=2; s_x=1{,}79; \bar{y}=1{,}5; s_y=1{,}91$.

Mittels der Gleichung

$$\textbf{3.12}\quad r_{xy}=\frac{1}{(K-1)\cdot s_x \cdot s_y}\sum_{t=1}^{K}(x(t)-\bar{x})\cdot(y(t)-\bar{y})$$

berechnet sich die nicht zeitversetzte intraindividuelle Korrelation zwischen den Variablen Rotweinkonsum und Migränebelastung zu – 0,18; an Tagen mit überdurchschnittlichem Konsum ist also die Migränebelastung tendenziell unterdurchschnittlich[9]. Natürlich wäre (selbst bei gegebener Signifikanz) keineswegs daraus schließen, dass Trinken von Rotwein das Auftreten von Migräne unterdrückt; eher dürfte es umgekehrt sein, dass an Tagen mit hoher Migränebelastung der Rotweinkonsum reduziert wird.

Anders als im analogen interindividuellen Fall (bei einer Stichprobe von Probanden), sind die Zeitreihendaten sinnvoll angeordnet (nämlich anhand der Untersuchungszeitpunkte), und es lässt sich nicht nur die Korrelation zwischen gleichzeitig erhobenen Werten bestimmen, sondern auch Korrelationen zwischen Werten zu unterschiedlichen Zeitpunkten. Nennt man den Koeffizienten der nicht zeitversetzten Korrelation zwischen X und Y $r_{xy,lag0}$ oder $r_{xy,0}$, die um a Zeitpunkte verschobenen Korrelationskoeffizienten $r_{xy,laga}$ oder $r_{xy,a}$, so ist hiermit der wichtige Begriff des lag[10] eingeführt, der Zeitverschiebung; noch einmal sei betont, dass solches nur dann Sinn macht, wenn die Daten in Form von Zeitreihen vorliegen, also speziell im intraindividuellen Fall.

Wir verschieben nun die Zeitreihe für Rotweinkonsum (inklusive der Zeile für Zeitpunkte) nach rechts (bzw. die Zeitreihe für Migränebelastung um 1 nach links), sodass die Migränestärke am Tag t unter Rotweinkonsum am Tag $t-1$ steht. Die um 1 versetzte Korrelation der Variablen X und Y sei $r_{xy,1}$ genannt, wenn die *obere Reihe um 1 nach rechts* verschoben wurde, $r_{xy,-1}$, wenn die *obere Reihe um eine Einheit nach links* gerückt ist; wie leicht zu sehen, sind $r_{xy,1}$ und $r_{xy,-1}$ i. Allg. verschieden. (Anders liegt der Fall, wenn eine Variable zeitversetzt mit sich selbst korreliert wird, d. h. Autokorrelationen gebildet werden; dann gilt $r_{xx,1} = r_{xx,-1}$; siehe 3.5)

Tabelle 3.4: Um eine Einheit verschobene Zeitreihen für Rotweinkonsum und Migränebelastung

Zeitpunkte	–	1	2	3	4	5	6	7	8	9	10	11
Rotweinkonsum (X)	–	3	4	0	0	0	3	4	1	0	4	3
Migränebelastung (Y)	0	0	3,5	2	0	0	2	4	0	0	5	–
Zeitpunkte	1	2	3	4	5	6	7	8	9	10	11	–

In die zeitversetzte Korrelation gehen hier also 10 Paare ein (Rotweinkonsum am Tag 1 und Migränebelastung am Tag 2, ..., Rotweinkonsum am Tag 10 und Migränebelastung am Tag 11). Zu Migränestärke am Tag 1 gibt es keinen vorangehenden Wert für Rotweinkonsum; der Weinkonsum am Tag 11 kann nicht in seinem Einfluss auf Migräne am nächsten Tag untersucht werden, da dann keine Daten mehr vorliegen; die ohnehin schon kurze Zeitreihe hat sich damit verkürzt, und es ist unerlässlich, hier neue Mittelwerte und Standardabweichungen zu berechnen, die mit * symbolisiert werden sollen; also:

$$\bar{x}^* = \frac{1}{10}\sum_{t=1}^{10} x(t) = 1{,}9; \quad s_x^* = \sqrt{\frac{\sum_{t=1}^{10}(x(t)-\bar{x}^*)^2}{10-1}} = 1{,}85; \quad \bar{y}^* = \frac{1}{10}\sum_{t=2}^{11} y(t) = 1{,}65; \quad s_y^* = 1{,}94;$$

$r_{xy,1}$ berechnet sich dann wie folgt:

3.13
$$r_{xy,1} = \frac{\sum_{t=1}^{10}(x(t)-\bar{x}^*)\cdot(y(t+1)-\bar{y}^*)}{(10-1)\cdot s_x^* \cdot s_y^*} \text{ , hier zu 0,76.}$$

Bei der hier zu didaktischen Zwecken extrem kurz gewählten Zeitreihe ist eine Korrelation von 0,76 zwar signifikant (siehe 3.5), sollte aber sicher nicht überinterpretiert werden. Angenommen aber, bei deutlich mehr Messungen wäre ein ähnliches Resultat aufgetreten; dann erkennt man, dass der Rotweinkonsum ein guter Prädiktor für das Auftreten von Migräne am nächsten Tag ist.

Zur Übung überprüfen wir auch den Zusammenhang zwischen Rotweinkonsum und Migräne am übernächsten Tag, korrelieren also über die 9 untereinander stehenden Paare in Tabelle 3.5; zu den Migränebelastungen an den Tagen 1 und 2 gibt es keine Daten für Rotweinkonsum zwei Tage zuvor, der Weinkonsum an den Tagen 10 und 11 lässt sich nicht mehr mit Migräne zwei Tage später in Verbindung bringen. Somit verkürzen sich die in korrelative Beziehung gesetzten Zeitreihen auf jeweils 9 Elemente, für die wiederum Mittelwerte, Standardabweichungen und Kovarianz zu bestimmen sind. Als Resultat ergibt sich: $r_{xy,2} = 0{,}11$. Wäre bei deutlich mehr Messzeitpunkten dieses Ergebnis signifikant, ebenso wie die Unterschiede der um lag 1 und lag 2 verschobenen Kreuzkorrelationen, ließe sich sagen: Die Menge an konsumiertem Rotwein stellt einen schwachen Prädiktor für die Migräne zwei Tage später dar, somit einen sehr viel schwächeren Prädiktor als der Rotweinkonsum am Tag direkt zuvor.

Tabelle 3.5: Um zwei Einheiten verschobene Zeitreihen für Rotweinkonsum und Migränebelastung

Zeitpunkte	–	–	1	2	3	4	5	6	7	8	9	10	11
Rotweinkonsum (X)	–	–	3	4	0	0	0	3	4	1	0	4	3
Migränebelastung (Y)	0	0	3,5	2	0	0	2	4	0	0	5	–	–
Zeitpunkte	1	2	3	4	5	6	7	8	9	10	11	–	–

Nun soll die Korrelation bei lag –1 bestimmt werden, also der Zusammenhang zwischen Migränebelastung und dem einen Tag später erfolgenden Rotweinkonsum (siehe Tabelle 3.6).

Tabelle 3.6: Um eine (negative) Einheit verschobene Zeitreihen für Rotweinkonsum und Migränebelastung

Zeitpunkte	1	2	3	4	5	6	7	8	9	10	11	–
Rotweinkonsum (X)	3	4	0	0	0	3	4	1	0	4	3	–
Migränebelastung (Y)	–	0	0	3,5	2	0	0	2	4	0	0	5
Zeitpunkte	–	1	2	3	4	5	6	7	8	9	10	11

Wieder sind die Mittelwerte der beiden verkürzten Zeitreihen zu bestimmen, die diesmal mit einem Sternchen links gekennzeichnet werden sollen; also

$$^*\overline{x}=\frac{1}{10}\cdot\sum_{t=1}^{10}x(t+1)=1{,}9;\ ^*s_x=1{,}85;\ ^*\overline{y}=\frac{1}{10}\cdot\sum_{t=2}^{11}y(t)=1{,}15;\ ^*s_y=1{,}60;$$

für die Kovarianz der beiden zueinander verschobenen Zeitreihen ergibt sich:

$$^*\text{cov}(x;y)=\frac{\sum_{t=1}^{10}(x(t+1)-\,^*\overline{x})\cdot(y(t)-\,^*\overline{y})}{10-1}=-2{,}21.$$

(Man beachte dabei, hier ebenso wie den anderen Tabellen dieses Abschnitts, auf welche der beiden Folgen für die Zeitpunkte sich die Indizierung bezieht.)

Damit folgt für die Korrelation zwischen Migräne und Menge an getrunkenem Rotwein einen Tag später: $r_{xy,-1} = -0,74$. Wäre, wie im Fall einer größeren Datenmenge wohl zu erwarten, diese Korrelation ähnlich hoch und wieder signifikant, so würde die betrachtete Migränepatientin nach Tagen mit überdurchschnittlich hoher Migränebelastung unterdurchschnittlich viel Rotwein trinken (bezogen natürlich ausschließlich auf ihren persönlichen diesbezüglichen Mittelwert). Wie zu sehen – und wie in aller Regel zu erwarten – gilt: $r_{xy,1} \neq r_{xy,-1}$.

Bestimmt man nun den Zusammenhang zwischen Migräne und Weinkonsum zwei Tage später, so findet man bereits eine positive Korrelation, nämlich den Wert $r_{xy,-2}, = 0,12$. Für den Zusammenhang zwischen Migränebelastung und konsumierter Rotweinmenge drei Tage später ergibt sich schließlich sogar eine deutlich positive Korrelation: $r_{xy,-3} = 0,80$; (die hier gegebene) Signifikanz vorausgesetzt hieße dies also, dass drei Tage nach starker Migräne der Rotwein besonders gut schmeckt, während an den Belastungstagen selbst sowie am Tag darauf der Konsum eher unterdurchschnittlich ist – noch einmal sei nachdrücklich betont, dass dies ganz sicher nicht aus den (didaktisch dankbaren) extrem kurzen und durch Zeitverschiebung noch weiter verkürzten Zeitreihen für Migränebelastung und Rotweinkonsum ableitbar ist.

Liegen Zeitreihen für zwei Variablen X und Y vor, lassen sich intraindividuelle Korrelationen zwischen X und Y über die Zeit bilden; sind diese Korrelationskoeffizienten positiv, sind zu Zeitpunkten, wo die Werte in X überdurchschnittlich hoch liegen (im Bezugssystem der untersuchten Person), auch überdurchschnittlich hohe Werte in Y zu erwarten; bei negativem Korrelationskoeffizienten gehen überdurchschnittliche Werte in X tendenziell mit unterdurchschnittlichen von Y zu denselben Zeitpunkten einher.

Ebenso lassen sich zeitversetzte Korrelationen bilden, indem beispielsweise bei Verschiebung um eine Einheit $x(1)$ mit $y(2)$, $x(2)$ mit $y(3)$, .., $x(K-1)$ mit $y(K)$ in eine korrelative Verbindung gebracht wird. Das Ausmaß der Zeitverschiebung bezeichnet man als lag, die entsprechenden Korrelationskoeffizienten werden mit $r_{xy,laga}$ oder kürzer mit $r_{xy,a}$ symbolisiert; dabei ist es in aller Regel nicht gleichgültig, welche der beiden Zeitreihen nach rechts verschoben wurde; es gilt also im allgemeinen Fall $r_{xy,a} \neq r_{xy,-a}$.

3.5 Autokorrelationen

Durch die Korrelationen zwischen zwei Variablen, insbesondere jene mit Zeitverschiebung, wir nun bestens auf die im Weiteren extrem wichtigen Autokorrelationen („Selbstkorrelationen") vorbereitet. Hier wird eine Zeitreihe mit K Elementen mit sich selbst korreliert, und zwar unter Verschiebung um einen lag a, sodass in die Korrelationsberechnung die Wertepaare $x(1)$ und $x(1+a)$; $x(2)$ und $x(2+a)$; .....; $x(K-a)$ und $x(K)$ eingehen (mit $a > 0$); nach der in 3.4 gegebenen Definition wurde hier die obere Zeitreihe um a Stellen nach rechts verschoben; der berechnete Korrelationskoeffizient ist daher mit $r_{xx,a}$ oder (sofern unmissverständlich) kürzer mit r_a zu bezeichnen – im Falle der Autokorrelation mehrerer Variablen X, Y, Z muss natürlich die ausführliche Schreibweise r_{xxa}, r_{yya}, r_{zza} beibehalten werden. Wie leicht zu sehen, kommen genau dieselben Wertepaare untereinander zu liegen, wenn man die obere Reihe nach links verschiebt (damit automatisch die untere, identische Zeitreihe nach rechts); es gelten also die wichtigen Beziehungen

3.14 $r_{xx,a} = r_a = r_{-a} = r_{xx,-a}$ sowie trivialerweise $r_0 = 1$.

Es sind die Autokorrelationen mit lag 1 und lag 2 für die schon bekannte Zeitreihe des Rotweinkonsums aus 3.4 bestimmen; zunächst werden aber die unverschobenen Zeitreihen untereinander gelegt (die Zeitreihe gewissermaßen verdoppelt):

Tabelle 3.7: Nicht zeitverschobene Zeitreihen für Rotweinkonsum (fiktive Daten)

Zeitpunkte	1	2	3	4	5	6	7	8	9	10	11
Rotweinkonsum (X)	3	4	0	0	0	3	4	1	0	4	3
Rotweinkonsum (X)	3	4	0	0	0	3	4	1	0	4	3
Zeitpunkte	1	2	3	4	5	6	7	8	9	10	11

Man vergewissert sich rasch, dass $r_0 = 1$. Zur Bestimmung der lag 1-Autokorrelation wird nun die obere Zeitreihe um eine Stelle nach rechts verschoben:

Tabelle 3.8: Um eine Zeiteinheit verschobene Zeitreihen für Rotweinkonsum

Zeitpunkte	–	1	2	3	4	5	6	7	8	9	10	11
Rotweinkonsum (X)	–	3	4	0	0	0	3	4	1	0	4	3
Rotweinkonsum (X)	3	4	0	0	0	3	4	1	0	4	3	–
Zeitpunkte	1	2	3	4	5	6	7	8	9	10	11	–

Die Zahl der übereinander liegenden Paare hat sich um eines verkürzt (die obere Zeitreihe hat für die nachstehenden Berechnungen ihr 11. Glied verloren, die untere ihr erstes), und es wird zunächst erforderlich, für die beiden verkürzten Zeitreihen die neuen Mittelwerte und Standardabweichungen zu berechnen. Diese werden im Regelfall unterschiedlich sein, weil in der oberen Zeitreihe das K-te, in der unteren das 1. Glied entfernt wurden und diese natürlich nicht gleich sind. Bei dieser speziellen Zeitreihe gilt aber: $x(1) = x(11) = 3$; für den Mittelwert der oben stehenden verkürzten Zeitreihe erhält man die schon in 3.4 bestimmten Werte:

$$\bar{x}^*_{oben} = \frac{1}{10} \cdot \sum_{t=1}^{10} x(t) = 1,9; s^*_{x,oben} = 1,85;$$

zufällig gilt hier auch: $\bar{x}^*_{unten} = \dfrac{1}{10} \displaystyle\sum_{t=1}^{10} x(t+1) = 1,9; s^*_{x,unten} = 1,85;$

Die Kovarianz zweier um lag 1 verschobener Zeitreihen berechnet sich allgemein mittels der Gleichung:

$$\text{cov}(x(t);x(t+1)) = \frac{1}{K-2} \cdot \sum_{t=1}^{K-1} (x(t) - \bar{x}^*_{oben}) \cdot (x(t+1) - \bar{x}^*_{unten})$$

Um mit Autokorrelationen ein wenig vertraut zu werden, sei diese Rechnung ausgeführt, also:

$$\text{cov}(x(t);x(t+1)) = \frac{1}{9} \cdot \begin{bmatrix} (3-1,9)\cdot(4-1,9) + (4-1,9)\cdot(0-1,9) + (0-1,9)\cdot(0-1,9) \\ +(0-1,9)\cdot(0-1,9) + (0-1,9)\cdot(3-1,9) + (3-1,9)\cdot(4-1,9) \\ +(4-1,9)\cdot(1-1,9) + (1-1,9)\cdot(0-1,9) + (0-1,9)\cdot(4-1,9) \\ +(4-1,9)\cdot(3-1,9) \end{bmatrix} = \frac{3,9}{9} = 0,43 \, .$$

Für r_1 berechnet sich somit:

$$r_1 = \frac{\text{cov}(x(t);x(t+1))}{s_{x,oben} s_{x,unten}} = \frac{0,43}{1,85 \cdot 1,85} = 0,13 \, .$$

Hier ergibt sich die Gelegenheit, die im Weiteren ausgesprochen wichtige Größe $\text{cov}(x(t); x(t+1))$, also die Kovarianz einer (empirischen) Zeitreihe mit sich selbst nach Verschiebung um eine Stelle, als Autokovarianz bei lag 1 oder als lag 1-Autokovarianz einzuführen. Ist die Zeitreihe lang (hat ungefähr 50, besser noch 100 oder mehr Glieder), lassen sich ohne nennenswerten Fehler die Standardabweichungen der verkürzten Zeitreihen mit der der Ursprungszeitreihe gleich setzen[11], sodass gilt:

$$r_1 = r_{xx,1} = \frac{\text{cov}(x(t);x(t+1))}{s_x^2} \, ; \text{ oder allgemeiner:}$$

$$r_a = r_{xx,a} = \frac{\text{cov}(x(t);x(t+a))}{s_x^2} = \frac{\displaystyle\sum_{t=1}^{K-a} (x(t) - \bar{x}) \cdot (x(t+a) - \bar{x})}{\displaystyle\sum_{t=1}^{K} (x(t) - \bar{x})^2} \, .$$

Zur Übung soll nun noch für obige Zeitreihe r_2 anhand von Tabelle 3.9 berechnet werden:

Tabelle 3.9: Um zwei Zeiteinheiten verschobene Zeitreihen für Rotweinkonsum

Zeitpunkte	–	–	1	2	3	4	5	6	7	8	9	10	11
Rotweinkonsum (*X*)	–	–	3	4	0	0	0	3	4	1	0	4	3
Rotweinkonsum (*X*)	3	4	0	0	0	3	4	1	0	4	3	–	–
Zeitpunkte	1	2	3	4	5	6	7	8	9	10	11	–	–

Für Mittelwert und Standardabweichung der oberen verkürzten Zeitreihe (von $t = 1$ bis $t = 9$) ergibt sich: $\overline{x}^{**}_{oben} = 1{,}67; s^{**}_{x,oben} = 1{,}80$, für die untere verkürzte Zeitreihe (von $t = 3$ bis $t = 11$): $\overline{x}^{**}_{unten} = 1{,}67; s^{**}_{x,oben} = 1{,}80$, also auch hier (rein zufällig) dieselben Werte; mittels der lag 2-Autovarianz $\mathrm{cov}(x(t);x(t+2))=-2{,}24$ berechnet sich: $r_2 = -0{,}69$.

Bartlett (1946) gibt ein einfaches Verfahren an, Autokorrelationen (unabhängig vom betrachteten lag) auf Signifikanz zu testen: Um sich auf dem 5%-Niveau signifikant von 0 zu unterscheiden, muss danach der Wert der Autokorrelation den kritischen Wert von $2/\sqrt{K}$ übersteigen, wobei K die Zahl der Elemente der ursprünglichen Zeitreihe bedeutet – sicherer dürfte es sein, die kritische Grenze anhand der Zahl der Elemente der verkürzten Zeitreihe bestimmen, also $2/\sqrt{K-a}$ dafür anzusetzen. Danach wäre beispielsweise die aus Tabelle 3.9 berechnete lag 2-Autokorrelation signifikant, während es die anderen hier berechneten Autokorrelationen nicht sind.

Anmerkungen zu Kapitel 3

1. Bekanntlich finden sich in der Literatur unterschiedliche Formeln zur Berechnung von s_x^2 bzw. s_x. Im einen Fall wird die Summe der Abweichungsquadrate durch n (die Zahl der Stichprobenelemente) geteilt, im anderen durch $n-1$; dann fallen Varianz und Standardabweichung etwas höher aus. Letztere Formel hat den großen Vorteil, dass sich die so berechneten Stichprobenkennwerte unmittelbar als Schätzungen der entsprechenden Populationsparameter eignen; aus diesem Grunde wird hier diese Variante bevorzugt, also:

$$s_x^2 = \frac{\sum\limits_{i=1}^{n}(x_i - \overline{x})^2}{n-1}.$$

2. Dabei lassen sich Vertrauensintervalle angeben, in denen sich mit bestimmter Wahrscheinlichkeit der Populationsmittelwert μ_x bewegt, wenn der Mittelwert an einer n-elementigen Stichprobe $\overline{x}$ und die Standardabweichung s_x betragen. Sie werden uns noch genauer für den intraindividuellen Fall beschäftigen, wo serielle Abhängigkeit der Daten vorliegt (siehe 9.2).

3. Sind die Stichprobenbefunde mit der erwähnten Irrtumswahrscheinlichkeit auf die Population zu übertragen, nennt man den Stichprobenbefund auch signifikant.

4. Was hier so entmutigend einschränkend klingt, stellt sich als oft vernachlässigtes Problem natürlich ebenso bei Personenpopulationen: Nicht selten wird beispielsweise von Studenten eines Semesters auf die eines ganzen Fachs generalisiert, von dort weiter auf die der ganzen Universität, dann des ganzen Landes, usw. In vielen Fällen dürfte die unreflektierte Generalisierung innerhalb des Einzelfalls sogar weniger fehlerbehaftet sein als großflächige Generalisierungen über Personenpopulationen. Im Einzelfalldesign drängt sich die Frage der Generalisierbarkeit lediglich deutlicher auf, und man sollte sich hüten, ihr auszuweichen.

5. Oft findet man in der Literatur statt $x(t_j)$ die Symbolik x_j, was leicht zu Missverständnissen führen kann, wenn mehrere Variablen X_1, X_2, ...betrachtet werden. Zudem führt die Schreibweise $x(t_j)$ bzw. $x(j)$ immer wieder vor Augen, dass die Werte in X von den Zeitpunkten der Untersuchung abhängen.

6. Ob dieser Trend signifikant ist, kann an dieser Stelle nicht überprüft werden. Zur Deskription ist zunächst nur wichtig, dass durch diesen Trend ein substantieller Anteil der Zeitreihenvarianz aufgeklärt wird, also die mittlere Summe der Abweichungsquadrate der Größen $e(t)=x(t)-\hat{x}(t)$ nennenswert kleiner als s_x^2 ist.

7. Um einen Trend sinnvoll bestimmen zu können, sollten die Erhebungszeitpunkte gleich weit auseinander liegen; denn nur dann haben die Differenzen $x(t+p)-x(p)$ und $x(t+q)-x(q)$ gleiche Bedeutung. Interessanterweise wird in der Definition von Zeitreihen die Äquidistanz der Erhebungszeitpunkte nicht einheitlich gefordert; Bortz und Döring (1995, S. 531) tun es beispielsweise, Schmitz (1989, S. 11) nicht. Für die in den nachfolgenden Kapiteln zu besprechenden Modellanpassungen sowie zur inhaltlichen Interpretation von Autokorrelationen sollten die Abstände zwischen den Messungen gleich groß sein.

8. Dazu bildet man bekanntlich die partiellen Ableitungen und setzt diese gleich 0; also:

$$\frac{\partial f(a;b)}{\partial a}=\frac{\partial f(a;b)}{\partial b}=0\,,$$

was zu $a = -0,94$; $b = 1,08$ führt (siehe auch 8.4 für einen allgemeinen Lösungsansatz dieses Extremwertproblems).

   Alternativ hätte man die Gleichung der Regressionsgeraden von X mit $x_j=x(j)$ auf Y mit $y_j = j$ bestimmen können, nämlich mittels der Korrelation der Variablen X und Y sowie deren Standardabweichungen s_x und s_y.

   Für die Korrelation von X und Y ergibt sich: $r_{xy} = 0,98$; zudem gilt: $\bar{y}=5,5; s_y =3,03$. Da sich die Produkt-Moment-Korrelation als Quotient der Kovarianz und des Produkts der Standardabweichungen bestimmt, erhält man durch Umformung:

$\mathrm{cov}(x;y)=r_{xy}\cdot s_x\cdot s_y$, hier also: $\mathrm{cov}(x;y)=9,89$.

Für den Steigungskoeffizienten b_2 von X auf Y gilt dann:

$$b_2=\frac{\mathrm{cov}(x;y)}{s_y^2}=1,08$$

und für den konstanten Term $a_2=\bar{x}-b_2\cdot\bar{y}=5-1,08\cdot5,5=-0,94$ (siehe dazu Lehrbücher der Statistik, z. B. Köhler, 2004, S. 57 f.).

9. Die Signifikanz intraindividueller Korrelationen soll uns hier nicht beschäftigen; auf keinen Fall darf man die kritischen Werte aus Tabellen für die interindividuelle Signifikanz übernehmen, da die intraindividuellen Daten bekanntlich seriell abhängig sind. r_{xy} wäre hier natürlich nicht signifikant, sodass sich die Interpretation erübrigt.

10. Der Begriff des time lag (oder jet lag) dürfte den meisten bekannt sein, die Verschiebung der aktuellen Ortszeit zwischen Ort des Abflugs und dem der Ankunft. Allgemein bedeutet das englische Wort lag Verzögerung, Zeitabstand.

11. Gottman (1981, S. 69) dividiert zur Bestimmung der Autokorrelation die Autovarianz mit lag a stets durch die Varianz der unverkürzten Zeitreihe (also die Varianz durch Summation über K Glieder); somit:

$$r_a = r_{xx,a} = \frac{\text{cov}(x(t);x(t+a))}{s_x^2} = \frac{\sum_{t=1}^{K-a}(x(t)-\overline{x})\cdot(x(t+a)-\overline{x})}{\sum_{t=1}^{K}(x(t)-\overline{x})^2}.$$

Dies scheint nicht unbedenklich, denn es könnte bei kurzen Zeitreihen der Fall eintreten, dass die Autokovarianz die Varianz übersteigt und damit die Autokorrelation größer als 1 wird.

Dass diese Vereinfachung andere Zahlen liefert, als die gewöhnliche Korrelation der verkürzten Zeitreihe mit den aus entsprechend weniger Elementen bestimmten Mittelwerten und Standardabweichungen, zeigt das Beispiel der lag 1-Autokorrelation der Zeitreihe aus Tabelle 3.8: Dort hätte sich statt 0,12 gerundet 0,14 als lag 1-Autokorrelation ergeben. Wie leicht zu sehen, würde sich dieser Fehler bei höheren lags (und damit kürzeren Zeitreihen) noch verstärken.

4 Vorbereitung auf Zeitreihenmodelle

4.1 Allgemeines; Überblick

Versucht man, in eine empirisch gegebene Zeitreihe $x(t_1), x(t_2), ..., x(t_K)$ eine gewisse Zahlensystematik zu bringen, praktiziert man Zeitreihenanalyse; im weitesten Sinn geschieht dies bereits durch Bildung von intraindividuellem Mittelwert und intraindividueller Varianz, wie in 3.3 besprochen: Mit dem Mittelwert wurde eine Zahl gefunden, um die sich die Werte bewegen, im Mittel davon gleich stark nach unten wie nach oben abweichend[1]; die Varianz gibt an, in welchen Größenordnungen die Abweichungen der Elemente vom Mittelwert liegen; ist zudem die Verteilung bekannt und liegt eine genügend große Stichprobe vor, lässt sich sogar sagen, in welchem Bereich um den Mittelwert beispielsweise 50%, 95% oder 99% der Werte zu finden sind. Auch Autokorrelationen, wie in 3.5 eingeführt, helfen bereits, Ordnung in diese Datenfülle zu bringen: Sie geben an, wie die Werte bestimmten zeitlichen Abstands, z. B. lag 2, zusammenhängen: Falls $r_2 > 0$, lässt sich von einem überdurchschnittlichen hohen Wert zum Zeitpunkt t_0 tendenziell auf einen überdurchschnittlich hohen zum Zeitpunkt $t_0 + 2$ schließen; falls $r_2 < 0$, geht tendenziell ein überdurchschnittlich hoher Wert zum Zeitpunkt t_0 mit einem unterdurchschnittlichen Wert zwei Zeiteinheiten später einher; gilt $r_2 = 0$, lässt sich der um zwei Stellen verschobene Wert der Zeitreihe gar nicht voraussagen.

Sehr viel mehr nähern wir uns bereits einer Zeitreihenanalyse im herkömmlichen Verständnis bei einer Polynomapproximation, wenn wir also geeignete reelle Zahlen $a_0, a_1, ..., a_g$ suchen, sodass gilt:

4.1 $x(t) = a_0 + a_1 \cdot t + ... + a_g \cdot t^g + e(t)$.

Im günstigen Fall kann der Wert $x(t)$ angenähert werden bis auf einen nicht allzu großen Fehler $e(t)$ (dessen Mittelwert über die Zeitreihe 0 beträgt und dessen Varianz wesentlich kleiner als die Varianz der Zeitreihe selbst ist). Dann hätten wir, um den ersten wichtigen Begriff dieses Abschnitts einzuführen, ein *deterministisches Modell* der Zeitreihe gefunden, also eine mathematische Gleichung aufgestellt, mittels welcher sich (wenn auch fehlerhaft) $x(t)$ allein aus der (historischen) Zeit t bestimmen lässt; zur Schätzung von $x(t)$ müssten keine weiteren Variablenwerte herangezogen werden, insbesondere nicht die Werte von X zu vorangehenden Punkten der Zeitabfolge.

Dieses Modell wird zwar aus der empirischen Zeitreihe $x(t)$ abgeleitet und soll deren Verständnis verbessern, bezieht sich aber bei genauerem Hinsehen auf eine theoretische Zeitreihe oder besser: auf einen Zeitreihenprozess $X(t)$. Letzterer ist ein hypothetisches Konstrukt, dessen Realisation (als eine von unendlich viel möglichen) die vorliegende (empirische) Zeitreihe $x(t)$ sein soll. Für diesen Prozess wird daher ein ähnlicher Zusammenhang wie für ihre Realisation angenommen, ihr also die Gleichung zu Grunde gelegt[2]:

$$X(t)=b_0+b_1\cdot t+...+b_g\cdot t^g+e(t)\,.$$

Die unbekannten Koeffizienten $b_0, b_1, ... b_g$ werden aus denen der empirischen Zeitreihe geschätzt; mit der in 3.1 eingeführten Terminologie würde die Beziehung also lauten: $\hat{b}_0=a_0, \hat{b}_1=a_1, ..., \hat{b}_g=a_g$. (Diese schwierige, aber leider nicht immer zu vermeidende Unterschiedung zwischen empirischer Zeitreihe und angenommenem zu Grunde liegenden Prozess wird in 5.2 noch einmal erläutert.)

Ebenso könnte es manchen Fällen gelingen, einen bestimmten periodischen Verlauf der Zeitreihe deterministisch mittels einer Sinusfunktion wiederzugeben, also beispielsweise die Ausgabefreudigkeit X einer Person nicht seltenen Typs während eines 30 Tage umfassenden Monats mittels der Gleichung

$$X(t)=a+b\cdot\sin(\frac{2\pi}{30}\cdot(t+7,5))+e(t)\text{ mit }a>0,\ b\geq 0\text{ zu beschreiben.}$$

Zum Zeitpunkt 0 (Monatsanfang) ist gerade das Gehalt, die Rente oder die monatlich ausbezahlte Stütze eingegangen, was zu Ausgaben herausfordert. Die hypothetische oder theoretische Zeitreihe (der Zeitreihenprozess) $X(t)$ nimmt dort den höchsten Wert an, erreicht den Tiefpunkt zur Monatsmitte, um dann – in Erwartung baldiger neuer Einnahmen – gegen Monatsende hin anzusteigen.

Neben diesen deterministischen Modellen von Zeitreihen gibt es so genannte *stochastische*, in denen ein Wert zum Zeitpunkt t nicht direkt durch die historische (also seit Beginn der Untersuchung abgelaufene) Zeit t erklärt wird, sondern durch andere Werte der Zeitreihe, im besonders einfachen Fall eines autoregressiven Modells 1. Ordnung durch den unmittelbar zuvor gemessenen Wert, also mit einer für die gesamte Zeitreihe gültigen (konstanten) Zahl θ_1 die Gleichung besteht:

4.2 $X(t)=\theta_1\cdot X(t-1)+e(t)\,.$

Zeitreihen können sowohl deterministische wie stochastische Anteile enthalten. So würde der Eiskonsum eines 13-jährigen zu Beginn des (bekanntlich 365 Tage umfassenden) Untersuchungsjahrs, in den ersten Januartagen, vermutlich niedrig liegen, dann mit werdendem Frühling ansteigen, um im Hochsommer einen Maximalwert anzunehmen; danach würde der Konsum nachlassen, Anfang Oktober vielleicht so hoch wie Anfang April liegen und in den Wintermonaten seinen Tiefpunkt erreichen; ein solcher Verlauf könnte somit recht gut durch eine Sinusfunktion und ein konstantes Glied beschrieben werden, mit anderen Worten die Gestalt haben:

$$X(t)=a+b\cdot\sin(\frac{2\pi}{365}\cdot(t-90))+e(t)\,.$$

Wahrscheinlich hängt der Eisverzehr aber auch von stochastischen Faktoren ab, etwa der Tatsache, dass nach extrem viel Speiseeis der Bauch grimmt und daher erst einmal weniger davon gegessen wird. Mit dem kombiniert deterministischen und stochastischen Ansatz in Form eines autoregressiven Prozesses 1. Ordnung

$$X(t)=a+b\cdot\sin(\frac{2\pi}{365}\cdot(t-90))+\theta\cdot X(t-1)+e^*(t)\text{ (mit }\theta<0\text{)}$$

wäre somit der Wert der Variable Eiskonsum zum Zeitpunkt t noch besser vorhergesagt und der Vorhersagefehler insgesamt kleiner.

Würde sich die Untersuchung über mehrere Jahre, also weit über 1000 Zeitpunkte ausgedehnt, könnte zusätzlich ein fallender linearer Trend hinzukommen, indem
mit zunehmendem Erwachsenwerden das Interesse an Speiseeis zugunsten anderer
oraler Vergnügungen nachlässt, also der Prozess am besten folgendermaßen zu beschreiben ist:

$$X(t){=}a{+}b{\cdot}\sin(\frac{2\pi}{365}{\cdot}(t{-}90)){+}d{\cdot}t{+}\theta{\cdot}X(t{-}1){+}e^{**}(t) \text{ mit d} < 0 \text{ sowie } \theta < 0.$$

Die Zeitreihen[3], die im Weiteren so gut wie ausschließlich betrachtet werden, sind
stochastische, denn deterministische erweisen sich nur selten von Nutzen, wenn es
um die Voraussage von Einzelwerten in einem kleinen Zeitintervall geht. Bei kombinierten Zeitreihenmodellen, wie in den oben betrachteten Beispielen, sind zur Erzielung von Stationarität zunächst die deterministischen Anteile zu eliminieren –
diese dürfen aber später nicht vergessen werden, wenn die vollständige Beschreibung der Zeitreihe präsentiert wird.

> Im Rahmen von Zeitreihenanalysen wird versucht, den Wert $x(t)$ einer Variable X zu einem
> Zeitpunkt t vorherzusagen. Dazu werden aus der empirischen Zeitreihe theoretische
> Modelle abgeleitet, die umgekehrt die allein gegebenen Daten, eben die empirische
> Zeitreihe, abbilden sollen. Bei *deterministischen* Zeitreihenmodellen gelingt dies (bis auf
> eine unsystematische, im Idealfall kleine Fehlerkomponente $e(t)$) allein mittels einer
> Funktion der *historischen* oder *absoluten* (seit Untersuchungsbeginn abgelaufenen) Zeit;
> bei *stochastischen* Zeitreihenmodellen benutzt man nicht die absolute Zeit als Prädiktor,
> sondern die *relative Zeit*, nämlich in Gestalt von Werten der Zeitreihe zu Zeitpunkten
> vorher; zuweilen ist es erforderlich, einer Zeitreihe ein *kombiniertes deterministisch-sto-
> chastistisches* Modell zu Grunde zu legen.

Dieses Kapitel geht noch nicht systematisch auf stochastische Zeitreihenmodelle ein
(siehe dazu Kapitel 5–7), sondern stellt die nötigen Begrifflichkeiten und Sachverhalte dar, auf deren Grundlage rasch diese Modelle entwickelt werden können. Zunächst folgen einige grundsätzliche Betrachtungen zu Zeitreihenanalysen, zuvor-
derst zu Sinn und Zweck solcher Prozeduren (4.2) sowie zu den zu Grunde gelegten
mathematischen Annahmen (4.3); sodann wird der wichtige Begriff der Stationarität
einer Zeitreihe erklärt und bereits Verfahren angedeutet, diese Stationarität herzu-
stellen (4.4). Anschließend kommen genauer die Autokorrelationsfunktion (ACF)
und die partielle Autokorrelationsfunktion (PACF) zur Sprache (4.5), welche einerseits für den Umgang mit autoregressiven Zeitreihenmodellen bekannt sein müssen
(siehe 5.3), andererseits schon in diesem Kapitel sich als hilfreich erweisen, wenn
es deterministische Trends in Zeitreihen zu entdecken und zu eliminieren gilt (4.7).
Ein eingeschobener kleiner Abschnitt (4.6) widmet sich dem Konzept des „weißen
Rauschens".

4.2 Begründung von Zeitreihenanalysen

Wie bald deutlich wird, handelt es sich bei Zeitreihenanalysen um Verfahren, die erhebliche Anforderungen an die erhobenen Daten stellen, insbesondere eine *ausreichende Anzahl* von ihnen verlangen (im Normalfall mindestens 50 Messungen pro untersuchtem Probanden, besser aber 100 oder mehr), und gleichzeitig mit gewissem rechnerischen Aufwand verbunden sind; hinzu kommt, dass die mathematischen Grundlagen nicht einfach zu verstehen sind.

Für ihren Einsatz lassen sich allerdings auch eine Reihe von Gründen anführen: Was zunächst die erforderlichen Datenmengen angeht, so relativiert sich der Aufwand dadurch, dass ja nicht umfangreiche Probandenstichproben untersucht werden müssen; für eine Einzelfallanalyse genügt bekanntlich eine einzige Versuchsperson. Versucht man, die Daten an anderen Personen zu replizieren oder eine sekundäre Aggregierung über mehrere Personen durchzuführen, wird natürlich mehr als ein Proband benötigt; allerdings lässt sich eine Entscheidung über Replikation oder Aggregierung zunächst zurück stellen, bis die erste Einzelfallanalyse abgeschlossen und ausgewertet ist.

Die Notwendigkeit, solche Einzelfalldaten zeitreihenanalytisch (und nicht mit anderen Verfahren) zu behandeln, ergibt sich zum einen aus der Tatsache, dass diese Verfahren am besten Ordnung in die Datenvielfalt bringen (also die genaueste Deskription der Einzelwerte ermöglichen); zum anderen haben diese Modelle explizit den Vorteil, mehr oder weniger gute Voraussagen leisten zu können.

Das nächste Argument für den Einsatz von Zeitreihenanalysen folgt aus der Tatsache, dass intraindividuelle Vergleiche, also beispielsweise der Werte in Aggressivität eines Probanden vor und nach Therapie, nur *sehr bedingt* mit den aus der *Aggregatstatistik bekannten Verfahren* wie *t*-Test, Varianzanalyse oder *U*-Test durchgeführt werden können. Zum einen besteht nämlich in Zeitreihen oft ein *Trend,* der bei Mittelung über Zeitpunkte in aller Regel verloren geht. Man betrachte fiktive Zeitreihendaten zur Aggressivität und zunächst den Fall, dass vom Beginn der Aufzeichnungen bis zum Einsetzen der Therapie bereits eine Abnahme stattgefunden hat und diese sich in der Therapiephase weiter fortsetzt; in diesem Fall würden Mittelwertvergleiche – angesehen von der Problematik ihrer legitimen Durchführbarkeit – zwar eventuell signifikante Unterschiede aufzuzeigen; diese lassen sich aber schwerlich als Therapieeffekt interpretieren. Auch der umgekehrte Fall ist denkbar: Die Aggressivität eines jugendlichen Probanden ist kontinuierlich angestiegen, bis man sich nach einiger Zeit endlich zur Therapie entschließt; dabei dreht sich der Trend um, um schließlich wieder die Ausgangswerte zu erreichen. Vergleich der Mittelwerte vor und während Therapie würde hier nicht einmal entfernt signifikante Unterschiede liefern, während der Therapieeffekt schon durch den Augenschein klar wird und jetzt nur noch mit adäquaten statistischen Methoden belegt werden muss (nämlich durch Vergleich der beiden Zeitreihen hinsichtlich Trend und Niveau, wie in Kapitel 9 angedeutet).

Des Weiteren besteht bei den Daten eines Individuums das schon mehrfach erwähnte Problem der *seriellen Abhängigkeit* der Daten, was die unmodifizierte Anwendung der auf Schätzungen von Verteilungen beruhenden Verfahren wie Varianzanalyse und *t*-Test verbietet – es ist übrigens eine folgenschwere Täuschung, wenn man glaubt, durch Anwendung verteilungsfreier (nonparametrischer) Verfahren diese Schwierigkeit lösen zu können. Nur Verfahren, die explizit die serielle Abhängigkeit von Daten berücksichtigen bzw. eliminieren – und das sind eben ausschließlich die Zeitreihenanalysen – sind hier legitim anwendbar, und nur nach ihrer Anwendung ist sicher gestellt, dass gefundene Signifikanzen auch tatsächlichen Überzufälligkeiten entsprechen[4].

> Zeitreihenanalysen sind rechnerisch aufwändig und erfordern eine große Menge von Ausgangsdaten (im typischen Fall 50 oder besser noch mehr Messungen an der Untersuchungseinheit zu unterschiedlichen Zeitpunkten). Trotzdem sind diese Verfahren bei Einzeldaten in der Regel Mittel der Wahl, da angesichts der seriellen Abhängigkeit die konventionellen gruppenstatistischen Verfahren zum Vergleich von Mittelwerten des Probanden zu verschiedenen Zeitabschnitten nicht anwendbar sind. Abgesehen davon besteht in den über die Zeit erhobenen Daten eines Individuums häufig ein Trend, der sich nur mittels zeitreihenanalytischer Verfahren berücksichtigen lässt.

4.3 Mathematische Annahmen

Dieser Abschnitt wird schwierig sein, und mathematisch weniger Interessierte können wohl ohne allzu großen Verlust darüber hinweg lesen, zumal hier bei der Beschreibung von Zeitreihenprozessen und zur Erstellung stochastischer Modelle vereinfachte Annahmen gemacht werden. Die folgenden Ausführungen – teilweise auch die der nächsten Abschnitte – orientieren sich an der leider nur auf Englisch vorliegenden und seit der ersten Auflage 1981 nie mehr überarbeiteten, sondern nur nachgedruckten Monographie von Gottman (1981), zunächst an den Kapiteln 7 und 8, worauf zur Vertiefung verwiesen sei.

Realisationen von Zufallsvariablen
Im Folgenden sei von Messwerten in einer Variable X an K Zeitpunkten, also einer Zeitreihe $x(t_1), x(t_2), ..., x(t_K)$, ausgegangen (typischerweise von bei einem einzigen Probanden erhobenen Daten). Dabei machen wir im Weiteren die explizite Annahme, dass die Erhebungszeitpunkte gleichen Abstand haben und werden statt t_j bzw. $t(j)$ der Einfachheit halber t schreiben, welches die Werte 1, 2, …, K annehmen kann; demnach soll für obige Zeitreihe die kürzere, hier sicher nicht missverständliche Schreibweise $x(1), x(2), ..., x(K)$ gewählt werden.

Dann soll *x(t)* als *Realisierung einer Zufallsvariable X(t)* aufgefasst werden, die einen Erwartungswert, eine endliche Varianz und eine bestimmte Verteilung aufweist. Der beispielsweise in der betrachteten Zeitreihe zum Zeitpunkt $t = 11$ gemessene Wert $x(11)$ ist demnach nur einer von prinzipiell unendlich vielen Werten, welche für die Zufallsvariable $X(11)$ möglich sind. Zur Erläuterung dürfte ein inhaltlich zweifellos zuerst befremdendes Beispiel illustrativ sein: Angenommen, während des Untersuchungszeitraums von drei Monaten (K = 92 Tage) steigt ein Proband W.B. täglich kurz vor 12.00 in den Glockenstuhl einer Kirche, um dort pünktlich zum Einsetzen des Mittagsläutens einen Würfel fallen zu lassen. Die Augenzahl am 1. Untersuchungstag – wir nennen sie in Übereinstimmung mit dem bisherigen Sprachgebrauch $x(1)$ und sie sei hier 5 – ist der beobachtete Wert (eine Realisierung) der Variable $X(1)$, einer zunächst streng für den Zeitpunkt t = 1 definierten Variable, die an anderen Zeitpunkten unter Umständen unterschiedliche Erwartungswerte und Verteilungen aufweist[5]; andere mögliche Ergebnisse des Würfelns, also Werte (Realisationen) von $X(1)$, wären 1, 2, 3, 4 und 6 gewesen. Die am 2. Tag unter diesen Bedingungen gewürfelte Zahl $x(2)$; im fiktiven Beispiel 4, ist dann eine Realisation der Zufallsvariable $X(2)$. Eine solche Zufallsvariable $X(q)$ ist durch einen Erwartungswert $E(X(q))$ (verständlicher, wenn auch etwas ungenau: einen Mittelwert), eine Varianz und eine bestimmte Verteilungsfunktion (die Wahrscheinlichkeitsfunktion bei diskreten Variablen, die Dichtefunktion´oder Wahrscheinlichkeitsdichte bei kontinuierlichen Variablen) der möglichen Werte (der Realisationen) gekennzeichnet[6]. Bekanntlich hat bei einem Würfel jede ganze Zahl zwischen 1 und 6 die gleiche Wahrscheinlichkeit, oben zu liegen, nämlich 1/6. Die Wahrscheinlichkeitsfunktion dieser nur endlich viele unterschiedliche Realisationen besitzende Zufallsvariable ordnet den ganzen Zahlen 1, 2, 3, 4, 5 und 6 jeweils den Wert 1/6 zu; für alle anderen Zahlen (gleichgültig ob ganz oder gebrochen) ist der Wert der Wahrscheinlichkeitsfunktion 0. Als Erwartungswert einer diskreten Variable (also einer mit nur endlich viel, nämlich r verschiedenen Möglichkeiten der Realisierung) wird definiert:

4.3 $E(X) = \sum\limits_{i=1}^{r} p_i \cdot x_i$.

Im gewählten Beispiel berechnet sich der Erwartungswert somit zu:

$$E(X) = \sum_{i=1}^{6} p_i \cdot x_i = \frac{1}{6} \cdot 1 + \frac{1}{6} \cdot 2 + \frac{1}{6} \cdot 3 + \frac{1}{6} \cdot 4 + \frac{1}{6} \cdot 5 + \frac{1}{6} \cdot 6 = 3{,}5 .$$

Genau diese Zahl hätten wir als Mittelwert erhalten, wenn wir unendlich oft zu irgendeinem Zeitpunkt – nennen wir ihn q – gewürfelt hätten; man beachte übrigens, dass in diesem Fall der Erwartungswert keine Realisation der Zufallsvariable $X(q)$ darstellt. Aus Erwartungswert und Wahrscheinlichkeitsfunktion lässt sich schließlich die Varianz berechnen, für die sich ergibt: $\sigma_x^2 = 3{,}5$ (zufällig identisch mit dem Erwartungswert).

Im angeführten Beispiel sind alle Zufallsvariablen $X(1)$, $X(2)$,…, $X(K)$ – Unveränderlichkeit der Würfeleigenschaften vorausgesetzt – tatsächlich gleich; nicht nur, dass zu allen Zeitpunkten immer das Gleiche gemessen wird (die Zahl der oben liegenden Punkte nach Stillstand des Würfels); auch die Wahrscheinlichkeitsverteilungen (zudem Erwartungswerte und Varianzen) stimmen zu den Zeitpunkten exakt überein – sicher nicht aber die Realisierungen an den einzelnen Tagen. Die durch das Würfeln der Person W.B. erzeugte Zeitreihe $x(1), x(2), ..., x(92)$ heißt eine *Realisation* der Zufallsvariablen *X(1), X(2), ..., X(92)*. Anders formuliert: Die betrachtete Zeitreihe wird durch die 92 Zufallsvariablen *X(1), X(2), ..., X(92) generiert.*

So psychologisch abwegig das angeführte Beispiel ist, so gut lassen sich an ihm mathematische Grundlagen der Einzelfallstatistik erläutern, beispielsweise die verschiedenen Realisationen von Zufallsvariablen. Angenommen, W.B. besitze nicht nur einen Würfel, sondern deren 100, die er in einem Eimer kurz vor Mittag kräftig schüttelt und dann zum Glockenschlag auswirft. Jeder der 100 Würfel sei mit einer unterschiedlichen Nummer von 1 bis 100 versehen; dann finden sich zum Zeitpunkt 1 (am ersten Untersuchungstag, exakt zur Mittagszeit) genau 100 Realisationen der Zufallsvariable *X(1)* mit den oben definierten Eigenschaften, dieselbe Anzahl zu den anderen Zeitpunkten 2, 3, .., 92, also jeweils 100 Realisationen der Zufallsvariablen *X(1), X(2), ..., X(92)*. Die Anzahl der oben liegenden Augen des Würfels mit dem Index 1 liefert also eine Zeitreihe $x_1(t)$ (t = 1, 2, ..., 92), die der Augen des Würfels Nummer 2 eine Zeitreihe $x_2(t)$, usw. – nicht zuletzt aus diesem Grund haben wir es sorgfältig vermieden, statt $x(t_1)$ oder $x(1)$ einfach x_1 zu schreiben. Mit ziemlicher Sicherheit weisen die jeweils 100 Realisationen der Zufallsvariablen *X(1), X(2), ..., X(92)* Mittelwerte $\bar{x}(1), \bar{x}(2), ..., \bar{x}(92)$ auf, welche nahe den Erwartungswerten *E(X(1)), E(X(2)), ..., E(X(92))* (nämlich 3,5) liegen. (Interessanterweise – weil die betrachteten Zeitreihen stationär sind – bewegen sich die gemittelten 92 Werte für die Augenzahlen jeder der 100 Zeitreihen ebenfalls mit großer Wahrscheinlichkeit im Bereich von 3,5; siehe unten.)

Eine gegebene Zeitreihe *x(1), x(2), ..., x(K)*, im Regelfall Daten eines Individuums in einer Variable *X* zu den Zeitpunkten *t* = 1, 2, ..., *K*, wird als Realisation von *K* Zufallsvariablen *X(1), X(2), ..., X(K)* aufgefasst: letztere besitzen im allgemeinen Fall – obwohl natürlich immer das gleiche Merkmal gemessen wird – unterschiedliche Erwartungswerte, Varianzen und Verteilungen.

Wir führen nun eine erste Bedingung der *Stationarität* (für die Zufallsvariablen) ein: Die die Zeitreihe generierenden Zufallsvariablen, hier *X(1), X(2), ..., X(92)*, heißen *stationär*, wenn sich ihre Erwartungswerte, ihre Varianzen und ihre Verteilungsfunktion über die historische Zeit (also über die Zeitpunkte 1, 2, .., 92) nicht systematisch ändern; diese Bedingung ist im betrachteten Fall des Würfelns natürlich erfüllt.

Am gewählten Beispiel lässt sich gut die Kovarianz cov *(X(q), X(p))* zwischen zwei Zufallsvariablen *X(q)* und *X(p)* einführen: Der Anschaulichkeit wegen werden konkrete Zahlen gewählt, beispielsweise *q* = 32, *p* = 42. *X(32)* habe die Realisationen $x_1(32), x_2(32), ..., x_{100}(32)$, *X(42)* die Realisationen $x_1(42), x_2(42), ..., x_{100}(42)$. Anders ausgedrückt: Zu den Zeitpunkten *t* = 32 und *t* = 42 zeigen jeweils 100 Würfel eine Augenzahl zwischen 1 und 6 an.

Die Kovarianz zwischen den Zufallsvariablen *X(32)* und *X(42)* *schätzen* wir anhand der Kovarianz ihrer 100 Realisationen mittels der bekannten Formel

4.4 $\operatorname{cov}(X(32), X(42)) = \dfrac{\sum\limits_{r=1}^{100}(x_r(32) - \bar{x}) \cdot (x_r(42) - \bar{x})}{100 - 1}$,

wobei $\bar{x}(32) = \bar{x}(42) = \bar{x} = 3,5$ angenommen wird. (Diese Kovarianz wird angesichts des reinen Zufallsexperiments sehr nahe bei 0 liegen.)

Division durch das Produkt der Standardabweichungen liefert die Größe

$r_{X(32), X(42)} = \dfrac{\sum\limits_{r=1}^{100}(x_r(32) - \bar{x}) \cdot (x_r(42) - \bar{x})}{\sqrt{\sum\limits_{r=1}^{100} x_r(32)} \cdot \sqrt{\sum\limits_{r=1}^{100} x_r(42)}}$,

welche die (geschätzte) Korrelation $\hat{\rho}_{X(32), X(42)}$ zwischen den Zufallsvariablen *X(32)* und *X(42)* angibt; sie wird extrem nahe 0 sein. Da es sich immer um dieselbe Variable *X* handelt, auch wenn sich die Zufallsvariablen *X(t)* möglicherweise in Erwartungswert, Varianz und Verteilung unterscheiden, handelt es sich bei diesen Parametern um Autokovarianzen und Autokorrelationen; diese sind mit den in 3.5 eingeführten Autokorrelationen empirischer Zeitreihen in Beziehung zu setzen.

Dazu muss eine zweite Bedingung der Stationärität eingeführt werden, nämlich dass die Kovarianz zwischen zwei Zufallsvariablen lediglich vom relativen zeitlichen Abstand der Zufallsvariablen abhängt, aber nicht von der (historischen oder absoluten) Zeit; im Falle von Stationärität ist somit beispielsweise zu erwarten: *cov(X(1), X(11)) = cov(X(2), X(12)) = cov(X(33), X(43)) =... = cov(X(82), X(92))*.

Entsprechendes erwartet man für Autokorrelationen, also folgende Identitäten: *ρ(X(1), X(11)) = ρ(X(2), X(12)) = ... ρ(X(33), X(43)) = ρ(X(82), X(92))*.

Unter Gültigkeit dieser zweiten Bedingung für die Stationärität, aber auch nur dann, können Autokovarianzen *cov(X(t), X(t+a))* und Autokorrelationen ρ*(X(t), X(t+a)) = ρ*$_a$ mit lag *a* sinnvoll definiert werden: Sie lassen sich schätzen, indem die Realisationen einer beliebigen Zufallsvariablen (also Realisationen der Variable zu einem beliebigen Zeitpunkt) mit den Realisationen zu dem mit lag 10 dazu verschobenen Zeitpunkt kovariiert bzw. korreliert werden. Die Autokorrelationskoeffizienten, welche über endlich viele Realisationen zweier um lag *a* verschobenen Zufallsvariablen berechnet wurden, seien im Weiteren mit r_a symbolisiert, die Autokorrelationskoeffizienten bei (theoretisch) unendlich vielen Realisationen ρ_a; sie lassen sich am besten durch r_a schätzen. Im Falle der „Würfelvariable" haben natürlich sämtliche ρ_a den Wert 0; die Schätzwerte r_a (aus den jeweils 100 Realisationen bestimmt) sind, von seltenen „Ausreißern" abgesehen, ebenfalls praktisch 0.

Es muss deutlich hervorgehoben werden, dass die Autokorrelationen in diesem Abschnitt auf gänzlich andere Weise bestimmt wurden als 3.5: Damals wurden Paare *x(1)* und *x(1+a)*; *x(2)* und *x(2+a)*; …, *x(K–a)* und *x(K)* gebildet und die Korrelation dieser beiden Reihen berechnet. Hier bestanden die in korrelative Beziehung gesetzten Reihen aus entsprechenden Realisationen der Zufallsvariablen $X(q)$ und $X(q+a)$ (wobei angesichts der Stationarität der Zeitreihe q beliebig gewählt werden durfte). Dass diese unterschiedlich bestimmten Werte gleiche Schätzung der Autokorrelation mit lag a leisten, ist keineswegs trivial; das Problem wird im nächsten Abschnitt aufgegriffen. Zunächst lässt sich mit gewisser Beruhigung feststellen, dass beide Verfahren im betrachteten Fall der durch Würfeln erzeugten Zeitreihe den gleichen Schätzwert für beliebige Autokorrelationen liefern, nämlich 0.

Eine Zeitreihe heißt stationär, wenn zum einen der Mittelwert (Erwartungswert) der die Zeitreihe generierenden Zufallsvariablen $X(1)$, $X(2)$, ..., $X(K)$ über die historische Zeit keine Änderungen zeigt. Zum anderen wird Stationarität der Autokovarianzen für sämtliche lags erwartet (insbesondere Stationarität der lag 0-Autokovarianz, also der Varianz); anders ausgedrückt: Die Kovarianz zwischen entsprechenden Realisationen zweier Zufallsvariablen $X(t)$ und $X(t+a)$ hängt nur vom Abstand a ab, nicht von der historischen Zeit t. Wegen der Stationarität der Varianz zeigen auch die Autokorrelationen mit beliebigen lags keine Veränderung über die Zeit; die Autokorrelationsstruktur ist also am Ende der Zeitreihe nicht anders als zu Beginn.

Da in aller Regel jede der Zufallsvariablen $X(t)$ nur eine einzige Realisation $x(t)$ besitzt (welche hintereinander gestellt die Zeitreihe bilden), sind die hier angeführten strengen mathematischen Stationaritätsdefinitionen für praktische Zwecke nicht brauchbar.

Zurück zu Proband W.B., der zum Würfeln hoch auf einen Kirchturm steigen musste. Misst er unmittelbar nach der Ankunft dort, noch vor dem Würfeln, seinen Puls und protokolliert er diesen Wert für jeden der 92 Untersuchungstage, produziert er eine weitere Zeitreihe $y(1), y(2), ..., y(K)$. Diesmal handelt es sich bei Y, der Pulsfrequenz, nicht um eine diskrete, sondern um eine kontinuierliche Variable (zuweilen etwas missverständlich auch stetige Variable genannt).

Wieder gehen wir davon aus, dass der am ersten Untersuchungstag registrierte Wert $y(1)$, z. B. eine Pulsfrequenz von 94, die Realisation einer Zufallsvariable[7] $Y(1)$ ist, die einen bestimmten Erwartungswert, endliche Varianz und eine charakteristische Verteilung[8] aufweist. Anders als bei Variable X, den oben liegenden Augen des Würfels, lässt sich nichts über die Parameter der Zufallsvariablen $Y(1)$ sagen, ebenso wenig über die der anderen 91 Zufallsvariablen $Y(2)$, $Y(3)$, ..., $Y(92)$. Auch ist es – weil zu jedem Zeitpunkt t nur eine einzige Realisation von $Y(t)$ vorliegt – nicht möglich, die Autokorrelation mit bestimmten lags über die Korrelationen korrespondierender Realisationen zu berechnen (wie oben an X dargestellt); somit sind andere Möglichkeiten zu finden, die zweite Bedingung der Stationarität für Y, die Zeitinvarianz der Autokorrelationen, zu überprüfen (siehe 4.4). Auch für erste Bedingung der Stationarität, die fehlende systematische Veränderung des Erwartungswerts über die Zeit, lassen sich noch keine Prüfkriterien angeben. Dank des täglichen Trainings wird aber die Pulsfrequenz nach vollzogenem Aufstieg im Laufe der Wochen tendenziell kleiner werden; ist also *nicht* von Stationarität der Zeitreihe $y(t)$ ($t = 1, 2, ..., 92$) auszugehen.

4.4 Stationarität von Zeitreihen

Allgemeines

In 4.3 wurden bereits exakte, jedoch wenig praktikable Definitionen dafür gegeben, wann eine Zeitreihe $x(1), x(2);..., x(K)$ als stationär zu betrachten ist. Dies geschah nämlich unter der lediglich theoretischen Annahme, dass die die Zeitreihe generierenden Zufallsvariablen $X(1)$, $X(2)$, .., $X(K)$ in ihren wesentlichen Parametern bekannt sind. Im Regelfall liegt nur eine *einzige* Zeitreihe vor, also eine *Reihe von einmaligen Realisationen der K Zufallsvariablen X(1), X(2), ... X(K)*, welche Realisationen man streng genommen mit $x_1(1)$, $x_1(2)$, ..., $x_1(K)$ bezeichnen müsste; hierfür ist somit Stationärität neu zu definieren, und diese neue Definition muss mit der früheren kompatibel sein.

Stationarität des Mittelwerts

Die erste Bedingung der Stationarität einer Zeitreihe lautet nun: Ihr Mittelwert zeigt keine systematischen Veränderungen[9].

So einfach dieses Kriterium klingt, so unklar ist es letztlich formuliert, und in der Literatur wird wenig genau auf seine Überprüfung eingegangen. Gottman (1981, S. 65 ff.) schlägt vor, die Zeitreihe in Stücke zu zerlegen und zu überprüfen, ob sich die Mittelwerte dieser Teilreihen unterscheiden; hier ist zweifellos eine gewisse Willkür in der Art der Zerlegung gegeben, was auch die Entscheidung über diese „Mittelwertstationarität" wesentlich beeinflusst[10].

Stationarität der Autokovarianzen und Autokorrelationen

Eine weitere Forderung der Stationarität, die in aller Regel an eine Zeitreihe gestellt werden muss, ist die nach der Stationarität der Autokovarianzen (damit speziell die der Varianz und in Folge davon die der Autokorrelationen). Es wird somit erwartet, dass sich die Autokovarianzen mit sämtlichen relevanten lags über die historische Zeit nicht verändern, dass beispielsweise die Autokovarianz mit lag 0 (also die Varianz) in erster und zweiter Hälfte der Zeitreihe nicht wesentlich verschieden ist, und Gleiches für die Autokovarianzen mit lag 1 oder lag 2 gilt (ebenso für nicht verschwindende Autokovarianzen mit höheren lags). (Wie zu sehen, zieht Stationarität der Autokovarianzen automatisch Stationarität der Varianz nach sich. Die Umkehrung gilt nicht: Stationarität der Varianz, somit der lag 0-Autokovarianz, bedeutet nicht automatisch Stationarität aller weiteren Kovarianzen.)

Nachdem sich r_a , also die Autokorrelation mit lag *a,* als Quotient der Autokovarianz mit lag *a* und der Varianz (der Autokovarianz mit lag 0) berechnet, ist obige Forderung im Wesentlichen äquivalent mit der anschaulicheren Bedingung, dass die *Autokorrelationsstruktur* der Zeitreihe über die *historische Zeit erhalten* bleibt. Wenn die Zeitreihe also beispielsweise in drei Teilabschnitte zerlegt wird, sollten die für diese Abschnitte berechneten Autokorrelationen $r_{1(1)}$, $r_{1(2)}$, $r_{1(3)}$ nicht wesentlich unterschiedlich sein; ebenso sollte dies für alle weiteren nicht verschwindenden Autokorrelationen $r_{a(1)}$, $r_{a(2)}$, $r_{a(3)}$ gelten[11].

Ist eine Zeitreihe sowohl stationär hinsichtlich des Mittelwerts als auch der Autokovarianzen (damit auch der Varianz und der Autokorrelationen) heißt sie stationär (zuweilen findet sich auch die Bezeichnung „schwach-stationär").

Die in 4.3 gegebenen Definitionen der Stationarität einer Zeitreihe müssen zur Anwendung auf den konkreten Fall einer empirischen Zeitreihe verändert werden. Man nennt letztere *mittelwertstationär*, wenn die über verschiedene Abschnitte der Reihe gebildeten Mittelwerte keine systematische Veränderung über die (historische) Zeit aufweisen. Sie heißt *stationär hinsichtlich ihrer Autokovarianzstruktur bzw. Autokorrelationstruktur*, wenn die über diverse lags berechneten Autokovarianzen (Autokorrelationen) in unterschiedlichen Abschnitten zahlenmäßig keine bedeutsamen Unterschiede zeigen.

4.5 Autokorrelationsfunktion (ACF) und partielle Autokorrelationsfunktion (PACF)

Autokovarianz und Autokorrelation

Autokorrelationen wurden schon in 3.3 als Kennwerte einer Zeitreihe eingeführt. In 4.7 werden sie dazu dienen, Hinweise auf Trends in der Zeitreihe zu erhalten; in Kapitel 5 werden mittels der Autokorrelationen Autoregressionskoeffizienten bestimmt und dann die Zeitreihe mithilfe eines autoregressiven Modells beschrieben. Dazu müssen schon hier einige Begriffe eingeführt werden.

Gegeben sei wiederum eine Zeitreihe $x(1), x(2),..., x(K)$, die wir uns sehr lang vorstellen, so lang, dass bei ihrer Verkürzung zur Bestimmung der zeitverschobenen Autokorrelationen die Varianz s_x^2 sich nicht nennenswert ändert. Die Autokovarianzfunktion beschreibt die Beziehung zwischen der Verschiebung der Zeitreihe (dem lag) und der zu dieser Verschiebung gehörigen *Autokovarianz*. So ist der Wert der Autokovarianzfunktion von 2 die Autokovarianz bei lag 2; an der Stelle 0 nimmt die Autokovarianzfunktion die Varianz der Zeitreihe als Wert an. Der Graph der Autokovarianzfunktion wird als Autokovariogramm oder einfacher als *Kovariogramm* der Zeitreihe bezeichnet. Zum Punkt 0 auf der x-Achse gehört auf der y-Achse der Wert für die Varianz der Zeitreihe. Da die Autokovarianz (anders als die Autokorrelationskoeffizienten) nicht normiert ist, können Werte von über 1 oder von weniger als −1 auftreten; bei vielen Zeitreihen (keineswegs bei allen) nähert sich mit wachsendem lag der Wert der Autokovarianzfunktion dem Wert 0; der Graph schmiegt sich der x-Achse an.

Die *Autokorrelation* einer (langen) Zeitreihe bei lag a ist bekanntlich definiert als Quotient der Autokovarianz mit lag a und der Zeitreihenvarianz. Die *Autokorrelationsfunktion* (ACF) gibt die Beziehung an zwischen dem Ausmaß der Verschiebung der Zeitreihe (dem lag) und dem Wert der Autokorrelation bei diesem lag – dafür wurde das Symbol r_a gewählt. Der Graph der ACF wird Autokorrelogramm oder kürzer: *Korrelogramm* genannt. Das Korrelogramm verläuft parallel zum Kovariogramm (weil die Werte der Funktionen durch Division bzw. Multiplikation mit der Varianz auseinander hervorgehen); wegen der Normierung der Autokorrelationskoeffizienten bewegt sich aber der Graph der ACF zwischen 1 und −1. Wie leicht zu sehen, gehört im Korrelogramm zum Wert 0 auf der x-Achse auf der y-Achse der Wert 1 (die lag 0-Autokorrelation, also die Korrelation der unverschobenen Zeitreihe mit sich selbst, beträgt 1)[12].

Partielle Autokorrelation (Definition)
Nun zum wichtigen Begriff der *partiellen Autokorrelationsfunktion* (PACF): Die partielle Autokorrelation der Zeitreihe bei lag *a* – sie sei künftig mit $\tilde{r}_a$ bezeichnet – ist die um *sämtliche Autokorrelationen niedrigerer Ordnung bereinigte Autokorrelation* mit lag *a*. Das muss natürlich erläutert werden.

Nehmen wir an, die Zeitreihe weist ein r_1 (d. h. eine lag 1-Autokorrelation) von 0,8 auf; der Produkt-Moment-Korrelationskoeffizient über die Paare *x(1)* und *x(2)*; *x(2)* und *x(3)*; *x(3)* und *x(4)*,...; *x(K–1)* und *x(K)* beträgt also 0,8. Dann wird der Korrelationskoeffizient, ermittelt an den Paaren *x(1)* und *x(3)*; *x(2)* und *x(4)*; *x(3)* und *x(5)*;..., *x(K–2)* und *x(K)*; sicher ebenfalls einen nicht geringen positiven Wert annehmen. Ist *x(1)* etwa überdurchschnittlich hoch, wird dies auch mit gewisser Wahrscheinlichkeit für *x(2)* gelten, welches wiederum *x(3)* in ähnlicher Weise vorhersagt, wie es sich selbst aus *x(1)* vorhersagen ließ. Wenn also r_2 einen hohen Wert annimmt, liegt dies nicht zuletzt daran, dass *x(1)* über *x(2)* mit *x(3)* zusammenhängt, *x(2)* über *x(3)* mit *x(4)*,..., *x(K–2)* über *x(K–1)* mit *x(K)*.

Um den Einfluss einer weiteren Variable auf die Korrelation zweier Variablen X und Y zu eliminieren, wird in der Gruppenstatistik bekanntlich der partielle Korrelationskoeffizient bestimmt. Die Formel für die um den Einfluss von W bereinigte Korrelation zwischen X und Y lautet (siehe etwa Köhler, 2004, S. 42):

$$r_{xy,w} = \frac{r_{xy} - r_{xw} r_{yw}}{\sqrt{1 - r_{xw}^2} \cdot \sqrt{1 - r_{yw}^2}} .$$

r_{xy} ist dabei die zu bereinigende Korrelation zwischen den *x*- und den *y*-Werten, $r_{xy,w}$ das um den Einfluss der Werte von W bereinigte r_{xy}, r_{xw} und r_{yw} die Korrelationen der Werte in beiden Variablen mit denen der Drittvariable W.

Sei die Variable X nun die der Zeitreihe, die Variable Y die der um 2 verschobenen Zeitreihe, also Y = X+2, und W die Variable, welche die um 1 verschobene Zeitreihe generiert, also W = X+1 mit Y = W+1; dann bestehen folgende Identitäten: r_{xw} = r_{yw} = r_1, r_{xy} = r_2; für die um den Einfluss der Autokorrelation mit lag 1 bereinigte Autokorrelation mit lag 2, also für die partielle Autokorrelation $\tilde{r}_2$, gilt daher (unter der Voraussetzung $r_1 \neq 1$):

4.5 $\quad \tilde{r}_2 = \dfrac{r_2 - r_1 r_1}{\sqrt{1 - r_1^2} \cdot \sqrt{1 - r_1^2}} = \dfrac{r_2 - r_1^2}{1 - r_1^2} .$

Angenommen, r_1 sei 0,8 und für r_2, die Autokorrelation mit lag 2, sei 0,7 berechnet worden, dann ergibt sich für die partielle Autokorrelation mit lag 2 nach Formel 4.5:

$$\tilde{r}_2 = \frac{r_2 - r_1^2}{1 - r_1^2} = \frac{0,7 - 0,8^2}{1 - 0,8^2} = \frac{0,06}{0,36} = 0,167 .$$

Der direkte, nicht über lag 1-Korrelationen vermittelte Zusammenhang zwischen den um zwei Zeitpunkte verschobenen Werten der Zeitreihe ist somit deutlich schwächer.

Berechnung partieller Autokorrelationen

Will man die partiellen Autokorrelationen höheren lags a bestimmen, so ist r_a um die Einflüsse von r_1, r_2, ..., r_{a-1} zu bereinigen. Die explizite Angabe der Formel wird dann rasch extrem kompliziert; hier ist die implizite Angabe mittels einer etwas anderen Formulierung der in Kapitel 5 behandelten Yule-Walker-Gleichungen sehr viel zweckmäßiger:

Soll $\tilde{r}_p$, die p-te Partialkorrelation bei den Autokorrelationen r_1, .., r_{p-1}, r_p, berechnet werden, wird das p Gleichungen umfassende Gleichungssystem benutzt:

$$r_k = \tilde{r}_1 \cdot r_{k-1} + \tilde{r}_2 \cdot r_{k-2} + ... + \tilde{r}_p \cdot r_{k-p}; \text{für } k = 1,2,...,p \, .$$

Für $p = 1$ erhält man eine einzige Gleichung – hier nimmt k nur den Wert 1 an:

$r_1 = \tilde{r}_1 \cdot r_{1-1} = \tilde{r}_1 \cdot r_0 = \tilde{r}_1$, und es zeigt sich der bekannte Sachverhalt: $r_1 = \tilde{r}_1$.

Für $p = 2$ gibt es bereits zwei Gleichungen, nämlich mit $k = 1$ und $k = 2$:

$$r_1 = \tilde{r}_1 \cdot r_{1-2} + \tilde{r}_2 \cdot r_{2-2} = \tilde{r}_1 \cdot r_{-1} + \tilde{r}_2 \cdot r_0 = \tilde{r}_1 \cdot r_1 + \tilde{r}_2$$
$$r_2 = \tilde{r}_1 \cdot r_{2-1} + \tilde{r}_2 \cdot r_{2-2} = \tilde{r}_1 \cdot r_1 + \tilde{r}_2 \cdot r_0 = \tilde{r}_1 \cdot r_1 + \tilde{r}_2 \, .$$

Durch Auflösung ergibt sich die oben auf andere Weise erhaltene Formel für $\tilde{r}_2$:

$$\tilde{r}_2 = \frac{r_2 - r_1^2}{1 - r_1^2}$$

Für $p = 3$ liegen drei Gleichungen vor:

$$r_1 = \tilde{r}_1 \cdot r_{1-1} + \tilde{r}_2 \cdot r_{1-2} + \tilde{r}_3 \cdot r_{1-3} = \tilde{r}_1 + \tilde{r}_2 \cdot r_1 + \tilde{r}_3 \cdot r_2$$
$$r_2 = \tilde{r}_1 \cdot r_{2-1} + \tilde{r}_2 \cdot r_{2-2} + \tilde{r}_3 \cdot r_{2-3} = \tilde{r}_1 \cdot r_1 + \tilde{r}_2 + \tilde{r}_3 \cdot r_1$$
$$r_3 = \tilde{r}_1 \cdot r_{3-1} + \tilde{r}_2 \cdot r_{3-2} + \tilde{r}_3 \cdot r_{3-3} = \tilde{r}_1 \cdot r_2 + \tilde{r}_2 \cdot r_1 + \tilde{r}_3$$

Auflösung liefert das gesuchte $\tilde{r}_3$. Hier ist einem nahe liegenden Fehler unbedingt vorzubeugen: Es lässt sich nicht das p-te Gleichungssystem benutzen, um mit einem Arbeitsgang sämtliche partielle Autokorrelationen $\tilde{r}_1$, $\tilde{r}_2$, ..., $\tilde{r}_p$ zu bestimmen. $\tilde{r}_1$ lässt sich nur aus dem ersten Gleichungssystem mit $p = 1$, $k = 1$ gewinnen, $\tilde{r}_2$ nur aus dem zweiten mit $p = 2$; $k = 1$ und $k = 2$, usw. In 5.2 kommen wir noch einmal auf das Gleichungssystem zurück und zeigen, dass die dort mit den partiellen Autokorrelationen identischen Größen zugleich Regressionskoeffizienten darstellen.

Wie leicht zu sehen, stimmen für lag 0 und lag 1 ACF und PACF überein ($\tilde{r}_0 = r_0; \tilde{r}_1 = r_1$); ab dann wird in der Regel PACF häufig (zunächst) verschwinden, während die Werte von ACF noch deutlich von 0 verschieden sein können. Liegt echte Periodizität vor, z. B. eine hohe Autokorrelation bei lag 7 (Wochenrhythmus), welche sich nicht allein aus den Autokorrelationen niedrigerer Ordnung erklärt, wird an dieser Stelle die PACF plötzlich wieder einen größeren Wert annehmen.

Anwendung

Ein Beispiel soll diese wichtigen Sachverhalte illustrieren.

Gegeben sei die gleichförmige, 400 Glieder umfassende Zeitreihe $x(t)$

$$\overbrace{1,0,-1,0,1,0,-1,0,1,0,-1,0,1,0,-1,0}^{97\,mal}\,,$$

deren Mittelwert sich als 0 errechnet, deren Varianz 200/399 beträgt.
(Wie erinnerlich, dividieren wir zur Ermittlung der Varianz die Summe der Abweichungsquadrate durch $K{-}1$.) Zur Bestimmung der Autokovarianz mit lag 1 werden unverschobene und verschobene Zeitreihe untereinander geschrieben:

$$\begin{vmatrix} 1 & 0 & -1 & 0 & 1 & \overbrace{0 & -1 & 0 & 1}^{98\,mal} & 0 & -1 & 0 & - \\ - & 1 & 0 & -1 & 0 & 1 & 0 & -1 & 0 & 1 & 0 & -1 & 0 \end{vmatrix}$$

Als Summe der multiplizierten Abweichungen in jeder der Vierergruppen ergibt sich 0, sodass die gesamte lag 1-Autokovarianz der Zeitreihe gleichfalls 0 beträgt, ebenso die Autokorrelation mit lag 1; also: $r_1 = 0$.

Nun kommt die um zwei Einheiten verschobene Zeitreihe unter die ursprüngliche:

$$\begin{vmatrix} 1 & 0 & -1 & 0 & 1 & 0 & \overbrace{-1 & 0 & 1 & 0}^{98\,mal} & -1 & 0 & - & - \\ - & - & 1 & 0 & -1 & 0 & 1 & 0 & -1 & 0 & 1 & 0 & -1 & 1 \end{vmatrix}$$

Innerhalb der Vierergruppen berechnet sich die Summe der multiplizierten Abweichungen vom Mittelwert zu –2, insgesamt unter Inkaufnahme eines kleinen Rundungsfehlers (weil die letzte Vierergruppe nicht vollständig ist) also eine Gesamtsumme der multiplizierten Abweichungen von –200 und eine Autokovarianz von $200/399$, somit $r_2 = -1$.

Berechnung für die um drei Einheiten verschobene Zeitreihe liefert: $r_3 = 0$; bei Verschiebung um vier Einheiten liegen identische Glieder untereinander, und für r_4 ergibt sich somit 1, entsprechend $r_5 = 0$; $r_6 = -1$; $r_7 = 0$; $r_8 = 1$ usw. Die ACF zeigt also einen periodischen Verlauf (siehe Abbildung 4.1).

Wie schon oben ausgeführt, sind für lag 0 und lag 1 Autokorrelationsfunktion und partielle Autokorrelationsfunktion generell identisch; es gilt hier also:
$\tilde{r}_0 = 1; \tilde{r}_1 = 0$.

Wegen $r_1 = 0$, ist nach Gleichung 4.5 $\tilde{r}_2 = r_2 = -1$. Ebenso ergibt sich: $\tilde{r}_3 = r_3 = 0$. Hingegen gilt: $\tilde{r}_4 = 0$; demnach wird die perfekte Autokorrelation mit lag 4 bereits vollständig aus den Autokorrelationen niedriger Ordnung erklärt (hier speziell durch die Tatsache, dass $r_2 = -1$). Alle weiteren partiellen Autokorrelationen nehmen den Wert 0 an, sodass die PAC bis einschließlich lag 3 mit der ACF identisch ist, ab lag 4 im Gegensatz zu letzterer verschwindet (siehe Abbildung 4.2).

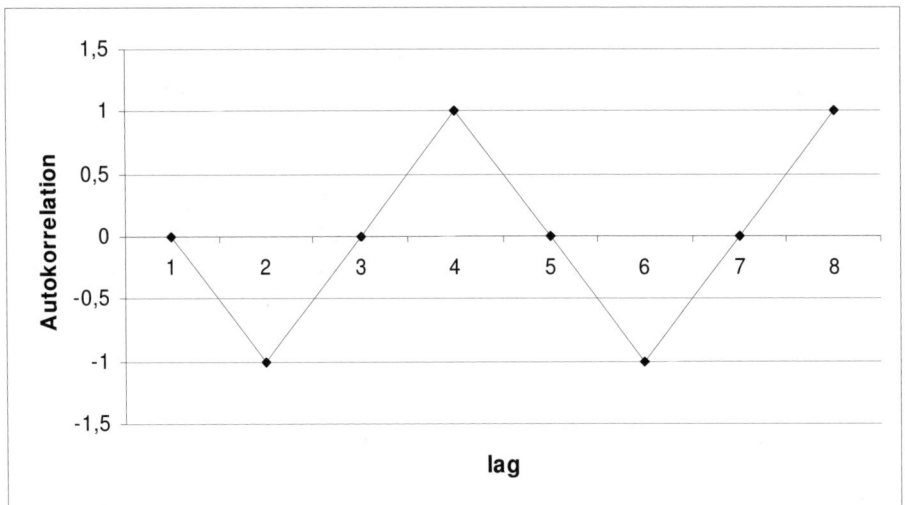

Abbildung 4.1: Autokorrelationsfunktion der Zeitreihe im Text

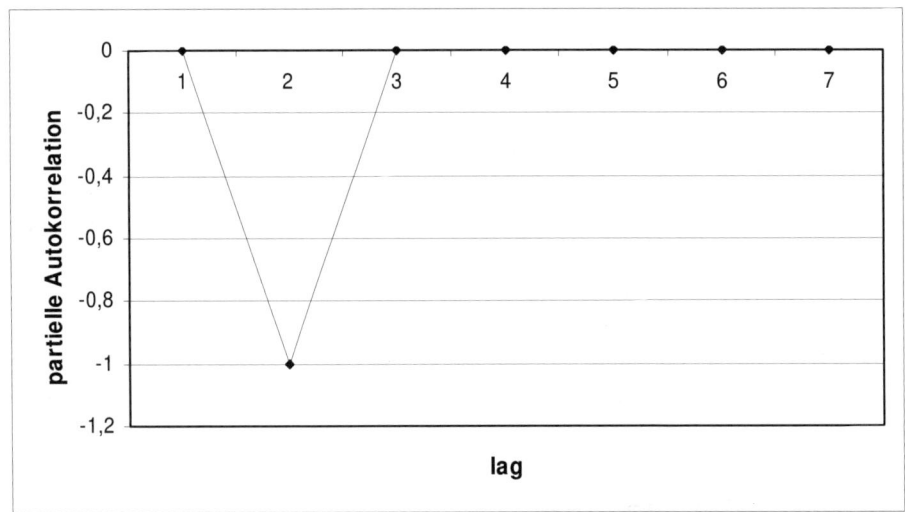

Abbildung 4.2: Partielle Autokorrelationsfunktion der Zeitreihe im Text

Die *Autokorrelationsfunktion* (ACF) einer empirischen Zeitreihe beschreibt in Abhängigkeit vom lag die Werte der Autokorrelationskoeffizienten. Die *partielle Autokorrelation* mit lag *a* ist definiert als die von sämtlichen Autokorrelationen (bis einschließlich lag *a*–1) *bereinigte Autokorrelation* mit lag a. Für die Bestimmung der partiellen Autokorrelation mit lag 2 existiert eine einfache Formel. Zur Bestimmung höherer partieller Autokorrelationen eignen sich implizite Gleichungen besser. Trägt man die partiellen Autokorrelationen der diversen lags gegen den lag auf, erhält man die *partielle Autokorrelationsfunktion* (PACF).

4.6 Weißes Rauschen

Eine Zeitreihe $w(t)$ wird als „weißes Rauschen" (engl: white noise) bezeichnet, wenn sie keine Systematik irgendwelcher Art aufweist, insbesondere, wenn sämtliche Autokorrelationen verschwinden. Da die betrachteten Zeitreihen immer eine endliche Länge K haben, sind von 0 verschiedene Autokorrelationskoeffizienten die Regel, und es fragt sich, wann diese als unbedeutend anzusehen sind. Obwohl in der Literatur nicht unumstritten, scheint am praktikabelsten das Kriterium, dass die Autokorrelationskoeffizienten den Wert $2/\sqrt{K}$ unterschreiten. Weiter wird erwartet, dass der Mittelwert der Zeitreihe $w(t)$ nahe bei 0 liegt, sich jedenfalls von 0 nicht signifikant unterscheidet.

Im Übrigen sei darauf hingewiesen, dass wir den Fehler bei der Schätzung eines Zeitreihenwerts $x(t)$ durch deterministische oder stochastische (bzw. kombinierte) Modelle generell mit $e(t)$ bezeichnen; nur wenn Grund zur Annahme vorliegt, dass dieser Fehler keine systematischen Komponenten mehr enthält, wird dafür die Symbolik $w(t)$ verwendet.

4.7 Identifikation und Elimination von Trendkomponenten

In den nächsten Kapiteln wird versucht, Zeitreihen mittels stochastischer Modelle, z. B. über autoregressive Ansätze, zu beschreiben. Sollte die Zeitreihe zusätzlich deterministische Komponenten enthalten, müssen diese vorab eliminiert werden; das setzt natürlich überhaupt erst deren Entdeckung voraus.

Gegeben sei eine Zeitreihe $x(t)$ mit K Elementen; eine Funktion $f(t)$, welche allein von der historischen Zeit abhängt (nicht von relativen Zeitabständen) soll Trend genannt werden, wenn die Residualzeitreihe $x^*(t) = x(t) - f(t)$ eine bedeutend kleinere Varianz aufweist als die ursprüngliche Zeitreihe. Dies lässt sich am besten an einem linearen Trend erläutern.

Linearer Trend
Betrachtet sei die folgende, sehr schlicht aufgebaute Zeitreihe, wobei wir nun explizit auch die Werte für t, nicht nur für $x(t)$, angeführt seien:

Tabelle 4.1: Zeitreihe mit linearem Trend (fiktive Daten)

t	1	2	3	4	5	6	7	8	9
$x(t)$	2	3	4	4,5	6	7	8,5	9	10
$\hat{x}(t)$	2	3	4	5	6	7	8	9	10
$x^*(t)$	0	0	0	–0,5	0	0	0,5	0	0

Augenschein deutet auf einen fast perfekten linearen Trend hin, und damit ist für die Trendfunktion *f(t)*, die wir ab jetzt als Schätzfunktion für *x(t)* betrachten und mit $\hat{x}(t)$ symbolisieren wollen, der Ansatz zweckmäßig:

$$\hat{x}(t) = a + b \cdot t \, .$$

Die Koeffizienten *a* und *b* lassen sich nach der Methode der kleinsten Abweichungsquadrate bestimmen (siehe auch 3.3). Demnach sind *a* und *b* so zu wählen, dass

$$f(a,b) = (2{-}a{-}b)^2 + (3{-}a{-}2b)^2 + (4{-}a{-}3b)^2 + (4{,}5{-}a{-}4b)^2 + (6{-}a{-}5b)^2 + (7{-}a{-}6b)^2$$

$$+ (8{,}5{-}a{-}7b)^2 + (9{-}a{-}8b)^2 + (10{-}a{-}9b)^2 = 387{,}5{-}108a{+}9a^2{+}90ab{-}660b{+}285b^2$$

einen minimalen Wert annimmt. Setzt man die partiellen Ableitungen

$$\frac{\partial f(a,b)}{\partial a} = -108{+}18a{+}90b \text{ sowie } \frac{\partial f(a,b)}{\partial b} = 90a{-}660{+}570b$$

gleich 0, findet man *a* = 1, *b* = 1.

Somit ergibt sich als die beste Schätzung von *x(t)* durch *t* (für die Gleichung der Regression von der Variable *X* auf die Variable Zeit):

$$\hat{x}(t) = 1 + t \, .$$

Die verbleibende Zeitreihe $x^*(t)$, welche sich durch Subtraktion der Schätzzeitreihe $f(t) = \hat{x}(t)$ von der ursprünglichen Zeitreihe *x(t)* ergibt, hat (erwartungsgemäß) den Mittelwert 0, wovon die Funktionswerte lediglich an den Stellen *t* = 4 und *t* = 7 geringfügig abweichen; entsprechend ist ihre Varianz $s^2_{x^*}$ gering, nämlich 0,06 und liegt sehr viel niedriger als die der ursprünglichen Zeitreihe (s^2_x=7,94). Der lineare Trend hat also insgesamt 100x(7,94 – 0,06)/7,94% = 99% der Varianz der ursprünglichen Zeitreihe aufklären können. Im Sinne der in 4.3 gegebenen Definition ist $x^*(t)$ zudem sicher als mittelwertstationär zu betrachten. Ein weiterer deterministischer Trend lässt sich nicht in ihr entdecken, wenigstens kein einfacher, wobei die Kürze der Zeitreihe eine solche Suche auch nicht verlohnt.

Die ursprüngliche Zeitreihe *x(t)* lässt sich somit durch die (großteils die Varianz aufklärende) deterministische Trendfunktion $\hat{x}(t) = 1 + t$ sowie eine mittelwertstationäre Restfunktion *x*(t)* darstellen (welche möglicherweise ausschließlich weißes Rauschen darstellt); also:

$$x(t) = \hat{x}(t) + x^*(t) = 1 + t + x^*(t) \, .$$

Auf eine Restfunktion mit ähnlichen Eigenschaften hätte die schon mehrfach erwähnte Differenzenbildung[13] geführt, also die Subtraktion jedes Gliedes von dem in der Reihe rechts davon stehenden (in der Ordnung höheren) Glied. Das sei an Hand von Tabelle 4.2 (mit den Daten von Tabelle 4.1) gezeigt:

Tabelle 4.2: Zeitreihe mit linearem Trend (zur Demonstration der Differenzenbildung)

t	1	2	3	4	5	6	7	8	9
$x(t)$	2	3	4	4,5	6	7	8,5	9	10
$x^{'}(t) = x(t+1) - x(t)$	1	1	0,5	1,5	1	1,5	0,5	1	–

Die Zeitreihe $x^{'}(t)$ hat einen Mittelwert von 1, um den sich die Funktionswerte unsystematisch bewegen, und wäre sicher ebenfalls als mittelwertstationär anzusehen; ihre Varianz $s_{x^{'}}^2$ ist mit 0,14 zwar erheblich kleiner als die der ursprünglichen Zeitreihe, aber größer als die der mittels der Methode der kleinsten Quadrate gefundenen Restfunktion $x*(t)$, nämlich 0,06. Vor allem ist es komplizierter, von $x^{'}(t)$ zur Ursprungszeitreihe $x(t)$ zurück zu gelangen – die ja das eigentliche Untersuchungsobjekt darstellt.

Insofern ist dieses in der Literatur zur Erzielung von Stationarität empfohlene Verfahren zwar einfach, liefert aber in der Regel eine schlechtere lineare Approximation der ursprünglichen Zeitreihe $x(t)$ und ist hinsichtlich der mathematischen Implikationen nur bedingt transparent[14].

Bei längeren Zeitreihen, die bezüglich ihrer Werte auch nicht so einfach aufgebaut sind wie die des Beispiels, ist ein linearer Trend nicht immer sofort durch schiere Dateninspektion zu sehen, und es wäre im ungünstigen Fall recht aufwändig, die Methode der kleinsten Quadrate anzuwenden, um schließlich eine wenig treffende Schätzfunktion $\hat{x}(t)$ zu erhalten. Hier kann die Betrachtung der Autokorrelationsfunktion oft wertvolle Hinweise liefern: Handelt es sich um einen linearen Trend (mit $b \neq 0$), der zusammen mit unsystematischen Variationen (weißem Rauschen) die Zeitreihe bildet, so ist eine lag 1-Autokorrelation nahe 1 zu erwarten, und auch die weiteren Autokorrelationen r_2, r_3, r_4, ... werden sich in diesem Bereich bewegen – im Beispiel, wo sich das weiße Rauschen auf zwei Abweichungen der Größe 0,5 beschränkt, berechnet sich $r_1 = 0,99$, $r_2 = 0,98$, $r_3 = 0,97$, $r_4 = 0,99$. Geht die ACF rasch gegen 0, so ist ein linearer Trend ziemlich sicher auszuschließen; allerdings ist aus fehlendem Abfall der ACF nicht unbedingt ein linearer Trend zu folgern; dies könnte auch andere Gründe haben (etwa nicht-lineare Trends; siehe dazu Gottman, 1981, S. 81 ff.).

Polynomiale Trends höherer Ordnung
Sie sind nicht immer einfach mit bloßem Auge zu entdecken, insbesondere wenn die vor den höheren Potenzen von t stehenden Koeffizienten klein sind. Auch Betrachtung der Autokorrelationen hilft hier kaum weiter, wie das nachstehende Beispiel zeigt. Die rascheste Prüfung, ob überhaupt ein solcher polynomialer Trend vorliegen könnte und welcher Ordnung er ist, dürfte die schon mehrfach erwähnte Differenzenbildung darstellen[15]; in einem ersten Schritt wird dabei zu jedem Wert $x(t)$ durch Subtraktion vom folgenden Glied seine „Ableitung" $x^{'}(t)$ gebildet, also: $x^{'}(t) = x(t+1) - x(t)$; ist nun die Zeitreihe der $x^{'}(t)$ ($t = 1, 2, ..., K-1$) in etwa konstant

(aber von 0 verschieden), so ist ein linearer Trend in $x(t)$ wahrscheinlich (wobei $\bar{x}'(t)$ die Steigung dieser Regressionsgeraden in etwa annähert). Zeigt $x'(t)$ hingegen deutliche Veränderungen über die Zeit, bestimmt man zweckmäßigerweise die „2. Ableitung", also $x''(t) = x'(t+1) - x'(t)$; ist diese Zeitreihe konstant, lässt sich in der ursprünglichen Zeitreihe ein quadratischer Trend annehmen und zur Approximation der Ansatz $\hat{x}(t) = a + b \cdot t + c \cdot t^2$ zu machen; wieder bestimmt man, analog zu dem bei linearen Trends beschriebenen Verfahren, mittels der Methode der kleinsten Quadrate jene Werte für die Koeffizienten a, b und c, mit denen $\hat{x}(t)$ die ursprüngliche Zeitreihe am besten annähert. Verminderung der Ursprungszeitreihe um die den quadratischen Trend beschreibende Zeitreihe $\hat{x}(t)$ liefert eine Residualzeitreihe $x^*(t)$, die keinen quadratischen (bzw. kombiniert quadratischen und linearen) Trend enthält, im Extremfall nur noch „weißes Rauschen" darstellt.. Ein (gleichfalls zahlenmäßig sehr schlichtes Beispiel) soll die Vorgehensweise demonstrieren (siehe Tabelle 4.3).

Tabelle 4.3: Zeitreihe mit quadratischem Trend (fiktive Daten)

t	1	2	3	4	5	6	7	8
$x(t)$	3,5	1,5	1	1,5	3	5	9	13,5
$x'(t) = x(t+1) - x(t)$	–2	–0,5	0,5	1,5	2	4	4,5	–
$x''(t) = x'(t+1) - x'(t)$	1,5	1	1	0,5	2	0,5	–	–
$\hat{x}(t)$	3	1,5	1	1,5	3	5,5	9	13,5
$x^*(t)$	0,5	0	0	0	0	–0,5	0	0

Während die 1. Ableitung einen deutlich erkennbaren Anstieg zeigt, schwanken die Werte der 2. Ableitung unsystematisch um einen Mittelwert von 1,1, sodass eine Approximation mittels eines Polynoms 2. Grades versucht werden kann, also der Ansatz zu machen ist:

$\hat{x}(t) = a + b \cdot t + c \cdot t^2$.

Die oben, im Zusammenhang mit dem linearen Trend beschriebene Methode der kleinsten Quadrate liefert für die Koeffizienten $a = 5,5$; $b = -3$; $c = 0,5$; für die Schätzwerte $\hat{x}(t)$ ergeben sich dann die in Zeile 4 von Tabelle 4.4 aufgeführten Zahlen. Die Zeitreihe der Residuen $x^*(t) = x(t) - \hat{x}(t)$ hat einen Mittelwert von 0 und zeigt davon nur zwei kleine gegensinnige Abweichungen vom Absolutbetrag 0,5; ihre Varianz beträgt 0,27 und ist damit erheblich kleiner als die der ursprünglichen Zeitreihe $x(t)$ (nämlich 4,38). In der Zeitreihe ist also ein deutlich quadratischer Trend enthalten, nach dessen Elimination sich eine mittelwertstationäre neue Zeitreihe mit geringer Varianz ergibt; diese stellt möglicherweise „weißes Rauschen" dar; anhand der Autokorrelationskoeffizienten ($r_1 = 0$; $r_2 = 0,2$, $r_3 = 0,25$) lässt sich dies angesichts der Kürze der Zeitreihe allerdings nicht entscheiden.

Noch einmal zurück zur Frage, welche Hinweise es auf das Vorliegen eines quadratischen Trends in der Zeitreihe *x(t)* gab. Zunächst die Anmerkung, dass Betrachtung der Autokorrelationskoeffizienten, nämlich $r_1 = 0{,}91$, $r_2 = 0{,}60$, $r_3 = 0{,}11$, hier kaum weiterhelfen dürfte. Wäre das Minimum mehr in der Mitte gelegen (bei $t = 4$ oder $t = 5$), wäre r_1 niedriger ausgefallen; bei Verschiebung des Minimums in Richtung des rechten Randes des Definitionsbereichs hätte sich ein negativer Wert für die Autokorrelation 1. Ordnung ergeben; ebenso wären Vorzeichen und Größe von r_2 weitgehend von diesen mehr oder weniger zufälligen Bedingungen abhängig. Hingegen hat die Methode des Differenzierens, so wenig sie generell geeignet scheint, die Trendfunktion exakt zu bestimmen, doch den Vorteil, rasch einen polynomialen Trend zu identifizieren und seine Ordnung anzugeben.

Andere Trends
Exponentielle Trends dürften bei psychologischen Daten (anders als beispielsweise bei volkswirtschaftlichen) extrem selten sein, während zyklische, etwa mit Perioden von 7 oder 30 Tagen, sicher keine Rarität darstellen (siehe die Beispiele in 4.1). Hinweis darauf gibt die PACF der Zeitreihe, die zunächst verschwindet, aber bei dem der Periode entsprechenden lag unvermittelt substantielle Werte annimmt. Sei *c* jener lag, für den $\tilde{r}_c \neq 0$, dann geht dieser lag als Periode in die deterministische Trendfunktion ein.

Solche zyklischen Trends (ohne Dämpfung und ohne Veränderung der Frequenz über die Zeit) lassen sich durch eine Sinusfunktion

$$\hat{x}(t) = a + b \cdot \sin(\frac{2\pi \cdot (t - d)}{c})$$

mit vier Konstanten *a*, *b*, *c* und *d* charakterisieren. *a* gibt dabei den mittleren Wert an, über dem die Sinusfunktion schwingt, *b* die Höhe der Schwingung – für $b = 1$ nimmt der Sinus Werte zwischen -1 und $+1$ an, im Fall eines anderen Werts für *b* schwankt die Funktion zwischen $-b$ und $+b$, wozu sich noch die Konstante *a* addiert. Die einfache Sinusfunktion $x(t) = \sin t$ hat bekanntlich die Periode 2π (siehe dazu 10.2).

Die Sinusfunktion $y(t) = \sin(\frac{2\pi \cdot t}{c})$ besitzt die Periode *c*, denn es gilt:

$$y(t + c) = \sin(\frac{2\pi \cdot (t + c)}{c}) = \sin(\frac{2\pi \cdot t}{c} + 2\pi) = y(t) .$$

Findet sich also in einer Zeitreihe ein hoher Wert für die PACF an der Stelle 7, so ist zur Identifikation (und eventuellen Elimination) eines sinusförmigen Trends der Ansatz[16] zu machen:

$$\hat{x}(t) = a + b \cdot \sin(\frac{2\pi \cdot (t - d)}{7})$$

Die letzte Konstante *d* beschreibt die Verschiebung gegenüber einer gewöhnlichen, durch den Punkt (0;0) laufenden Sinusfunktion. Diese Funktion hat dann bei $t = d$ ihre erste Nullstelle, weitere an den Stellen $d+c$, $d+2c$, $d+3c\ldots$.

Subtrahiert man von der ursprünglichen Zeitreihe die zunächst gefundene, in bester Näherung den Trend wiedergebende Sinusfunktion, so ist keineswegs immer eine stationäre Zeitreihe oder gar weißes Rauschen zu erwarten. Vielmehr können in ihr noch weitere periodische Trends verborgen sein, die Zeitreihe im Extremfall ganz durch Überlagerung zyklischer Funktionen zu erklären sein. Dies wird im Kapitel 10 bei Spektralanalysen genauer ausgeführt.

Vor der Anwendung stochastischer Zeitreihenmodelle müssen zunächst deterministische Trends eliminiert werden, was vorab überhaupt deren Entdeckung erfordert.

Lineare Trends zeigen sich oft durch den bloßen Augenschein; in der Regel sind sie auch an der ACF zu erkennen, da in diesem Fall die Werte der Autokorrelationskoeffizienten mit zunehmendem lag nur unwesentlich gegen 0 gehen. Eine weitere Methode zum Nachweis von Trends ist die Differenzenbildung („Ableitung"); bei Vorliegen eines linearen Trends liefert die erste Ableitung Werte, die unsystematisch um einen Mittelwert $\bar{d}$ schwanken; dieses $\bar{d}$ ergibt einen guten Schätzwert für die Steigung einer den Trend darstellenden Gerade. Die beste lineare Approximation der Zeitreihe $x(t)$ gelingt jedoch mittels der Methode der kleinsten Quadrate, indem die Koeffizienten der Geradengleichung so gewählt werden, dass die Summe der Abweichungsquadrate zwischen tatsächlichen und geschätzten Werten der Zeitreihe einen Minimalwert annimmt. Die Schätzgerade gibt den in der Zeitreihe enthaltenen linearen Trend an; die durch Subtraktion der Schätzwerte von den tatsächlichen Werten entstehende neue Zeitreihe $x^*(t)$ sollte dann eine signifikant kleinere Varianz aufweisen, die Varianz der Schätzgeraden also einen wesentlichen Teil der Varianz der ursprünglichen Zeitreihe aufklären.

Polynomiale Trends höherer Ordnung sind in der Regel nicht gut an der ACF zu erkennen. Hier hilft das Verfahren der Differenzenbildung sehr viel weiter: Schwanken nach g-maliger Differenzenbildung (nach Bildung der g-ten Ableitung) die Werte unsystematisch um 0, so ist ein polynomialer Trend der Ordnung $g-1$ anzunehmen. Die beste polynomiale Approximation lässt sich wieder mit der Methode der kleinsten Quadrate bestimmen.

Zyklische Trends sind häufig gut an der PACF der Zeitreihe zu erkennen: In einem solchen Fall steigt die partielle Autokorrelation nach einem initialen Abfall unvermittelt wieder an, wenn der lag in der Umgebung der Periodizität liegt. Man kann dann versuchen, mittels der Methode der kleinsten Quadrate jene Sinusfunktion zu finden, welche am besten die Zeitreihe approximiert und einen bedeutsamen Teil ihrer Varianz erklärt.

Anmerkungen zu Kapitel 4

1: Es sei daran erinnert, dass die Summe der Abweichungen aller Stichprobenwerte vom Stichprobenmittelwert 0 ergibt, die mittlere Abweichung in der Stichprobe damit ebenfalls 0 beträgt.

2. Es lässt sich darüber streiten, ob in theoretischen Zeitreihen (in Zeitreihenprozessen) der Fehlerterm $e(t)$ angebracht ist. Schaden dürfte er nicht; niemand ist gehindert, bei Betrachtung von Prozessen die Größe $e(t)$ einfach konstant 0 zu setzen.

3. Gottman (1981, S. 53 ff.) nennt solche Zeitreihenmodelle, in denen $x(t)$ (streng genommen: $X(t)$) sich als Funktion der Zeit darstellen lässt, entweder als Funktion der absoluten Zeit t oder als Funktion anderer Werte $x(t-q)$ davor (also der Zeitabstände bzw. der relativen Zeit) time domain time-series analyses (zu Deutsch etwa: zeitbezogene Zeitreihenanalysen oder Analysen im Zeitbereich). Davon unterscheidet er Analysen im

Frequenzbereich (frequency domain time-series models); hier werden die Frequenzen periodischer Schwingungen ermittelt, welche in Form von Überlagerungen die Zeitreihe bilden (Stichworte: Spektralanalyse, Fourierreihen). Mit dieser andeutenden Begriffserklärung soll es hier zunächst sein Bewenden haben (siehe genauer dazu Kapitel 10).

4. Die Schwierigkeit, solche Verfahren nur auf große Datenmengen anwenden zu können, wurde schon betont. Die kurzen, zur Demonstration hier verwendeten Zeitreihen sollten nicht einen anderen Eindruck erwecken.

5. Angenommen, durch den Gebrauch verändert der Würfel seine Form: Die Fläche mit 5 Augen schrägt sich ab und wird größer auf Kosten der anliegenden Fläche mit 3 Augen; dann wird die Wahrscheinlichkeit für eine Augenzahl 5 größer als 1/6 werden, die für die Augenzahl 3 kleiner als ein 1/6. Damit vergrößert sich auch der Erwartungswert. Die Variable *X(1)* ist also eine andere als die Variable *X(80)*; natürlich ist ihr Wert weiter eine Augenzahl zwischen 1 und 6, und deswegen haben wir das Symbol *X* beibehalten.

6. Im allgemeinen Fall müssen drei Parameter übereinstimmen, um eine Zufallsvariable eindeutig definieren zu können.

7. Die gemessene Pulsfrequenz am 1. Tag hätte auch anders ausfallen können: Hätte sich W.B. etwas mehr beeilt, wäre sie höher gewesen, hätte er beim Pulszählen ein längeres Intervall gewählt, hätte sich vielleicht ein genauerer Wert ergeben, usw. Darüber weiß man nichts; es liegt nun einmal lediglich dieser eine Wert *y(1)* vor..

8. Der Wahrscheinlichkeitsfunktion bei einer diskreten Variablen (im Beispiel: *X*) entspricht die Dichtefunktion oder Wahrscheinlichkeitsdichte bei kontinuierlichen Variablen (im Beispiel: *Y*). Diese Dichtefunktion *f(y)* gibt für einen bestimmten Wert von *Y*, etwa für *y(1)* = 87, die Wahrscheinlichkeit an, in einer kleinen Umgebung von ihm weitere Werte von *Y* zu finden (wobei diese Wahrscheinlichkeit noch anhand der Größe der Umgebung normiert wird). Anders ausgedrückt: Die Dichtefunktion ist die 1. Ableitung der so genannten Verteilungsfunktion (siehe dazu Lehrbücher der Statistik, z. B. Köhler, 2004, S. 128 f.). Ist *f(y)* die Dichtefunktion, so berechnet sich der Erwartungswert:

$$E(Y) = \int_{-\infty}^{\infty} y \cdot f(y) dy \,.$$

9. Diese Version der Stationarität des Mittelwerts folgt aus dem so genannten Ergodizitätstheorem: Die vorliegende Zeitreihe $x(1), x(2), ..., x(t), ..., x(92)$ wird als eine von unzähligen Realisationen eines Zeitreihen erzeugenden Prozesses *X(1)*, *X(2)*, ..., *X(92)* aufgefasst; ist dieser stationär, so ist der Durchschnitt der Charakteristika einer einzelnen Zeitreihe (z. B. der sämtlicher Einzelwerte, also der Zeitreihenmittelwert) gleich dem entsprechenden Durchschnitt der Zeitreihenrealisationen zu jedem beliebigen Zeitpunkt.

10. Wird sie in nur wenige Teilstücke zerlegt, fällt es leichter, „die Nullhypothese zu beweisen", exakter: die Annahme beizubehalten, dass die Zeitreihe stationär ist. Es könnte sogar der Fall eintreten, dass eine Zeitreihe, die deterministisch einer Sinusfunktion folgt, genau so in Stücke zerlegt wird, dass deren Mittelwerte (von Zufallsabweichungen abgesehen) identisch sind.

11. Gottman (1981, S. 77 f.) nennt als hinreichende (aber nicht unbedingt notwendige) Bedingung für die Stationarität einer Zeitreihe das Kriterium einer raschen Verminderung der Autokorrelationen (bzw. ihrer Quadrate) mit wachsendem lag. Letzteres sieht er als erfüllt an, wenn

$$r_a^2 < \frac{1}{a} \text{ gilt.}$$

Leider ist diese Aussage, für die der Autor auch keinen Beweis anführt, nur einge-schränkt brauchbar; immerhin scheint, falls Stationarität des Mittelwerts vorliegt, Nichterfüllung obiger Gleichung weitgehend mit fehlender Stationarität der Autokovari-anzen (und damit der Autokorrelationen) einher zu gehen.

12. Prinzipiell ist die ACF auch für negative lags definiert (Verschiebung der oberen Zeitreihe nach links); wie in 3.5 gezeigt wurde, bleibt die Autokorrelation jedoch gleich, egal in welche Richtung diese Verschiebung stattfindet; es gilt also: $r_a = r_{-a}$. Der Graph der ACF ist demnach spiegelbildlich zur y-Achse; insofern beschränkt man sich in der Regel darauf, das Korrelogramm für nichtnegative lags darzustellen.

13. Transformationen von Zeitreihen, um besondere Eigenschaften an ihnen herauszu-heben, heißen auch Filterfunktionen oder kurz: Filter. Bei der Differenzenbildung würde es sich um einen linearen Filter handeln.

14. Dies gilt auch für die in der Literatur erwähnten „smoothing"-Prozeduren bei Poly-nomen, z. B. die Bildung von „Gleitmittelwerten" (siehe etwa Schmitz, 1989, S. 23 ff.). Beim 3-Punkte-Gleitmittelwert wird eine neue Zeitreihe $\breve{x}(t)$ gebildet mit

$$\breve{x}(t) = \tfrac{1}{3}(x(t-1) + x(t) + x(t+1)) .$$

Sinnvoll ist dieses Verfahren besonders dann, wenn die Zeitreihe lebhaft auf und ab geht und dabei Spitzen von kurzer Dauer aufweist. Hier bietet die Kurve nach „smoothing", insbesondere wenn das Gleitmittel über zahlreiche Werte gebildet wird, einen sehr viel klareren Verlauf, da kurzfristige Ausreißer eliminiert werden. Bei den Verläufen für Kurse einzelner Aktien oder für einen Aktienindex benutzt man zur über-sichtlichen Darstellung beispielsweise 38-Tage-Werte, bei denen der für den Zeitpunkt t aufgetragene Wert der Mittelwert der letzten 38 Tage (einschließlich $x(t)$) ist. Dieser op-tische Gewinn bedeutet natürlich auf der anderen Seite einen Informationsverlust bei Erstellung eines zeitreihenanalytischen Verlaufsmodells.

15. Dies gelingt allerdings nicht bei anderen Trendformen, z. B. bei einem exponentiel-len Trend. Bekanntlich ist die Ableitung der e-Funktion $f(t) = e^t$ die Exponentialfunkti-on selbst; die allgemeine Exponentialfunktion $f(t) = a^t$ mit $a > 0$ hat als Ableitung $f'(t) = \ln a \cdot a^t$.

16. Ebenso kann man auf die Information aus der PACF verzichten und c zunächst als unbekannte Konstante annehmen. Gemäß der Methode der kleinsten Quadrate sind dann nicht nur a, b und d, sondern auch c so zu bestimmen, dass

$$f(a,b,c,d) = \sum_{t=1}^{K} \left[x(t) - (a + b \cdot \sin(\frac{2\pi(t-d)}{c})) \right] \text{ ein Minimum hat,}$$

also für sämtliche partielle Ableitungen gilt:

$$\frac{\partial f}{\partial a} = \frac{\partial f}{\partial b} = \frac{\partial f}{\partial c} = \frac{\partial f}{\partial d} = 0 .$$

5 Autoregressive Modelle (AR-Modelle)

5.1 Vorbemerkungen; Überblick

Liegt eine Zeitreihe ohne deterministische Anteile vor, insbesondere ohne linearen Trend – vielleicht auch nur deshalb, weil diese Anteile vorab eliminiert wurden –, steckt möglicherweise dennoch in ihr eine gewisse Systematik. So könnte es sein, dass die Ausprägung der Variable X zu einem Zeitpunkt t – wir nennen diese Größe wie üblich $x(t)$ – zwar nicht direkt aus der abgelaufenen (historischen) Zeit t vorhergesagt werden kann, wohl aber einen gesetzmäßigen Zusammenhang mit dem eine Zeiteinheit zuvor beobachteten Wert $x(t–1)$ zeigt. Im einfachsten Fall dieser Gesetzmäßigkeit, der hier ausschließlich betrachtet sei[1], besteht ein linearer Zusammenhang, indem sich $x(t)$ aus $x(t–1)$ durch Multiplikation mit einer (für die gesamte Zeitreihe gültigen) Konstanten c_1 (dem Autoregressionskoeffizienten 1. Ordnung) ergibt; unter Inkaufnahme eines Schätzfehlers, der wie üblich mit $e(t)$ bezeichnet sei, gilt also:

$$x(t) = c_1 \cdot x(t-1) + e(t) .$$

In diesem Fall machen wir dann den Versuch, $x(t)$ mittels eines *autoregressiven Modells 1. Ordnung* (eines AR1-Modells) zu beschreiben. $e(t)$ sollte dabei klein sein, die Varianz dieses Fehlers über die Beobachtungszeitpunkte geringer ausfallen als die Varianz der Zeitreihe. Ist dies sogar der beste denkbare Ansatz, wird $e(t)$ nur mehr unsystematisch variieren, also allein weißes Rauschen darstellen. Unter Umständen lässt sich diese Prognose aber noch verbessern, indem man als weiteren Prädiktor von $x(t)$ den zwei Zeiteinheiten zuvor gemessenen Wert $x(t − 2)$ hinzuzieht und somit den Ansatz macht:

$$x(t) = c_1 \cdot x(t-1) + c_2 \cdot x(t-2) + e^*(t) .$$

Soll sich diese Mühe lohnen, muss die Varianz des neuen Fehlers $e^*(t)$ substantiell kleiner sein als die des Fehlers $e(t)$ beim autoregressiven Prozess 1. Ordnung. Ist dies der Fall, wurde $x(t)$ mittels eines autoregressiven Modells 2. Ordnung dargestellt[2]. In manchen Fällen steckt eine Periodizität q in der Zeitreihe, die auch nach Elimination deterministischer Trends nicht verschwunden ist (erkenntlich daran, dass die PACF bei diesem lag q unvermittelt einen hohen Wert annimmt); dann hat man in der Vorhersage bis zum q-ten Element vorher zurück zu gehen, also einen autoregressiven Prozess q-ter Ordnung anzusetzen; dabei können übrigens einige Autoregressionskoeffizienten niedrigerer Ordnung verschwinden, im Extremfall beschreibt nur die einfache Gleichung $x(t) = c_q \cdot x(t-q) + e(t)$ die Zeitreihe befriedigend und zugleich ökonomisch.

Es ist durchaus denkbar, dass solche autoregressiven Modelle die Zeitreihe gar nicht oder nur unzulänglich charakterisieren, also nichts oder bestenfalls einen unvollständigen Beitrag zur Erklärung der Varianz liefern. Im erstgenannten Fall ist es möglich, dass die Zeitreihe allein weißes Rauschen darstellt, oder dass zwar eine Systematik vorliegt, diese aber nicht durch autoregressive Modelle wiedergegeben wird. Hier wäre zu überprüfen, ob ein „Gleitmittelwert"-Modell (Moving Average-Modell) zur Aufklärung der Varianz beiträgt; diese wenig anschaulichen Modelle wollen wir zunächst nur als Begriff einführen und erst dann auf sie zurück kommen, wenn anhand der leichter einzuführenden autoregressiven Modelle die wesentlichen Konzepte stochastischer Zeitreihenanalysen vertraut sind (siehe Kapitel 6). Daher sei der zweite Fall nur angedeutet, nämlich dass autoregressive Modelle die Varianz zwar zu Teilen, aber nicht hinreichend aufklären. Dann wird man zur Beschreibung der Zeitreihe ein kombiniertes Modell ansetzen, das aus autoregressiven und Moving Average-Komponenten zusammengesetzt ist; diese kombinierten Modelle werden ARMA-Modelle (unter gewissen Bedingungen ARIMA-Modelle) genannt; sie sollen in Kapitel 7 besprochen werden.

Bei einer gegebenen Zeitreihe stellt sich somit die Aufgabe, zunächst zu überprüfen, ob diese weitgehend oder teilweise mittels eines autoregressiven Modells sinnvoll beschrieben werden kann und welche Ordnung dafür zweckmäßigerweise anzusetzen ist, schließlich die Güte dieser Beschreibung (und damit die der Vorhersage von Werten aus voran gehenden) zu quantifizieren.

Zunächst machen wir die Annahme, dass einer Zeitreihe tatsächlich ein autoregressiver Prozess[3] zu Grunde liegt und leiten ab, was in diesem Fall über die Autokorrelationsfunktion (ACF) und die partielle Autokorrelationsfunktion (PACF) ausgesagt werden kann (5.2). Es folgen Überlegungen, ob bei einer empirischen Zeitreihe mit gegebenen Autokorrelations- und partiellen Autokorrelationskoeffizienten die Beschreibung mittels eines autoregressiven Modells sinnvoll ist und welche Ordnung in diesem Fall die beste, insbesondere auch ökonomischste Beschreibung liefert (5.3); dies ist im Wesentlichen äquivalent mit der Frage nach der Signifikanz der das Modell determinierenden Autokorrelationen (siehe 5.4).

5.2 Eigenschaften autoregressiver Prozesse

Voraussetzungen

Streng genommen beziehen sich Prozesse auf „theoretische" Zeitreihen, als deren Realisation die betrachtete (empirische) Zeitreihe aufgefasst wird. Die Charakterisierung solcher Prozesse würde dann mit Parametern, z. B. Autokovarianzen und Autokorrelationen $\gamma_1, \gamma_2, ..., \rho_1, \rho_2, ...$ bzw. Varianzen σ_x^2 und σ_e^2 geschehen; dies würde unweigerlich auf das Rechnen mit den befremdenden „Erwartungswerten" hinauslaufen. Mit diesen Begrifflichkeiten ist jedoch die Einführung noch schwieriger als ohnehin und es wird deshalb, unter gewisser formaler Ungenauigkeit, eine andere Herleitung versucht. Wir fassen die empirische Zeitreihe als repräsentatives kleines Teilstück einer sehr langen anderen (hypothetischen) Zeitreihe auf, mit der wir die üblichen, in Kapitel 3 beschriebenen Operationen auf empirischen Zeitreihen durchführen können. Angesichts der postulierten Länge dieser gedachten Zeitreihe verschwinden aber einige ihrer Kovarianzen. Die gewonnenen Resultate werden dann auf einen Zeitreihenprozess übertragen.

Betrachtet sei also eine Zeitreihe, deren Länge L sehr groß ist, sehr viel größer als K, die Länge der empirischen Zeitreihe; bei Verkürzung um mehrere Stellen zur Bestimmung der Autokovarianzen und Autokorrelationen können daher Mittelwert und Varianz als unverändert angesehen werden; zudem soll L so groß sein, dass es bei Bestimmung von Varianzen und Kovarianzen gleichgültig ist, ob dazu durch L oder $L-1$ oder $L-2$ dividiert wird. Wir gehen im Folgenden davon aus, dass die betrachtete Zeitreihe einen Mittelwert von 0 aufweist, und heben diese wichtige Besonderheit dadurch heraus, dass sie mit $z(t)$ symbolisiert wird – während $x(t)$ weiterhin eine allgemeine Zeitreihe mit beliebigem Mittelwert bezeichnen wird. Hat eine solche beliebige Zeitreihe $x(t)$ den Mittelwert $\bar{x}$, lässt sich mittels der einfachen Umformung $z(t) = x(t) - \bar{x}$ eine Zeitreihe mit Mittelwert 0 gewinnen. Nicht verlangt wird hier im Übrigen, dass die Zeitreihe $z(t)$ eine Varianz von 1 hat (wie es sonst in der Statistik zur Definition der „z-Werte" gehört). Weiter wird erwartet, dass diese Reihe *mittelwertstationär* ist, also keine systematischen Unterschiede der Mittelwerte verschiedener Abschnitte zu beobachten sind. Schließlich soll sich die Zeitreihe ausschließlich mittels eines autoregressiven Prozesses charakterisieren lassen; die unvermeidliche Fehlerkomponente $e(t)$ stellt also lediglich weißes Rauschen dar und wird deshalb mit $w(t)$ symbolisiert.

Autoregressiver Prozess 1. Ordnung (AR1-Prozess)
Die Zeitreihe mit Mittelwert 0 wird hier also beschrieben durch die Gleichung

$z(t) = \theta_1 \cdot z(t-1) + w(t)$,

wobei der Autoregressionskoeffizient eine für die ganze Zeitreihe gültige Konstante ist, somit nicht von t abhängt; Autoregressionskoeffizienten seien im Weiteren stets durch θ symbolisiert. Obwohl sie hier die einzige Konstante dieser Gleichung darstellt, wollen wir sie mit dem Index 1 versehen, um zu zeigen, dass sie stets vor dem Glied $z(t-1)$ steht. Um Missverständnisse im Weiteren zu vermeiden, sollte außerdem besser in Klammern hinzugefügt werden, dass θ_1 zu einem autoregressiven Prozess 1. Ordnung gehört (der 1. Autoregressionskoeffizient des autoregressiven Prozesses 1. Ordnung ist); wir schreiben also besser[4] $\theta_{1(1)}$. Damit hat der AR1-Prozess die eindeutigste Beschreibung:

5.1 $z(t) = \theta_{1(1)} \cdot z(t-1) + w(t)$, $(t = 1, 2, \ldots, L)$.

Zunächst ist festzustellen, dass die Bedingung der Mittelwertstationarität nur dann erfüllt sein kann (aber nicht muss), wenn der erste und einzige Autoregressionskoeffizient $\theta_{1(1)}$ seinem Betrag nach kleiner als 1 ist (siehe unten); andernfalls läuft die Zeitreihe gewissermaßen „aus dem Ruder", sind je nach Vorzeichen von $\theta_{1(1)}$ beliebig große positive bzw. negative Werte $z(t)$ zu erwarten[5].

Die Varianz der Zeitreihe $z(t)$ berechnet sich wegen $\bar{z} = 0$ zu:

$$s_z^2 = \frac{1}{L-1} \cdot \sum_{t=1}^{L} z(t)^2 \,,$$

die Autokovarianz mit lag 1 dann – weil die Zeitreihen $z(t)$ und $w(t+1)$ unkorreliert[6] sind – folgendermaßen:

$$\operatorname{cov}(z(t), z(t+1)) = \frac{1}{L-1} \cdot \sum_{t=1}^{L} z(t+1) \cdot z(t) = \frac{1}{L-1} \cdot \sum_{t=1}^{L} [\theta_{1(1)} \cdot z(t) + w(t+1)] \cdot z(t) =$$

$$\frac{1}{L-1} \cdot \sum_{t=1}^{L} [\theta_{1(1)} \cdot z(t)] \cdot z(t) + \frac{1}{L-1} \cdot \sum_{t=1}^{L} [w(t+1)] \cdot z(t) = \frac{1}{L-1} \cdot \sum_{t=1}^{L} \theta_{1(1)} \cdot z(t)^2 + 0 = \theta_{1(1)} \cdot s_z^2.$$

Daraus folgt:

5.2a $r_1 = \dfrac{\operatorname{cov}(z(t); z(t+1))}{s_z^2} = \theta_{1(1)}$.

Die Autokorrelation mit lag 1 ist also gleich dem 1. Autoregressionskoeffizienten – bei höheren AR-Prozessen wird diese Identität nicht mehr bestehen.

Für die Autokovarianz mit lag 2 gilt:

$$\operatorname{cov}(z(t), z(t+2)) = \frac{1}{L-1} \cdot \sum z(t+2) \cdot z(t) = \frac{1}{L-1} \cdot \sum_{t=1}^{L} [\theta_{1(1)} \cdot z(t+1) + w(t+2)] \cdot z(t) =$$

$$\frac{1}{L-1} \cdot \sum_{t=1}^{L} [\theta_{1(1)} \cdot z(t+1)] \cdot z(t) = \frac{1}{L-1} \cdot \sum_{t=1}^{L} [\theta_{1(1)} \cdot (\theta_{1(1)} z(t) + w(t+1)] \cdot z(t) =$$

$$\frac{1}{L-1} \cdot \sum_{t=1}^{L} [\theta_{1(1)} \cdot (\theta_{1(1)} z(t)] \cdot z(t) = \theta_{1(1)}^2 \cdot s_z^2$$

und somit:

5.3a $r_2 = \theta_{1(1)}^2$, allgemein: $r_p = \theta_{1(1)}^p$.

Ist $\theta_{1(1)}$ negativ, so alternieren die lag k-Autokorrelationen im Vorzeichen. Für die partielle Autokorrelation mit lag 2 ergibt sich nach Formel 4.5:

$$\tilde{r}_2 = \frac{r_2 - r_1^2}{1 - r_1^2} = \frac{\theta_{1(1)}^2 - \theta_{1(1)}^2}{1 - \theta_{1(1)}^2} = 0;$$

zudem verschwinden alle weiteren partiellen Autokorrelationen.

Weiter leitet man leicht her:

5.4a $s_z^2 = s_e^2 (1 + \theta_{1(1)}^2 + (\theta_{1(1)}^2)^2 + (\theta_{1(1)}^2)^3 + \ldots)$.

Die Reihe auf der rechten Seite der Gleichung ist nur dann konvergent, wenn $\theta_{1(1)}^2 < 1$, also $|\theta_{1(1)}| < 1$;

wir bestätigen somit die oben ohne Beweis angeführte Bedingung für die Stationarität eines AR1-Prozesses (siehe Anmerkung 5).

Geht man nun angesichts des Ergodizitätstheorems (siehe Kapitel 4, Anmerkung 9) auf den Zeitreihenprozess über, so gelten gleichfalls die Beziehungen:

5.2b $\rho_1 = \theta_{1(1)}$

5.3b $\rho_p = \theta_{1(1)}^p$, für $p = 0, 1, 2 \ldots$

5.4b $\sigma_z^2 = \sigma_e^2 (1 + \theta_{1(1)}^2 + (\theta_{1(1)}^2)^2 + (\theta_{1(1)}^2)^3 + \ldots)$.

Für einen AR1-Prozess mit $\theta_1 = 0{,}4$ ergibt sich als Graph von ACF und PACF:

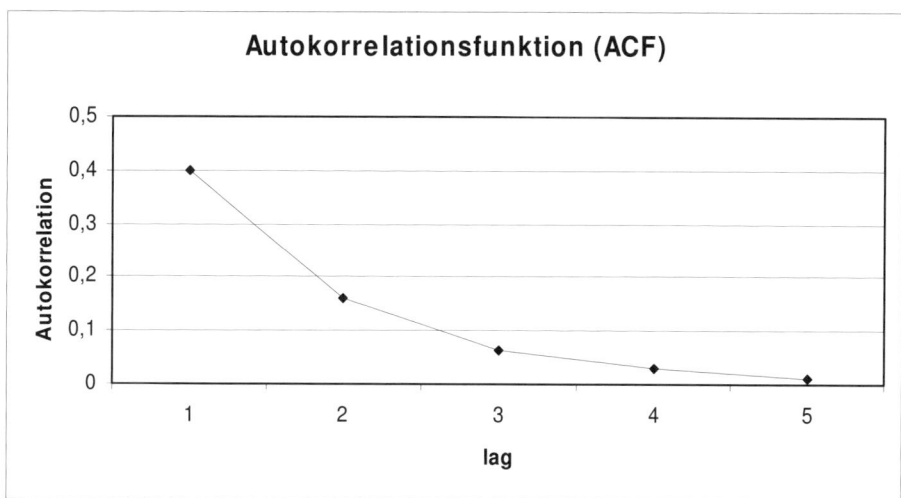

Abbildung 5.1: ACF für einen AR1-Prozess mit $\theta_{1(1)} = 0{,}4$

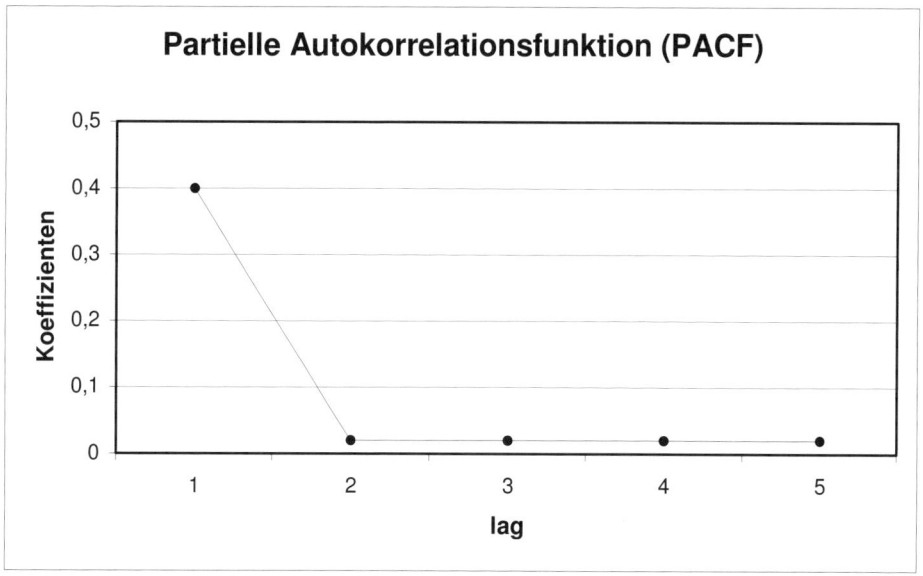

Abbildung 5.2: PACF für einen AR1-Prozess mit $\theta_{1(1)} = 0{,}4$

Folgt eine Zeitreihe einem AR1-Prozess, ist die Autokorrelation mit lag 1 gleich dem (ersten und einzigen) Autoregressionskoeffizienten; die Autokorrelation mit lag p ergibt sich als p-te Potenz der lag 1-Autokorrelation. Wie stets bei Zeitreihen sind die Werte der partiellen Autokorrelationsfunktion für lag 0 und lag 1 identisch mit denen der Autokorrelationsfunktion. Beim autoregressiven Prozess 1. Ordnung verschwindet ab lag 2 die PACF.

Autoregressiver Prozess 2. Ordnung (AR2-Prozess)
Er wird dargestellt durch die Gleichung

5.5　$z(t) = \theta_{1(2)} \cdot z(t-1) + \theta_{2(2)} \cdot z(t-2) + w(t)$.

Durch die in Klammern gesetzten Indizes soll wieder deutlich gemacht werden, dass die Autoregressionskoeffizienten – auch wenn sie vor demselben Glied zu finden sind – nicht zuletzt von der Ordnung des AR-Prozesses abhängen, also beispielsweise in aller Regel $\theta_{1(1)} \neq \theta_{1(2)}$ gilt. Auch hier gibt es Einschränkungen bezüglich der Größe der Koeffizienten, damit die Stationarität erhalten bleibt[7].

Zur Bestimmung der Autokorrelationskoeffizienten berechnen wir – wie oben an einer als sehr lang gedachten Zeitreihe – zunächst die Autokovarianzen[8]:

$$\text{cov}(z(t),z(t+1)) = \frac{1}{L-1} \sum_{t=1}^{L} z(t+1) \cdot z(t) = \frac{1}{L-1} \sum_{t=2}^{L} [\theta_{1(2)} \cdot z(t) + \theta_{2(2)} \cdot z(t-1) + w(t+1)] \cdot z(t) =$$

$$\frac{1}{L-1} \sum_{t=2}^{L} [\theta_{1(2)} \cdot z(t)^2 + \theta_{2(2)} z(t-1) \cdot z(t) + w(t+1) \cdot z(t)] = \theta_{1(2)} \cdot s_z^2 + \theta_{2(2)} \text{cov}(z,z+1) + 0.$$

Der letzte Term verschwindet, weil die Werte $z(t)$ nicht mit den Fehlerwerten zum folgenden Zeitpunkt korrelieren. Division durch s_z^2, die Zeitreihenvarianz, liefert: $r_1 = \theta_{1(2)} + \theta_{2(2)} r_1$; oder aufgelöst nach r_1:

$$r_1 = \frac{\theta_{1(2)}}{1 - \theta_{2(2)}} .$$

Außerdem gilt:

$$\text{cov}(z(t),z(t+2)) = \frac{1}{L-1} \sum_{t=1}^{L} z(t+2) \cdot z(t) = \frac{1}{L-1} \sum_{t=1}^{L} [\theta_{1(2)} \cdot z(t+1) + \theta_{2(2)} \cdot z(t) + w(t+2)] \cdot z(t) =$$

$$\frac{1}{L-1} \sum_{t=1}^{L} [\theta_{1(2)} \cdot z(t+1)] \cdot z(t) + \frac{1}{L-1} \sum_{t=1}^{L} [\theta_{2(2)} \cdot z(t)] \cdot z(t).$$

Und damit: $r_2 = \theta_{1(2)} \cdot r_1 + \theta_{2(2)} = \frac{\theta_{1(2)}^2}{1 - \theta_{2(2)}} + \theta_{2(2)}$.

Damit berechnet sich für die partielle Autokorrelation mit lag 2 gemäß Formel 4.5:

$$\tilde{r}_2 = \frac{r_2 - r_1^2}{1 - r_1^2} = \frac{\dfrac{\theta_{1(2)}^2}{1 - \theta_{2(2)}} + \theta_{2(2)} - (\dfrac{\theta_{1(2)}}{1 - \theta_{2(2)}})^2}{1 - (\dfrac{\theta_{1(2)}}{1 - \theta_{2(2)}})^2} = \theta_{2(2)} .$$

Für alle höheren lags verschwinden die partiellen Autokorrelationen[9].

Unter Ersetzung der Zeitreihenkorrelationen r_1 und r_2 durch die Populationsparameter ρ_1, ρ_2 gelten dann die obigen Gleichungen auch für den Zeitreihenprozess.

Autoregressive Prozesse p-ter Ordnung; die allgemeinen Yule-Walker-Gleichungen
Die mühsame Erstellung immer neuer Gleichungen für AR-Prozesse, wie in den Unterabschnitten zuvor durchgeführt, lässt sich durch Anwendung eines einmalig bestimmten allgemeinen Gleichungssystems für autoregressive Prozesse p-ter Ordnung vermeiden: Es handelt dabei um die berühmten *Yule-Walker-Gleichungen*, die schon im letzten Kapitel beim Abschnitt über partielle Autokorrelationen zur Sprache kamen (siehe 4.5). Wieder machen wir den bekannten Ansatz zur Bestimmung der Kovarianz, legen uns nun aber nicht auf einen bestimmten Wert für die Ordnung des Prozesses fest. (Man beachte, dass die Zeitreihe erst mit dem p-ten Glied beginnen darf, da p Schritte zur Vorhersage von $z(t)$ zurückzugehen ist; laut Voraussetzung hat diese Verkürzung keinen Einfluss auf Varianz und Kovarianzen.)

Das Bildungsgesetz der Zeitreihe lautet somit:

5.6 $\quad z(t) = \theta_{1(p)} \cdot z(t-1) + \theta_{2(p)} \cdot z(t-2) + \ldots + \theta_{p(p)} \cdot z(t-p) + w(t)$.

Sei k ein beliebiges lag zwischen 1 und p, dann gilt:

$$\text{cov}(z(t),z(t+k)) = \text{cov}(z(t),z(t-k)) = \frac{1}{L-1}\sum_{t=p}^{L} z(t-k) \cdot z(t) =$$

$$\frac{1}{L-1}\sum_{t=p}^{L} z(t-k)[\theta_{1(p)} \cdot z(t-1) + \theta_{2(p)} \cdot z(t-2) + \ldots + \theta_{p(p)} \cdot z(t-p) + w(t)] =$$

$$\frac{1}{L-1} \cdot \theta_{1(p)} \cdot \sum_{t=p}^{L} z(t-k) \cdot z(t-1) + \frac{1}{K-1} \cdot \theta_{2(p)} \cdot \sum_{t=p}^{L} z(t-k) \cdot z(t-2) + \ldots$$

$$+\frac{1}{L-1} \cdot \theta_{p(p)} \cdot \sum_{t=p}^{L} z(t-k) \cdot z(t-p) + \frac{1}{L-1}\sum_{t=p}^{L} z(t-k) \cdot w(t).$$

Das allerletzte Glied hat den Wert 0, da der Fehler zum Zeitpunkt t nicht mit den Werten der Zeitreihe k lags zuvor zusammenhängt. Zudem besteht die Beziehung:

$$\frac{1}{L-1} \cdot \sum_{t=p}^{L} z(t-k) \cdot z(t-1) = \frac{1}{L-1} \cdot \sum_{t=p}^{L} z(t-k+1) \cdot z(t-1+1) = \frac{1}{L-1} \cdot \sum_{t=p}^{L} z(t-k+1) \cdot z(t) =$$

$$\frac{1}{L-1} \cdot \sum_{t=p}^{K} z(t-[k-1]) \cdot z(t)$$

und daher:

$$\frac{1}{(L-1) \cdot s_z^2} \cdot \sum_{t=p}^{L} z(t-k) \cdot z(t-1) = \frac{1}{(L-1) \cdot s_z^2} \cdot \sum_{t=p}^{L} z(t-[k-1]) \cdot z(t) = r_{k-1} .$$

Die nämlichen Identitäten gelten für alle anderen Summanden, sodass Division durch die Varianz der Zeitreihe schließlich liefert:

5.7a $\quad r_k = \theta_{1(p)} \cdot r_{k-1} + \theta_{2(p)} \cdot r_{k-2} + \ldots + \theta_{p(p)} \cdot r_{k-p}$ für $k = 1, 2, \ldots, p$.

Für einen ARp-Prozess erhält man dann:

5.7b $\rho_k = \theta_{1(p)} \cdot \rho_{k-1} + \theta_{2(p)} \cdot \rho_{k-2} + ... + \theta_{p(p)} \cdot \rho_{k-p}$ für $k = 1, 2, ..., p$.

Dies sind die berühmten Yule-Walker-Gleichungen, ein System von p linearen Gleichungen, welche einen autoregressiven Prozess p-ter Ordnung charakterisieren. Sie lassen sich explizit darstellen, indem für k nacheinander die Zahlen 1, 2, .., p eingesetzt werden. Mit Hilfe dieser Gleichungen berechnen sich aus den Autoregressionskoeffizienten die Autokorrelationskoeffizienten des ARp-Prozesses. Später werden wir den umgekehrten Weg beschreiten, nämlich bei bekannten Autokorrelationskoeffizienten einer empirischen Zeitreihe die Autoregressionskoeffizienten $\theta_{1(p)}, \theta_{2(p)}, ..., \theta_{p(p)}$ des die Zeitreihe am besten schätzenden ARp-Prozesses angeben.

Unmittelbar aus dem Yule-Walker-Gleichungssystem ergibt sich die Beziehung zwischen der Residualvarianz (jener, die nicht durch den ARp-Prozess aufgeklärt wird, wenn man so will: der Fehlervarianz) und der Gesamtvarianz der Zeitreihe:

5.8a $s_e^2 = s_x^2 \cdot (1 - \theta_{1(p)} \cdot r_1 - \theta_{2(p)} \cdot r_2 - ... - \theta_{p(p)} \cdot r_p)$ bzw. formal korrekter[10]:

5.8b $\sigma_e^2 = \sigma_x^2 \cdot (1 - \theta_{1(p)} \cdot \rho_1 - \theta_{2(p)} \cdot \rho_2 - ... - \theta_{p(p)} \cdot \rho_p)$

Für die durch den autoregressiven Prozess erklärte Varianz $\sigma_x^2 - \sigma_e^2$ ergibt sich daher:

$$\sigma_x^2 - \sigma_e^2 = \sigma_x^2 - \sigma_x^2 \cdot (1 - \theta_{1(p)} \cdot \rho_1 - ... - \theta_{p(p)} \cdot \rho_p) = \sigma_x^2 \cdot (\theta_{1(p)} \cdot \rho_1 + ... + \theta_{p(p)} \cdot \rho_p)$$

Der Term $(\theta_{1(p)} \cdot \rho_1 + ... + \theta_{p(p)} \cdot \rho_p)$ entspricht also dem durch den autokorrelativen Prozess aufgeklärten Varianzanteil.

Ein Beispiel

Zur Illustration wählen wir einen autoregressiven Prozess 2. Ordnung (welcher auch durchgängig mit Prozessparametern beschrieben werden soll). Damit beträgt $p = 2$ und das spezielle Yule-Walker-Gleichungssystem lautet:

$\rho_k = \theta_{1(2)} \cdot \rho_{k-1} + \theta_{2(2)} \cdot \rho_{k-2}$ für $k = 1, 2$.

Die Gleichsetzung: $k = 1$ liefert demnach (weil $\rho_0 = 1$ und $\rho_q = \rho_{-q}$):

$\rho_1 = \theta_{1(2)} \cdot \rho_{1-1} + \theta_{2(2)} \cdot \rho_{1-2} = \theta_{1(2)} + \theta_{2(2)} \cdot \rho_1$, und damit $\rho_1 = \dfrac{\theta_{1(2)}}{1 - \theta_{2(2)}}$.

Für $k = 2$ resultiert folgende Gleichung:

$\rho_2 = \theta_{1(2)} \cdot \rho_{2-1} + \theta_{2(2)} \cdot \rho_{2-2} = \theta_{1(2)} \cdot \rho_1 + \theta_{2(2)}$;

setzt man den oben für ρ_1 erhaltenen Wert ein, ergibt sich für ρ_2 :

$\rho_2 = \theta_{1(2)} \cdot \rho_1 + \theta_{2(2)} = \dfrac{\theta_{1(2)}^2}{1 - \theta_{2(2)}} + \theta_{2(2)}$.

Somit erhalten wir die schon im letzten Abschnitt für einen AR2-Prozess gefundenen Gleichungen für die Beziehung zwischen Autokorrelations- und Autoregressionskoeffizienten. Dank des Yule-Walker-Gleichungssystems entfällt aber jetzt die Mühe, diese Entwicklung für jedes p neu durchzuführen[11].

Folgt eine Zeitreihe einem autoregressiven Prozess p-ter Ordnung, so lassen sich die Autokorrelationskoeffizienten bis zur Ordnung p aus dem Yule-Walker-Gleichungssystem gewinnen. (Autokorrelationen höherer Ordnung verschwinden.) Dieses System repräsentiert p lineare Gleichungen, welche Beziehungen zwischen den (hier als bekannt vorausgesetzten) Autoregressionskoeffizienten und den Autokorrelationskoeffizienten angeben. Die Gleichungen werden im Allgemeinen umgekehrt dazu eingesetzt, aus den bekannten Autokorrelationskoeffizienten einer empirischen Zeitreihe die Autoregressionskoeffizienten zu schätzen, wenn der Zeitreihe ein autoregressives Modell zu Grunde gelegt wird.

5.3 Darstellung mittels autoregressiver Modelle

Nun sei umgekehrt die Situation gegeben, dass eine Zeitreihe $x(t)$ vorliegt und zu überprüfen ist, ob sie sich durch ein autoregressives Modell bestimmter Ordnung befriedigend beschreiben lässt. Zunächst eliminieren wir nach den im vorigen Kapitel beschriebenen Verfahren die deterministischen Trends in der Zeitreihe; die neu entstandene Zeitreihe $\breve{x}(t)$ wird durch die Operation $z(t) = \breve{x}(t) - \bar{\bar{x}}$ in eine Zeitreihe mit Mittelwert 0 transformiert; zu gegebener Zeit muss dann natürlich Rücktransformation erfolgen, denn die Zeitreihe $x(t)$ ist ja der eigentliche Untersuchungsgegenstand. Für die nun als mittelwertstationär anzunehmende Zeitreihe $z(t)$ werden zunächst die Autokorrelationskoeffizienten $r_1, r_2, .., r_q$ bis zu einem für genügend hoch erachteten lag q bestimmt, ebenso die dazu gehörigen partiellen Autokorrelationskoeffizienten $\tilde{r}_1, \tilde{r}_2, ..., \tilde{r}_q$. Man sollte dabei nicht abbrechen, bis die partiellen Autokorrelationskoeffizienten dauerhaft verschwinden, also so lange die Berechnungen fortsetzen, bis aller Voraussicht nach von 0 verschiedene $\tilde{r}_q$ nicht mehr auftreten. Außerdem ist in diesem Stadium zu überprüfen, ob Stationarität der Autokorrelationsstruktur gegeben ist, also ob die über verschiedene Teilabschnitte der Zeitreihe berechneten Autokorrelationen sich nicht wesentlich unterscheiden.

Anschließend ist zu erwägen, die Zeitreihe $z(t)$ durch ein autoregressives Modell zu beschreiben. Die Argumente für ein solches Vorgehen sind verschiedener Art: Zunächst könnte sich dies theoretisch begründen lassen, indem gewisse Erwartungen an den die Zeitreihe erzeugenden Prozess vorliegen. Angenommen, die Zeitreihe $z(t)$ gibt den täglichen Alkoholkonsum einer Person im Verlauf eines längeren Intervalls wieder. Hier wäre eventuell zu erwarten, dass eine negative Beziehung zwischen der konsumierten Menge an einem Tag und der am Tag darauf besteht: Ist $z(t_0)$ der Konsum zu einem Zeitpunkt t_0, so ist dies Ergebnis eines systematischen und eines unsystematischen Faktors; ersterer ist sicher wesentlich der Vorsatz des Probanden, eine gewisse Alkoholmenge zu konsumieren, letzterer umfasst diverse Zufälligkeiten (z. B. die Ausgabe einer schwer abzulehnenden Freirunde durch den Wirt, das Verschütten beim zuletzt bestellten Glas, u. ä.). Zum Zeitpunkt t_0 habe sich unter Einfluss dieser Faktoren die tatsächlich konsumierte Menge $z(t_0)$ ergeben. Der Untersucher geht nun von der Annahme aus, das der Konsum am folgenden Tag t_0+1 von $z(t_0)$ abhängt und zwar im Sinne einer Korrektur, also sich der Konsum am

Tag t_0 +1 als Multiplikation von $z(t_0)$ mit einer (für die ganze Beobachtungsreihe gültigen) negativen Konstante ergibt. Da der Mittelwert der Zeitreihe 0 beträgt, ist der nach dieser Gleichung zu erwartende systematische Konsum an diesem Tag im Vorzeichen dem Vortagskonsum entgegengesetzt. Allerdings kommt nun ein unsystematischer Faktor hinzu: Der Proband trifft unerwartet einen alten Kumpel, was begossen werden muss und so zur systematisch intendierten Menge ein gewisses Quantum hinzufügt; auch die andere Variante des systematischen Fehlers ist denkbar: Im Gartenlokal fängt es plötzlich zu regnen an und unser Proband bricht auf, obwohl er noch nicht das getrunken hat, wonach ihm eigentlich der Sinn stünde. Demnach würde sich – wenn man nun von der Festlegung auf einen bestimmten Tag absieht – das Trinkverhalten auf Grund der gemachten Annahmen allgemein so als Prozess beschreiben lassen:

$$z(t) = \theta \cdot z(t-1) + w(t),$$

also einem autoregressiven Modell 1. Ordnung folgen (mit $\theta < 0$). Der erste Term $\theta \cdot z(t-1)$ stellt dann die systematische, geplante Komponente des Trinkverhaltens dar, $w(t)$ die unsystematische, durch Einfluss zahlreicher möglicher Faktoren bedingte. Für den auf t folgenden Tag würde der Untersucher damit einen Konsum von $\hat{z}(t+1) = \theta \cdot z(t)$ prognostizieren, welcher aber eben noch weiteren, nicht absehbaren Zufallseinflüssen unterliegt.

Um die Gültigkeit seines Modells des Alkoholkonsums zu überprüfen, wird der Untersucher daher einen autoregressiven Ansatz 1. Ordnung zur Beschreibung der Zeitreihe machen, wobei er ρ_1 über die lag 1-Autokorrelation r_1 schätzt und daraus den einzigen Autoregressionskoeffizienten $\theta_{1(1)}$ mittels des Yule-Walker-Gleichungssystems mit $p = 1$ bestimmt; dahinter steckt die Überlegung, dass – sollte die Zeitreihe durch einen autoregressiven Prozess 1. Ordnung mit $\theta_{1(1)}$ bestimmt sein – sich dann daraus das gegebene r_1 in etwa zurückgewinnen lassen muss. In Kapitel 7 werden wir einen ein wenig mathematische Kenntnisse erfordernden, aber dafür zwingenderen Ansatz kennen lernen, unter Annahme eines autoregressiven Prozesses p-ter Ordnung die geeigneten Autoregressionskoeffizienten zu bestimmen.

Mit dem so bestimmten $\theta_{1(1)}$ lässt sich nun die Güte des Modellansatzes[12] $z(t) = \theta \cdot z(t-1) + w(t)$ für die gegebene Zeitreihe quantifizieren: Man vergleicht für alle Zeitpunkte den tatsächlichen Wert $z(t)$ mit dem prognostizierten Wert $\hat{z}(t)$ und bildet dazu die Differenz $e(t) = z(t) - \hat{z}(t) = z(t) - \theta \cdot z(t-1)$. Die Varianz s_e^2 dieser Residualwerte sollte deutlich unter s_z^2, der Varianz der Zeitreihe, liegen; wie die Signifikanz einer solchen Modellanpassung überprüft wird, ist Gegenstand von Abschnitt 5.4. Auch wenn Signifikanz gegeben ist, heißt es nicht, dass der im Beispiel auf Grund theoretischer Überlegungen für sinnvoll erachtete autoregressive Ansatz 1. Ordnung der beste ist; möglicherweise würde ein autoregressives Modell höherer Ordnung oder ein ARMA-Modell die Zeitreihe noch besser beschreiben. Der Untersucher hat aber immerhin Bestätigung dafür erhalten, dass seine Modellannahmen zum Alkoholkonsum des Probanden der Realität nahe kommen.

Beispiel

Bei einem Probanden wurde an 29 Tagen der Alkoholkonsum *x(t)* (in einer nicht näher definierten Einheit) erhoben und nach Elimination eventueller deterministischer Anteile und Subtraktion von $\bar{x}$ (dem Mittelwert der ursprünglichen Zeitreihe) die Zeitreihe $z(t)$ mit Mittelwert 0 erhalten (siehe Tabelle 5.1); streng genommen beträgt letzterer zwar nicht genau 0, sondern es gilt $\bar{z} = 0{,}04$. Dieser kleine Fehler wäre rasch zu korrigieren, allerdings unter Inkaufnahme „unschöner" Zahlen.

Tabelle 5.1: Alkoholkonsum eines Probanden (fiktive Daten); Schätzwerte und Residuen für ein AR1-Modell

t	1	2	3	4	5	6	7	8	9	10	11	12	13	14
$z(t)$	1	0	0,5	0,25	–0,38	–0,01	0,2	–0,6	0,8	–0,6	0,8	–0,2	0	0,2
$\hat{z}(t)$	–	–0,5	0	–0,25	–0,12	0,19	0	–0,1	0,3	–0,4	0,3	–0,4	0,1	0
$e(t)$	–	0,5	0,5	0,5	–0,26	–0,2	0,2	–0,5	0,5	–0,2	0,5	0,2	–0,1	0,2

t	15	16	17	18	19	20	21	22	23	24	25	26	27	28	29
$z(t)$	0,4	–0,4	0,4	0,3	–0,65	–0,18	0,41	–0,4	0	–0,5	0,05	–0,48	0,44	–0,47	0,27
$\hat{z}(t)$	–0,1	–0,2	0,2	–0,2	–0,15	0,32	0,09	–0,2	0,2	0	0,25	0	0,24	–0,22	0,23
$e(t)$	0,5	–0,2	0,2	0,5	–0,5	–0,5	0,32	–0,2	–0,2	–0,5	–0,2	–0,48	0,2	–0,25	0,04

Für die erste Hälfte der Zeitreihe (oberer Tabellenteil) ergibt sich eine lag 1-Autokorrelation von –0,58, für die zweite von –0,57; damit ist Stationarität der Autokorrelationsstruktur (zumindest bezüglich lag 1) sicher gegeben, bekanntlich wichtige Voraussetzung für die Anwendung eines AR1-Modells. Für die lag 1-Autokorrelation[13] über die gesamte Zeitreihe berechnet man $r_1 = -0{,}51$. Als Varianz dieser Zeitreihe ergibt sich: $s_z^2 = 0{,}21$.

Im Yule-Walker-Gleichungssystem mit $p = 1$ – weil ein autoregressiver Ansatz 1. Ordnung gemacht wird – liefert Einsetzen von $k = 1$ und $r_1 = -0{,}51$ (dem Schätzwert von ρ_1) als (ebenfalls geschätzten) Wert für den einzigen Autoregressionskoeffizienten: $\theta_{1(1)} = -0{,}51$, was wir zu –0,5 abrunden. An Hand der Gleichung

$$\hat{z}(t) = \theta_{1(1)} \cdot z(t-1) = -0{,}5 \cdot z(t-1)$$

werden nun die Werte aus ihren Vorgängern in der Zeitreihe geschätzt, z. B.

$\hat{z}(2) = -0{,}5 \cdot z(1) = -0{,}5 \cdot 1 = -0{,}5$, $\hat{z}(16) = -0{,}5 \cdot z(15) = -0{,}5 \cdot 0{,}4 = -0{,}2$.

Die Schätzwerte $\hat{z}(t)$ schreibt man sodann unter die tatsächlich vorliegenden Werte $z(t)$ und berechnet als ihre Differenz $z(t) - \hat{z}(t)$ die Residuen *e(t)*; zum Zeitpunkt 1 gibt es weder Schätzwerte noch Residuen (oder man setzt $\hat{z}(1) = \bar{z} = 0$). Es ergibt sich: $\bar{e} = 0{,}02$, somit der (von Rundungseffekten abgesehen) zu erwartende mittlere

Residualwert von 0; für die Residualvarianz bestimmt man: $s_e^2 = 0,14$, welche somit um ein Drittel geringer ausfällt als die Varianz der Zeitreihe ($s_z^2 = 0,21$).

Auch ohne theoretische Vorannahmen kann es – allein angesichts der Kennwerte der Zeitreihe – sinnvoll sein, ein autoregressives Modell anzusetzen, nämlich dann, wenn einer oder mehrere Autokorrelationskoeffizienten substantiell von 0 verschieden sind. Die zu wählende Ordnung gibt sich aus der Überlegung, dass die Autokorrelation mit lag k möglicherweise bereits durch die Autokorrelationen von lag 1 bis lag k–1 erklärt werden kann; es bringt also in einem solchen Fall keinen Vorteil, zur Vorhersage von $z(t)$ tatsächlich k Glieder zurück zu gehen; sinnvollerweise tut man das nur bis zu jenem Glied im Abstand p, welches $z(t)$ noch hinreichend determiniert. Dies bedeutet, anhand der *partiellen Autokorrelationsfunktion* über die Ordnung des AR-Modells zu entscheiden: Dafür wird jenes p angesetzt, für das zum letzten Male die PACF nicht verschwindet. (Würde man übrigens dafür ein höheres p wählen, wäre es auch kein eigentlicher Schade; dann würde nämlich der nach dem Yule-Walker-Gleichungssystem bestimmte Schätzwert des Autoregressionskoeffizient $\theta_{p(p)}$, der ja identisch mit $\tilde{r}_p$ ist, ebenfalls nahe 0 liegen.)

Ein Untersucher hat also den Datensatz von Tabelle 5.1 vorliegen und will überprüfen, ob sich diese Zeitreihe durch ein autoregressives Modell beschreiben lässt. Da er keine Vorannahmen bezüglich der dafür sinnvoll anzusetzenden Ordnung hat, muss er die Entscheidung darüber mittels der PACF der Zeitreihe treffen. Aus den Daten ergibt sich für r_1 ein Wert von –0,51 (siehe oben); für r_2 berechnet man 0,33, was eine partielle Autokorrelation $\tilde{r}_2 = 0,09$ liefert. Da dieser Wert den nach Bartlett berechneten kritischen Wert von $2/\sqrt{27} = 0,38$ bei weitem unterschreitet (siehe 3.5 sowie 5.4), ist die partielle lag 2-Autokorrelation nicht signifikant; es ist daher nicht sinnvoll, einen höheren als einen autoregressiven Prozess 1. Ordnung anzusetzen. Wir wollen es dennoch tun, allein um zu zeigen, dass der Gewinn für die Beschreibung der Zeitreihe gering ist. Wir gehen also mit den Werten $r_1 = -0,51$ sowie $r_2 = 0,33$ in das Yule-Walker-Gleichungssystem bei $p = 2$ und erhalten:

Für $k = 1$ (weil $r_0 = 1$ und $r_q = r_{-q}$):

$$-0,51 = \theta_{1(2)} + \theta_{2(2)} \cdot (-0,51).$$

Für $k = 2$:

$$0,33 = \theta_{1(2)} \cdot (-0,51) + \theta_{2(2)}.$$

Auflösung liefert: $\theta_{2(2)} = 0,09$ (also erwartungsgemäß einen mit $\tilde{r}_2$ identischen Wert) sowie $\theta_{1(2)} = -0,46$ – es sei erinnert, dass je nach Ordnung des autoregressiven Modells die mit $z(t–1)$ zu multiplizierenden Konstanten unterschiedlich ausfallen.

Mittels der Gleichung

$$\hat{z}(t) = -0,46 \cdot z(t-1) + 0,09 \cdot z(t-2)$$

berechnen sich neue Schätzwerte für $\hat{z}(t)$, die in Tabelle 5.2 zusammen mit den Residuen eingetragen werden. So würde sich beispielsweise ergeben:

$$\hat{z}(13) = -0,46 \cdot z(12) + 0,09 \cdot z(11) = -0,46 \cdot (-0,2) + 0,09 \cdot 0,8 = 0,16.$$

Tabelle 5.2: Alkoholkonsum eines Probanden; Schätzwerte und Residuen für ein AR2-Modell

t	1	2	3	4	5	6	7	8	9	10	11	12	13	14
z(t)	1	0	0,5	0,25	–0,38	–0,01	0,2	–0,6	0,8	–0,6	0,8	–0,2	0	0,2
$\hat{z}(t)$	–	–	0,09	–0,23	–0,18	0,20	–0,03	0,09	0,29	–0,42	0,35	–0,3	0,16	0
e(t)	–	–	0,41	0,48	–0,2	–0,21	0,23	–0,69	0,51	–0,18	0,45	0,1	–0,16	0,2

t	15	16	17	18	19	20	21	22	23	24	25	26	27	28	29
z(t)	0,4	–0,4	0,4	0,3	–0,65	–0,18	0,41	–0,4	0	–0,5	0,05	–0,48	0,44	–0,47	0,27
$\hat{z}(t)$	–0,09	–0,17	0,22	–0,22	–0,10	0,33	0,02	–0,2	0,22	–0,04	0,23	–0,07	0,23	–0,25	0,26
e(t)	0,49	–0,23	0,18	0,52	–0,55	–0,51	0,39	–0,2	–0,22	–0,46	–0,18	–0,41	0,21	–0,22	0,01

Der Mittelwert der Residuen beträgt –0,01, liegt somit erwartungsgemäß (von Rundungsfehlern abgesehen) bei 0. Für die Residualvarianz berechnet sich: $s_e^2 = 0{,}13$; dieser Wert liegt nur geringfügig unter der Residualvarianz des AR1-Modells (nämlich 0,14). Wie schon aus der niedrigen und nicht signifikanten partiellen Autokorrelation mit lag 2 zu vermuten, bildet ein AR1-Modell den Verlauf ähnlich gut ab wie höhere ARp-Modelle.

> Die Entscheidung, ob einer Zeitreihe ein autoregressives Modell zu Grunde zu legen ist, kann einerseits a priori auf Grund theoretischer Vorannahmen getroffen werden, andererseits sich bei Betrachtung der Autokorrelationskoeffizienten anbieten. Im ersten Fall existieren in der Regel bereits Erwartungen hinsichtlich der Ordnung des anzusetzenden autokorrelativen Modells, im zweiten Fall geht man meist nur so weit zurück, dass die aufgeklärte Varianz in sinnvollem Verhältnis zum Aufwand steht; ob dies der Fall sein wird, lässt sich schon aus der PACF ersehen: Nur wenn $\tilde{r}_p$ substanziell von 0 verschieden ist, ist ein Beitrag zur Varianzaufklärung zu erwarten.

5.4 Signifikanzprüfungen

Hier geht es um die Frage, ob die Beschreibung einer Zeitreihe mittels eines ARp-Modells mehr als reine Zufallsdaten liefert, anders formuliert: ob die Gleichung

$$\hat{z}(t) = \theta_{1(p)} \cdot z(t-1) + \theta_{2(p)} \cdot z(t-2) + \ldots + \theta_{p(p)} \cdot z(t-p)$$

für z(t) signifikant bessere Schätzwerte garantiert als der Wert 0 (der Mittelwert $\bar{z}$ dieser „zentrierten" Zeitreihe).

Dies führt zum Nachweis der Überzufälligkeit von Autokorrelationskoeffizienten und partiellen Autokorrelationskoeffizienten, welche einerseits die Ordnung des autoregressiven Modells bestimmen, andererseits die dabei einzusetzenden Autoregressionskonstanten liefern.

Eine von Bartlett (1946) angebotene Möglichkeit, Autokorrelationen auf ihre Überzufälligkeit zu prüfen, wurde bereits in 3.5 angedeutet: Das Verfahren basiert auf der Annahme, dass die Autokorrelationen einer Menge von aus reinen Zufallswerten bestehenden Zeitreihen der Länge K (also Realisationen eines white noise-Prozesses) sich normal um den Mittelwert 0 mit der Standardabweichung von $1/\sqrt{K}$ verteilen; in zufälligen Zeitreihen mit beispielsweise 100 Elementen würde also in 95% der Fälle ein r_1 zwischen $-1{,}96 \cdot 1/\sqrt{100} = -0{,}196$ und $+1{,}96 \cdot 1/\sqrt{100} = 0{,}196$ zu finden sein; das Gleiche gilt für lag 2, lag 3, ..., lag p-Autokorrelationen von Zeitreihen, welche aus unsystematisch angeordneten Zufallselementen, also aus weißem Rauschen, bestehen. Findet sich bei einer Zeitreihe mit 100 Gliedern ein r_1, das außerhalb des genannten Bereichs liegt, schließt man umgekehrt (mit einer Irrtumswahrscheinlichkeit von bestenfalls 5%), dass hier tatsächlich eine systematische Beziehung zwischen unmittelbar benachbarten Elementen vorliegt (entsprechend bei $|r_2| \geq 0{,}196$ eine Beziehung zwischen Gliedern, die sich um zwei Stellen unterscheiden). Wird 1,96 noch durch 2 ersetzt, ergibt sich ein bequemer Test zur Entscheidung, ob ein beliebiges r_p als signifikant anzusehen ist: Es ist lediglich zu prüfen, ob dessen Absolutbetrag den Wert $2/\sqrt{K}$ erreicht oder gar überschreitet.

Da die nämliche, bei zufälligen Zeitreihen zu beobachtende Verteilung nach Quenouille (1947) auch für ihre partiellen Autokorrelationen angenommen werden kann, ist die Entscheidung über die Ordnung des anzusetzenden ARp-Prozesses gleichfalls prinzipiell einfach zu treffen: Gewählt wird jene Ordnung p, bei der $|\tilde{r}_p| \geq 2 \cdot \sqrt{K}$, aber $|\tilde{r}_q| < 2 \cdot \sqrt{K}$ für alle $q > p$; lediglich noch ein p Zeiteinheiten zurück liegender Wert hat Einfluss auf $z(t)$; alle weiter zurück liegenden nicht mehr. Im Beispiel aus 5.2 übersteigt $|\tilde{r}_1| = 0{,}51$ den Wert $2 \cdot \sqrt{K} = 2 \cdot \sqrt{27} = 0{,}38$ beträchtlich, während $|\tilde{r}_2| = 0{,}09$ deutlich darunter liegt (ebenso wie alle höheren partiellen Autokorrelationen), sodass ein AR1-Modell zur Beschreibung der Zeitreihe angemessen ist[14].

Neben der statistischen Signifikanz sollte gerade bei einzelfallanalytischen Untersuchungen die praktische Bedeutsamkeit mathematischer Beziehungen nicht vernachlässigt werden. In den seltensten Fällen ist es nämlich anzustreben, für die betrachtete Untersuchungseinheit krampfhaft Überzufälligkeit von Zusammenhängen nachzuweisen; im Allgemeinen interessiert mehr, einfache und unschwer zu interpretierende Regelhaftigkeiten plausibel zu machen. Somit scheint die durch autoregressive Modelle aufgeklärte Varianz ein vielleicht relevanteres Kriterium für die Sinnhaftigkeit solcher Herangehensweisen. Im Beispiel des letzten Abschnitts erklärt ein einfaches, psychologisch nachvollziehbares Zeitreihenmodell des Typs AR1 etwa 33% der Varianz des Datensatzes, während die rechnerisch aufwändige zusätzliche Einbeziehung einer Autoregression 2. Ordnung diesen Anteil auf nur 38% erhöht.

Ob ein autoregressives Modell prinzipiell zur Beschreibung einer Zeitreihe der Länge K sinnvoll ist und welche Ordnung dabei anzusetzen ist, kann auf Grund der Signifikanzen der partiellen Autokorrelationskoeffizienten entschieden werden, wie es in einem von Quenouille vorgeschlagenen Verfahren geschieht: Als Ordnung p des autoregressiven Prozesses wird jene Zahl gewählt, für die $\tilde{r}_p$ den kritischen Wert von $2/\sqrt{K}$ überschreitet, während die partiellen Autokorrelationskoeffizienten für alle lags $q > p$ dies nicht mehr tun. Eher pragmatisch und weniger schematisch ist die Entscheidung an Hand der durch einen höheren autoregressiven Prozess zusätzlich erklärten Varianz der Zeitreihe: Steigt diese bei Übergang von der Ordnung p auf höhere Ordnungen nicht substantiell an, stellt ein ARp-Prozess die sparsamere und unwesentlich weniger informative Beschreibung dar.

Anmerkungen zu Kapitel 5

1. Der Zusammenhang könnte auch komplizierter sein, etwa indem $x(t)$ sich mittels einer Exponentialfunktion aus $x(t–1)$ ergibt, allgemein die Beziehung $x(t) = f(x(t-1))$ gilt. Solche verallgemeinerten autoregressiven Modelle haben wenig Diskussion in der Literatur gefunden und seien nicht weiter betrachtet. Wird hier von autoregressiven Modellen gesprochen, sind lineare autoregressive Modelle gemeint.

2. Denkbar wäre der Fall, dass lediglich $x(t–2)$, nicht $x(t–1)$ einen Beitrag zur Prognose liefert, also der Ansatz $x(t) = c_2 \cdot x(t-2) + e(t)$ der zweckmäßigste ist. In diesem Fall wäre trotzdem von einem *autoregressiven Prozess 2. Ordnung* zu sprechen; für die Ordnung ist also nicht die *Zahl* der Glieder entscheidend, welche in die Vorhersage einbezogen werden, sondern die *Zahl der Schritte, die maximal zurück gegangen wird.*

3. *Beschreibt* die Gleichung $X(t) = c_1 \cdot X(t-1) + ... + c_p \cdot X(t-p) + e(t)$ *tatsächlich* eine Zeitreihe, so handelt es um einen *autoregressiven Prozess p-ter Ordnung*; versuchen wir, eine vorliegende Zeitreihe mittels der Gleichung $x(t) = c_1 \cdot x(t-1) + ... + c_p \cdot x(t-p) + e(t)$ *zu beschreiben*, legen wir ihr ein *autoregressives Modell p-ter Ordnung* zu Grunde.

4. Ein autoregressiver Prozess der Ordnung p wird bekanntlich durch die Gleichung beschrieben:

$X(t) = \theta_1 \cdot X(t-1) + ... + \theta_p \cdot X(t-p) + e(t)$.

Es ist dabei dringend zu beachten, dass das θ_1 im allgemeinen Fall der Ordnung p nicht das θ_1 ist, welches bei der Beschreibung des autoregressiven Prozesses 1. Ordnung verwendet wurde. (Diese feine Unterscheidung ist bei der Darstellung von AR-Prozessen sicher nicht unbedingt notwendig, hilft aber beim Ansatz verschiedener AR-Modelle, große Verwirrung zu vermeiden.) Hier soll die im Text eingeführte umständliche Schreibweise in der Regel beibehalten werden (auch in den folgenden Kapiteln), es sei denn, die Formeln gestalten sich dann allzu unübersichtlich.

5. Es gilt nämlich die Gleichung

$$\sigma_z^2 = \frac{1}{1-\theta_{1(1)}^2} \cdot \sigma_w^2 ,$$

wobei letztere Größe die Varianz des weißen Rauschens darstellt; diese kann ebenso wie die Varianz der Zeitreihe nie negative Werte annehmen, woraus sich ergibt: $1-\theta_{1(1)}^2 > 0$ und daher $-1 < \theta_{1(1)} < 1$.

Eine andere Darstellung der Zeitreihenvarianz ist folgende (siehe Gottman, 1981, S. 118 ff.):

$$\sigma_z^2 = \sigma_w^2 \cdot (1 + \theta_{1(1)}^2 + (\theta_{1(1)}^2)^2 + (\theta_{1(1)}^2)^3 + (\theta_{1(1)}^2)^4 + ...).$$

Sieht man vom (in der Realität nie gegebenen) Trivialfall $\sigma_w^2 = 0$ ab, wird diese Reihe nur dann konvergieren, wenn $\left|\theta_{1(1)}\right| < 1$. Bei $\theta_{1(1)} = 1$ kann man als anschauliches Modell für die Entwicklung der Werte der Zeitreihe $x(t) = x(t-1) + w(t)$ den Gang eines Betrunkenen heranziehen, der sich mit zunehmender Zeit tendenziell immer weiter vom Ausgangspunkt entfernen wird, obwohl seine Bewegung nur eine Ansammlung von Zufälligkeiten darstellt.

6. In der anderen Richtung ist dies nicht der Fall: In die Größe $z(t+1)$ geht ein Vielfaches von $z(t)$ ein, welches wiederum $w(t)$ enthält; ebenso sind die Zeitreihen $z(t)$ und $w(t)$ korreliert; hingegen besteht keine Beziehung zwischen $w(t)$ und $w(t+1)$.

7. Sie sind recht komplex und nur mittels Fallunterscheidungen einzuführen (siehe Gottman, 1981, S. 128). In einfachster Schreibweise lauten die Bedingungen:
$\left|\theta_{2(2)}\right| < 1; \theta_{1(2)} + \theta_{2(2)} < 1; \theta_{2(2)} - \theta_{1(2)} < 1$.

8. Gottman (1981, S. 116 ff.) macht zweifellos einen eleganteren Ansatz, indem er die Erwartungswerte des Produkts zweier um k Stellen verschobener Zeitreihenwerte bildet, also: $\gamma_k = E(Z, Z+k)$; die Autokorrelation ρ_k mit lag k ist dann einfach der Quotient γ_k / γ_0. Wie schon betont, verzichten wir im Bestreben einer einfachen Einführung auf das Rechnen mit Erwartungswerten und benutzen die leichter zugänglichen und schon eingeführten Autokovarianzen (einer hypothetischen langen Zeitreihe); analog sehen wir die Autokorrelationskoeffizienten zunächst als Kennwerte einer (wenn auch sehr großen) Stichprobe und verwenden als Symbol daher r_k statt ρ_k.

9. Dies ist leicht zu sehen aus jenen zur Bestimmung der partiellen Autokorrelationen formal umgeschriebenen Yule-Walker-Gleichungen aus 4.5.

10. Um den Sachverhalt noch einmal herauszuarbeiten: Exakt die Beziehung beschreibt nur Gleichung 5.8b, welche jedoch für Ungeübte extrem unanschaulich ist. Bei einer sehr langen empirischen Zeitreihe, die Realisation eines AR1-Prozesses ist, gilt in Annäherung auch die in Gleichung 5.8a formulierte Identität.

11. In Matrixschreibweise lautet das Yule-Walker-Gleichungssystem für einen autoregressiven Prozess p-ter Ordnung:

$$\begin{pmatrix} \rho_1 \\ \rho_2 \\ .. \\ \rho_p \end{pmatrix} = \begin{pmatrix} \rho_0 & \rho_1 & .. & \rho_{p-1} \\ \rho_1 & \rho_0 & .. & \rho_{p-2} \\ .. & .. & .. & .. \\ \rho_{p-1} & \rho_{p-2} & .. & \rho_{p-p} \end{pmatrix} \cdot \begin{pmatrix} \theta_{1(p)} \\ \theta_{2(p)} \\ .. \\ \theta_{p(p)} \end{pmatrix}.$$

In der ersten Zeile und der ersten Spalte der quadratischen (und symmetrischen) $p \times p$-Matrix wandert der Index der Autoregressionskoeffizienten von 0 bis $p-1$; in der zweiten Zeile und zweiten Spalte beginnt er mit 1, um dann von 0 bis $p-2$ zu laufen; in der letzten (p-ten) Zeile und Spalte nimmt der Indexwert ab von $p-1$ bis $p-p = 0$. Wer mit Matrizenrechnung vertraut ist, wird diese Darstellung als die eingängigere empfinden. Sie bietet besonders dann einen Vorteil, wenn es darum geht, bei bekannten Autokorrelationen der empirischen Zeitreihe die Autoregressionskoeffizienten eines AR-Modells zu bestimmen; dafür gilt nämlich die Gleichung:

$$\begin{pmatrix} r_0 & r_1 & .. & r_{p-1} \\ r_1 & r_0 & .. & r_{p-2} \\ .. & .. & .. & .. \\ r_{p-1} & r_{p-2} & .. & r_{p-p} \end{pmatrix}^{-1} \cdot \begin{pmatrix} r_1 \\ r_2 \\ .. \\ r_p \end{pmatrix} = \begin{pmatrix} r_0 & r_1 & .. & r_{p-1} \\ r_1 & r_0 & .. & r_{p-2} \\ .. & .. & .. & .. \\ r_{p-1} & r_{p-2} & .. & r_{p-p} \end{pmatrix}^{-1} \cdot \begin{pmatrix} r_0 & r_1 & .. & r_{p-1} \\ r_1 & r_0 & .. & r_{p-2} \\ .. & .. & .. & .. \\ r_{p-1} & r_{p-2} & .. & r_{p-p} \end{pmatrix} \cdot \begin{pmatrix} \theta_{1(p)} \\ \theta_{2(p)} \\ .. \\ \theta_{p(p)} \end{pmatrix}$$

oder:

$$
\begin{pmatrix} \theta_1 \\ \theta_2 \\ \\ \theta_p \end{pmatrix} = \begin{pmatrix} r_0 & r_1 & .. & r_{p-1} \\ r_1 & r_0 & .. & r_{p-2} \\ .. & .. & .. & .. \\ r_{p-1} & r_{p-2} & .. & r_{p-p} \end{pmatrix}^{-1} \cdot \begin{pmatrix} r_1 \\ r_2 \\ .. \\ r_p \end{pmatrix},
$$

wobei $\begin{pmatrix} r_0 & r_1 & .. & r_{p-1} \\ r_1 & r_0 & .. & r_{p-2} \\ .. & .. & .. & .. \\ r_{p-1} & r_{p-2} & .. & r_{p-p} \end{pmatrix}^{-1}$ die Inverse von $\begin{pmatrix} r_0 & r_1 & .. & r_{p-1} \\ r_1 & r_0 & .. & r_{p-2} \\ .. & .. & .. & .. \\ r_{p-1} & r_{p-2} & .. & r_{p-p} \end{pmatrix}$ darstellt.

Letztere lässt sich leicht mit Hilfe der Determinante bilden.

12. Streng genommen ist der so erhaltene Autoregressionskoeffizient auch eine Schätzung und müsste dem gemäß mit einem „Dachsymbol" gekennzeichnet werden. Um die Zahl der benutzten Symbole klein zu halten, sei hier darauf verzichtet.

13. Dass sie weniger negativ ist als die lag 1-Autokorrelationen der beiden Hälften, liegt daran, dass das Wertepaar 0,2 und 0,4 (zu Zeitpunkt 14 und 15), welches die Korrelation in positive Richtung treibt, in die Teilkorrelationen nicht eingeht.

14. Der hier beschriebene Modus der Entscheidungsfindung entspricht dem von Quenouille angegebenen Verfahren (wenn auch dort die Begründung etwas unterschiedlich ist); von den diversen, in der Literatur diskutierten Methoden scheint diese mit Abstand die am leichtesten nachvollziehbare und mit dem geringsten rechnerischen Aufwand verbundene. Der Test ist insofern vergleichsweise unsicher, als die Schätzung von $1/\sqrt{K}$ für die Varianz in der Verteilung der Autokorrelationen unter Umständen zu großzügig ausfällt, somit partielle Autokorrelationen als insignifikant eingeschätzt werden, die durchaus statistische Bedeutsamkeit besitzen. Auch in diesem Fall pflegen entsprechende autoregressive Modelle höherer Ordnung meist wenig Zusätzliches zur Erklärung der Varianz in der Zeitreihe beizutragen, sodass ohne Schaden – auch unter fälschlicher Unterstellung der Insignifikanz – auf Einbeziehung solcher Autokorrelationskoeffizienten verzichtet werden kann.

6 Moving Average-Modelle (MA-Modelle)

6.1 Vorbemerkungen; Überblick

Nachdem im vorherigen Kapitel die in ihrer Logik leichter verstehbaren und mathematisch problemloseren autoregressiven Zeitreihenmodelle behandelt wurden und damit gewisse Vertrautheit mit den Kennwertbestimmungen erlangt werden konnte, seien nun die inhaltlich befremdlicheren und auch mathematisch deutlich schwieriger zu handhabenden Moving-average-Modelle eingeführt. Hier wird der Wert $z(t)$ einer wie üblich zentrierten, also rechnerisch auf einen Mittelwert von $\bar{z} = 0$ gebrachten Zeitreihe nicht aus verschiedenen, bis p Zeiteinheiten zuvor erhobenen Werten $z(t-1), z(t-2),.., z(t-p)$ geschätzt, sondern aus den zu diesen Zeitpunkten vorliegenden Fehlertermen $e(t-1), e(t-2), .., e(t-p)$. Da zwar die Werte der Zeitreihe $z(t)$ unmittelbar gegeben sind, nicht aber die Fehler $e(t)$, ist der Bildungsprozess weniger evident als bei den AR-Modellen; hinzu kommt, dass bei den letztgenannten in Gestalt des Yule-Walker-Gleichungssystems lineare Zusammenhänge zwischen den zu bestimmenden Autoregressions- und den gegebenen Autokorrelationskoeffizienten bestehen, während die Beziehungen zwischen den Autokorrelationen und den Konstanten der Moving Average-Modelle nichtlinearer Natur sind. Dies bedeutet zum einen kompliziertere Rechnungen zur Koeffizientengewinnung, zum anderen die lästige Tatsache, dass die Gleichungen keine eindeutigen Lösungen aufweisen.

Wie im letzten Kapitel gehen wir zunächst von der dem Verständnis sicher leichter zugänglichen Annahme aus, eine (lange, aber endliche) Zeitreihe gehorche einem Moving Average-Prozess der Ordnung q (einem MAq-Prozess) und leiten dann ab, welche Beziehungen zwischen den Konstanten des MAq-Prozesses und den Kennwerten der Zeitreihe (Varianz, Autokovarianzen, Autokorrelationen und partiellen Autokorrelationen mit diversen lags) bestehen (siehe 6.2). Anschließend wird die Dualität von AR- und MA-Prozessen erklärt und erläutert, welche sich Folgerungen daraus für die Gleichungskonstanten ergeben; es handelt sich dabei um die aus dem letzten Kapitel bekannten Stationaritätsbedingungen für AR-Prozesse sowie die neu einzuführenden Invertibilitätsbedingungen für MA-Prozesse (6.3 und 6.4). Zuletzt folgen Überlegungen, unter welchen Umständen es sinnvoll ist, eine empirische Zeitreihe mit gegebenen Autokovarianzen bzw. Autokorrelationen mittels eines MAq-Modells zu beschreiben (siehe 6.5). Anders als in Kapitel 5 über autoregressive Prozesse diskutieren wir hier das Thema der Güte und der Überzufälligkeit einer solchen Modellanpassung hier nicht; sehr kurz wird diese Diskussion im Kapitel 7 über die kombinierten autoregressiven und Moving Average-Modelle (die ARMA-Modelle) geführt.

6.2 Eigenschaften von MA-Prozessen

Moving Average-Prozess 1. Ordnung
Gegeben sei eine lange Zeitreihe x(t) mit L Gliedern und Mittelwert $\bar{x}$; zunächst wird daraus durch die Operation $z(t) = x(t) - \bar{x}$ eine neue Zeitreihe z(t) mit Mittelwert 0 erzeugt. (Zu gegebener Zeit muss dann eine Rücktransformation erfolgen, da ja Aussagen und Prognosen über die ursprüngliche Zeitreihe x(t) gemacht werden sollen.) Beträgt der Wert z(t) zu einem Zeitpunkt 0, dann liegt der untersuchte Proband hinsichtlich der Variable Z genau in seinem *langfristigen Mittel*. Weiterhin wird davon ausgegangen, dass die Zeitreihe *mittelwertstationär* ist, eventuelle deterministische Trends vorab beseitigt wurden.

Die zur Illustration betrachtete Variable Z sei der schon in 5.2 als Beispiel eingeführte tägliche Alkoholkonsum. Dann wäre der Fall denkbar, dass der Proband zum Zeitpunkt t einen „idealen Wert" $\hat{z}(t)$ für den Konsum anpeilt, der auf Grund diverser unsystematischer Einflüsse aber um einen Wert w(t) verfehlt wird; der tatsächlich zu konstatierende Konsum z(t) ergibt sich also als $z(t) = \hat{z}(t) + w(t)$, wobei w(t) für die folgenden Überlegungen allein weißes Rauschen darstellen soll. Der Fehlerwert hängt u. a. davon ab, ob die Trinkgesellschaft lange oder kurz bleibt, ob das Bier ausgegangen ist oder jemand ungewohnten Nachschub herbeischafft, usw. Dann ist die Annahme nicht unplausibel, dass der betrachtete Konsument seinen Konsum am nächsten Tag am Fehlerwert des Vortags korrigiert: Hat er um den positiven Wert w(t–1) exzediert, wird die für den nächsten Tag angepeilte Alkoholmenge $\hat{z}(t)$ um den ganzen Wert w(t–1), vielleicht auch nur um einen gewissen Teil $\varphi \cdot w(t-1)$ unter dem Durchschnitt liegen. (Man erinnere sich, dass z(t) ja nicht den tatsächlichen Alkoholkonsum angibt, sondern Abweichungen vom langfristigen Mittelwert; auch wenn z(t) negativ ist, bleibt die Kehle nicht völlig trocken.) Wiederum ist dieser angepeilte Konsum sicher nicht der tatsächliche, indem etwa gute Vorsätze durch ungewöhnliche Umstände zunichte gemacht werden oder selbst das beabsichtigte Quantum aus diversen Gründen nicht erreicht wird; am Tag t ergibt sich also eine unsystematische Fehlerkomponente w(t) (weißes Rauschen), sodass die Gleichung für den Prozess lautet[1]:

6.1 $\quad z(t) = \varphi \cdot w(t-1) + w(t)$.

Obwohl φ in aller Regel negativ sein dürfte, soll die Gleichung für den MA1-Prozess nicht $z(t) = -\varphi \cdot w(t-1) + w(t)$ geschrieben werden (wie häufig in der Literatur zu finden), insbesondere deshalb, weil bei MA-Prozessen höherer Ordnung nicht durchgehend negative Vorzeichen zu erwarten sind. Wie in Kapitel 5 wählen wir eine allgemeine Formulierung und schreiben statt φ in der Regel besser $\varphi_{1(1)}$, um zu zeigen, dass dies der Koeffizient vor dem ersten Fehlerglied ist und dass dieser wiederum wesentlich davon abhängt, welche Ordnung für den MA-Prozess gewählt wird. Also lautet Gleichung 6.1 eindeutiger:

6.1a $\quad z(t) = \varphi_{1(1)} \cdot w(t-1) + w(t)$.

Das ist die beschreibende Gleichung für einen Moving Average-Prozess 1. Ordnung (einen „Gleitmittelwert"- oder „Gleitmittel"-Prozess 1. Ordnung), eine Terminologie, die sicher nicht sofort eingängig ist[2].

Für die Varianz s_z^2 einer sehr langen Zeitreihe ergibt sich dann – angesichts der Unkorreliertheit der Fehlerwerte unterschiedlicher lags – folgende Identität:

$$s_z^2 = \frac{1}{L-1} \cdot \sum_{t=1}^{L} (z(t)-0)^2 = \frac{1}{L-1} \cdot \sum_{t=2}^{L} (\varphi_{1(1)} \cdot w(t-1)+w(t))^2 =$$

$$\frac{1}{L-1} \cdot \sum_{t=2}^{L} \varphi_{1(1)}^2 \cdot w(t-1)^2 + \frac{2}{L-1} \cdot \sum_{t=2}^{L} \varphi_{1(1)}^2 \cdot w(t-1) \cdot w(t) + \frac{1}{L-1} \cdot \sum_{t=2}^{L} w(t)^2 = (\varphi_{1(1)}^2 + 1) \cdot s_w^2.$$

Kurz:

6.2a $\quad s_z^2 = (\varphi_{1(1)}^2 + 1) \cdot s_w^2.$

Geht man, wie in 5.2, zur Beschreibung eines Prozesses über, lautet die Gleichung:

6.2b $\quad \sigma_z^2 = (\varphi_{1(1)}^2 + 1) \cdot \sigma_w^2.$

Für die Autokovarianz mit lag 1 berechnet sich wegen $\bar{z} = 0$:

$$\mathrm{cov}(z(t),z(t+1)) = \mathrm{cov}(z(t),z(t-1)) = \frac{1}{L-1} \cdot \sum_{t=2}^{L} [z(t) \cdot z(t-1)] = \frac{1}{L-1} \cdot \sum_{t=2}^{L} [(\varphi_{1(1)} \cdot w(t-1)+w(t)) \cdot z(t-1)] =$$

$$\frac{1}{L-1} \cdot \sum_{t=2}^{L} [(\varphi_{1(1)} \cdot w(t-1)+w(t)) \cdot (\varphi_{1(1)} \cdot w(t-2)+w(t-1))] = \frac{1}{L-1} \cdot \sum_{t=2}^{L} [\varphi_{1(1)} \cdot w(t-1)^2] = \varphi_{1(1)} \cdot s_w^2.$$

Somit besteht die Gleichheit:

6.3 $\quad \mathrm{cov}(z(t),z(t+1)) = \varphi_{1(1)} \cdot s_w^2.$

Division durch die Varianz der Zeitreihe liefert für die lag 1-Autokorrelation:

6.4a $\quad r_1 = \varphi_{1(1)} \cdot \dfrac{s_w^2}{s_z^2}$ bzw. **6.4b** $\quad \rho_1 = \varphi_{1(1)} \cdot \dfrac{\sigma_w^2}{\sigma_z^2}.$

Mit Hilfe von Gleichung 6.2 lässt sich die Fehlervarianz eliminieren und folgende Beziehung zwischen der lag 1-Autokorrelation und der Konstanten des MA1-Prozesses finden:

6.5a $\quad r_1 = \dfrac{\varphi_{1(1)}}{1+\varphi_{1(1)}^2}$ bzw. **6.5b** $\quad \rho_1 = \dfrac{\varphi_{1(1)}}{1+\varphi_{1(1)}^2}.$

Da die Fehlerwerte verschiedener lags nicht miteinander korrelieren, ergibt sich für die Autokovarianz mit lag 2:

$$\mathrm{cov}(z(t),z(t+2)) = \mathrm{cov}(z(t),z(t-2)) = \frac{1}{L-1} \cdot \sum_{t=3}^{L} [z(t) \cdot z(t-2)] =$$

$$\frac{1}{L-1} \cdot \sum_{t=4}^{L} [(\varphi_{1(1)} \cdot w(t-1)+w(t)) \cdot (\varphi_{1(1)} \cdot w(t-3)+w(t-2))] = 0.$$

Allgemein gilt für $p > 1$:

$\text{cov}(z(t),z(t+p))=0$ und damit auch $r_p = 0$ bzw. $\rho_p = 0$.

Im *Gegensatz zum AR1-Prozess*, wo die Autokorrelationen höherer lags sich allmählich dem Wert 0 annähern, *verschwinden ab p = 2 die Autokorrelationskoeffizienten eines MA1-Prozesses somit völlig*. Ein solcher Befund an den Autokorrelationen einer empirischen Zeitreihe wird daher die Vermutung aufkommen lassen, dass diese durch einen MA1-Prozess generiert wurde.

Eine interessante Eigenheit zeigen die partiellen Autokorrelationskoeffizienten, die nämlich – anders als beim AR1-Prozess – für höhere lags nicht automatisch den Wert 0 annehmen, sondern sich diesem langsam annähern. Aus früheren Überlegungen ist die Formel für die partielle Autokorrelation 2. Ordnung bekannt. Sie bestimmt sich aus den lag 1- und lag 2-Autokorrelationen mittels folgender Gleichung:

$$\tilde{r}_2 = \frac{r_2 - r_1^2}{1 - r_1^2}.$$

Aus 6.5 erhält man für r_1^2:

$$r_1^2 = \frac{\varphi_{1(1)}^2}{(1-\varphi_{1(1)}^2)^2} \quad \text{und somit} \quad \tilde{r}_2 = \frac{r_2 - \dfrac{\varphi_{1(1)}^2}{(1-\varphi_{1(1)}^2)^2}}{1 - \dfrac{\varphi_{1(1)}^2}{(1-\varphi_{1(1)}^2)^2}}, \text{ also – da nach dem oben Gesagten}$$

$\rho_2 = 0$ – für den Prozessparameter:

$$\tilde{\rho}_2 = \frac{0 - \dfrac{\varphi_{1(1)}^2}{(1-\varphi_{1(1)}^2)^2}}{1 - \dfrac{\varphi_{1(1)}^2}{(1-\varphi_{1(1)}^2)^2}} = -\frac{\dfrac{\varphi_{1(1)}^2}{(1-\varphi_{1(1)}^2)^2}}{\dfrac{(1-\varphi_{1(1)}^2)^2 - \varphi_{1(1)}^2}{(1-\varphi_{1(1)}^2)^2}} = -\frac{\varphi_{1(1)}^2}{1+\varphi_{1(1)}^2+\varphi_{1(1)}^4}.$$

Aus den Gleichungen des Abschnitts 4.5 lassen sich angesichts des Verschwindens von $\rho_2, \rho_3, \rho_4, \acute{}\dots$ leicht die partiellen Autokorrelationen höherer lags erhalten. Sie nähern sich mit alternierendem Vorzeichen (gedämpft sinusförmig) dem Wert 0 an.

Folgt eine Zeitreihe einem MA1-Prozess, so besteht eine nichtlineare (und damit auch nicht umkehrbar eindeutige) Beziehung zwischen der lag 1-Autokorrelation und der einzigen Konstanten des Moving Average-Prozesses; sämtliche Autokorrelationen höherer Ordnung sind identisch 0; hingegen gehen die partiellen Autokorrelationen höherer Ordnung nur allmählich gegen 0.

Die Abbildungen zeigen ACF und PACF für einen MA1-Prozess mit $\varphi_{1(1)} = 0{,}6$:

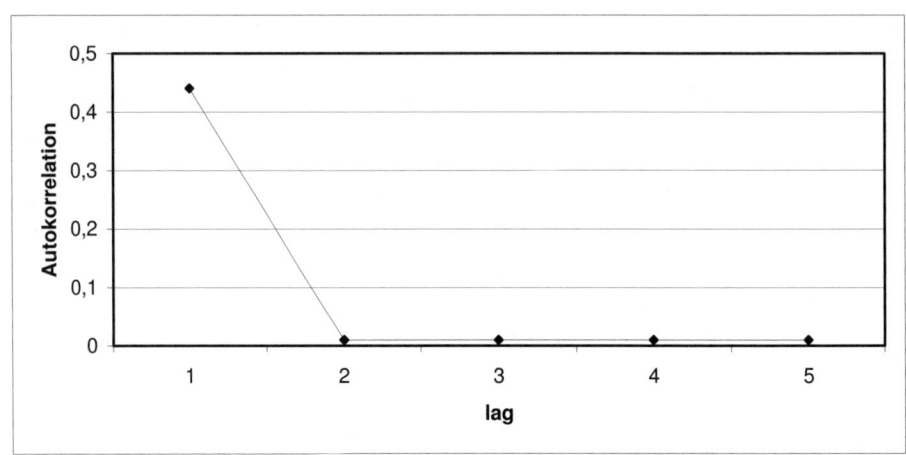

Abbildung 6.1: ACF eines MA1-Prozesses mit $\varphi_{1(1)} = 0{,}6$

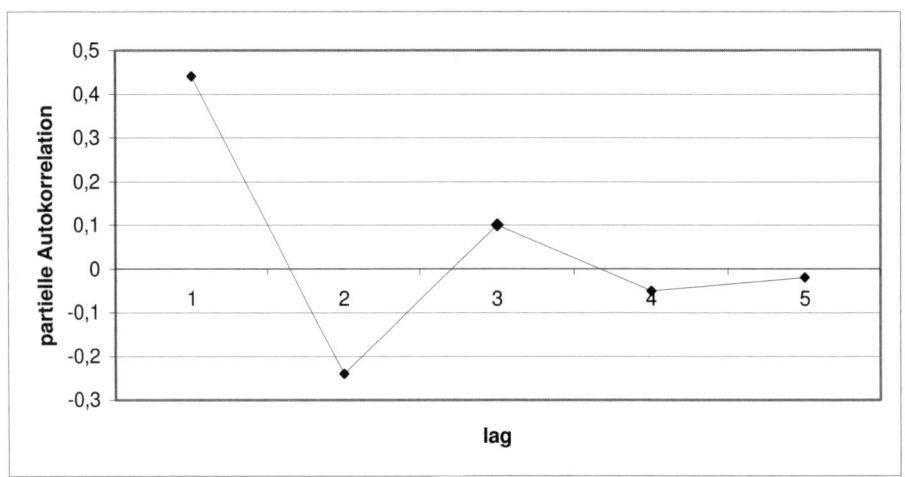

Abbildung 6.2: PACF eines MA1-Prozesses mit $\varphi_{1(1)} = 0{,}6$

Moving Average-Prozess 2. Ordnung
Hierfür gilt die Gleichung:

6.6 $z(t) = \varphi_{1(2)} \cdot w(t-1) + \varphi_{2(2)} \cdot w(t-2) + w(t)$.

Die Varianz der Zeitreihe berechnet sich (wegen der Unkorreliertheit der Fehlerwerte unterschiedlichen lags):

$$s_z^2 = \frac{1}{L-1} \cdot \sum_{t=1}^{L} (z(t))^2 = \frac{1}{L-1} \cdot \sum_{t=3}^{L} (\varphi_{1(2)} \cdot w(t-1) + \varphi_{2(2)} \cdot w(t-2) + w(t))^2 =$$

$$\frac{1}{L-1} \cdot \sum_{t=3}^{L} \varphi_{1(2)}^2 \cdot w(t-1)^2 + \frac{1}{L-1} \cdot \sum_{t=3}^{L} \varphi_{2(2)}^2 \cdot w(t-2)^2 + \frac{1}{L-1} \cdot \sum_{t=2}^{L} w(t)^2 = (\varphi_{1(2)}^2 + \varphi_{2(2)}^2 + 1) \cdot s_w^2 .$$

Für die Autokovarianz mit lag 1 gilt:

$$\text{cov}(z(t),z(t+1))=\text{cov}(z(t),z(t-1))=\frac{1}{L-1}\sum_{t=2}^{L}[z(t)\cdot z(t-1)]=$$

$$\frac{1}{L-1}\cdot\sum_{t=3}^{L}[(\varphi_{1(2)}\cdot w(t-1)+\varphi_{2(2)}\cdot w(t-2)+w(t)][(\varphi_{1(2)}\cdot w(t-2)+(\varphi_{2(2)}\cdot w(t-3)+w(t-1)]=$$

$$\frac{1}{L-1}\cdot\sum_{t=3}^{L}[(\varphi_{1(2)}\cdot w(t-1)^2+\varphi_{1(2)}\cdot\varphi_{2(2)}w(t-2)^2]=$$

$$\frac{1}{L-1}\cdot\sum_{t=3}^{L}[(\varphi_{1(2)}\cdot w(t-1)^2+\frac{1}{L-1}\sum_{t=3}^{L}[(\varphi_{1(2)}\cdot\varphi_{2(2)}\cdot w(t-2)]^2=(\varphi_{1(2)}+\varphi_{1(2)}\cdot\varphi_{2(2)})\cdot s_w^2.$$

Die lag 2-Autokovarianz bestimmt sich auf ähnliche Weise:

$$\text{cov}(z(t),z(t+2))=\text{cov}(z(t),z(t-2))=\frac{1}{L-1}\sum_{t=3}^{L}[z(t)\cdot z(t-2)]=$$

$$\frac{1}{L-1}\cdot\sum_{t=3}^{L}[(\varphi_{1(2)}\cdot w(t-1)+\varphi_{2(2)}\cdot w(t-2)+w(t)][(\varphi_{1(2)}\cdot w(t-3)+(\varphi_{2(2)}\cdot w(t-4)+w(t-2)]=\varphi_{2(2)}\cdot s_w^2.$$

Die Autokovarianz mit lag 3 wird zu 0, denn:

$$\text{cov}(z(t),z(t+3))=\text{cov}(z(t),z(t-3))=\frac{1}{L-1}\sum_{t=4}^{L}[z(t)\cdot z(t-3)]=$$

$$\frac{1}{L-1}\cdot\sum_{t=4}^{L}[(\varphi_{1(2)}\cdot w(t-1)+\varphi_{2(2)}\cdot w(t-2)+w(t)][(\varphi_{1(2)}\cdot w(t-4)+\varphi_{2(2)}\cdot w(t-5)+w(t-3)]=0.$$

Generell gilt dies für beliebige $k > 2$, sodass sich die Ergebnisse zum MA2-Prozess zusammenfassen lassen:

6.7a $\sigma_z^2=(\varphi_{1(2)}^2+\varphi_{2(2)}^2+1)\cdot\sigma_w^2.$

6.7b $\text{cov}(Z,Z+1)=(\varphi_{1(2)}+\varphi_{1(2)}\cdot\varphi_{2(2)})\cdot\sigma_w^2.$

6.7c $\text{cov}(Z,Z+2)=\varphi_{2(2)}\cdot\sigma_w^2.$

6.7d $\text{cov}(Z,Z+k)=0$ für $k > 2.$

Die Autokorrelationen ergeben sich als Quotient der Autokovarianzen und der Zeitreihenvarianz; Benutzung der Gleichungen 6.6 liefert dafür:

6.8a $\rho_1=\dfrac{\varphi_{1(2)}+\varphi_{1(2)}\cdot\varphi_{2(2)}}{1+\varphi_{1(2)}^2+\varphi_{2(2)}^2};$

6.8b $\rho_2=\dfrac{\varphi_{2(2)}}{1+\varphi_{1(2)}^2+\varphi_{2(2)}^2};$

6.8c $\rho_k=0$ für $k > 2.$

Moving Average-Prozess q. Ordnung

Er wird beschrieben durch die Gleichung:

6.9 $z(t) = \varphi_{1(q)} \cdot w(t-1) + \varphi_{2(q)} \cdot w(t-2) + \ldots + \varphi_{p(q)} \cdot w(t-q) + w(t)$.

Vorgehen, wie oben im Fall $q = 2$ beschrieben, liefert für die Varianz des Prozesses folgende Identität:

6.10 $\sigma_z^2 = (\varphi_{1(q)}^2 + \varphi_{2(q)}^2 + \ldots + \varphi_{q(q)}^2 + 1) \cdot \sigma_w^2$.

Wie leicht zu sehen, führt die Gleichsetzung $q = 1$ bzw. $q = 2$ zu den oben entwickelten Gleichungen für die Zeitreihenvarianz bei MA1- und MA2-Prozessen.

Für die Autokovarianzen ergibt sich ein System von $q + 1$ Gleichungen, welches inhaltlich den Yule-Walker-Gleichungen bei autoregressiven Prozessen entspricht – wobei dort allerdings die Beziehungen zwischen den *Autoregressionskoeffizienten* und den *Autokorrelationen* beschrieben wurden. Hier sind nun die *Autokovarianzen* cov $(Z, Z+k)$ (bzw. die Erwartungswerte γ_k) mit den Konstanten des MAq-Prozesses durch das Gleichungssystem[3] verknüpft:

6.11 $\text{cov}(Z,Z+k) = \gamma_k = \sigma_w^2 \cdot \sum_{j=0}^{q} \varphi_j \cdot \varphi_{j-k}$ für $k = 0, 1, 2, \ldots, q$.

Dabei sind definitionsgemäß $\varphi_0 = 1$, $\varphi_{-k} = 0$ sowie cov$(Z, Z+k) = 0$ für $k > q$.

Für $q = 1$, also im Falle eines MA1-Prozesses, kann k lediglich die Werte 0 und 1 annehmen, womit das Gleichungssystem lautet:

6.11a $\text{cov}(Z,Z+k) = \sigma_w^2 \cdot \sum_{j=0}^{1} \varphi_j \cdot \varphi_{j-k}$.

Für $k = 0$ erhält man (unter der erwähnten Gleichsetzung: $\varphi_0 = 1$)

$$\sigma_z^2 = \text{cov}(Z,Z) = \sigma_w^2 \cdot \sum_{j=0}^{1} \varphi_j \cdot \varphi_{j-1} = (1 + \varphi_1^2) \cdot \sigma_w^2 .$$

Für $k = 1$ ergibt sich als lag 1-Autokovarianz:

$$\text{cov}(Z,Z+1) = \sigma_w^2 \cdot \sum_{j=0}^{1} \varphi_j \cdot \varphi_{j-1} = \sigma_w^2 \cdot (\varphi_0 \cdot \varphi_{-1} + \varphi_1 \cdot \varphi_0) = (0 + \varphi_1) \cdot \sigma_w^2 = \varphi_1 \cdot \sigma_w^2.$$

Für einen MA2-Prozess, also für $q = 2$, lautet das Gleichungssystem:

6.11b $\text{cov}(Z,Z+k) = \sigma_w^2 \cdot \sum_{j=0}^{2} \varphi_j \cdot \varphi_{j-k}$,

und Einsetzen von 0, 1, 2 für k liefert die Identitäten 6.7a–6.7d.

Nachdem die Autokorrelationen sich als Quotienten der Autokovarianzen und der Zeitreihenvarianz berechnen, ergeben sich die komplizierten Formeln:

6.12 $\rho_k = \dfrac{\sum_{j=0}^{q} \varphi_j \cdot \varphi_{j-k}}{(1 + \varphi_1^2 + \varphi_2^2 + \ldots + \varphi_q^2)}$ für $k = 0, 1, \ldots, q$; $\rho_k = 0$ für $k > q$.

Wieder erhält man mittels der in 4.5 angegebenen Gleichungen aus den Autokorrelationen die partiellen Autokorrelationen; letztere verschwinden – anders als die Autokorrelationen – nicht automatisch ab lag q.

Selbst im einfachen Fall eines MA1-Prozesses ist die einzige Konstante mit der lag 1-Autokorrelation durch eine quadratische Gleichung verknüpft, womit im Allgemeinen die Lösung nicht eindeutig ist. In 6.4 wird dieses Problem aufgegriffen.

> Im allgemeinen Fall eines MAp-Prozesses sind die Beziehungen zwischen den Autovarianzkoeffizienten der Zeitreihe und den Konstanten des sie generierenden Moving Average-Prozesses durch ein nichtlineares Gleichungssystem gegeben, welches in aller Regel auch mehrdeutige Lösungen besitzt.

6.3 Die Dualität von AR- und MA-Prozessen

Diese für anwendungsorientierte Leser eher etwas abseitige Thematik wird hier nur kurz behandelt. Man betrachte einen stationären AR1-Prozess mit Mittelwert 0, welcher bekanntlich der Gleichung gehorcht:

$$z(t) = \theta_{1(1)} \cdot z(t-1) + w(t) \text{ mit } \left|\theta_{1(1)}\right| < 1.$$

Führt man nun $z(t-1)$ wiederum auf seinen Vorgängerwert zurück, so ergibt sich: $z(t-1) = \theta_{1(1)} \cdot z(t-2) + w(t-1)$ und damit

$$z(t) = \theta_{1(1)} \cdot z(t-1) + w(t) = \theta_{1(1)} \cdot [\theta_{1(1)} \cdot z(t-2) + w(t-1)] + w(t) = \theta_{1(1)}^2 \cdot z(t-2) + \theta_{1(1)} \cdot w(t-1) + w(t).$$

Geht man insgesamt s Schritte zurück, resultiert die Darstellung:

$$z(t) = \theta_1^{s+1} \cdot z(t-s-1) + \theta_1^s \cdot w(t-s) + ... + \theta_1^1 \cdot w(t-1) + w(t)$$

oder umgestellt:

$$z(t) = \theta_1^1 \cdot w(t-1) + ... + \theta_1^s \cdot w(t-s) + w(t) + \theta_1^{s+1} \cdot z(t-s-1).$$

Bis auf den letzten Term, der wegen $\left|\theta_1\right| < 1$ mehr oder weniger rasch gegen 0 geht, kann also $z(t)$ mittels eines MA-Prozesses beschrieben werden; lässt man s gegen ∞ wachsen, ist die Übereinstimmung perfekt, sodass sich ein AR1-Prozess als MA-Prozess unendlicher Ordnung ergibt; für praktische Anwendungen genügt die Feststellung, dass mit genügend hohem s ein AR1-Prozess beliebig genau als MAs-Prozess beschrieben werden kann.

Diese Erkenntnis ist insofern von geringer praktischer Bedeutung, als allemal die sparsame AR1-Beschreibung dem komplizierten MAs-Modell mit s aus nichtlinearen Gleichungen zu gewinnenden Modellkonstanten vorzuziehen ist.

Unter Anwendungsaspekten sehr viel relevanter ist der unter bestimmten Umständen (der Invertibilitätsbedingung) gültige Umkehrsatz, nämlich dass ein MA1-Prozess auch perfekt durch ein AR ∞-Modell beschrieben werden kann und sich mittels eines AR-Modells endlicher Ordnung beliebig exakt annähern lässt.

Für einen MA1-Prozess gilt nämlich:

$$z(t)=\varphi_1\cdot w(t-1)+w(t) \text{ sowie } z(t-1)=\varphi_1\cdot w(t-2)+w(t-1) ,$$

woraus sich die Identität ergibt:

$$z(t)=\varphi_1\cdot z(t-1)-\varphi_1^2\cdot w(t-2)+w(t)$$

Führt man diese Ersetzungen noch weiter, so erhält man nach m Schritten (wobei m ungerade sein soll):

$$z(t)=\varphi_1\cdot z(t-1)-\varphi_1^2\cdot z(t-2)+...+\varphi_1^m\cdot z(t-m)+\varphi_1^{m+1}\cdot w(t-m-1)+w(t) .$$

Falls $|\varphi_1|<1$, geht der vorletzte Term gegen 0, und die einem MA1-Prozess gehorchende Zeitreihe lässt sich durch einen AR-Prozess unendlicher Ordnung darstellen. Diese Bedingung heißt daher auch *Invertibilitätsbedingung* (Umkehrbarkeitsbedingung), weil bei ihrer Gültigkeit eine Darstellung in die andere übergeführt werden kann (allgemeiner: sich *w(t)* aus den Werten *z(t)*, *z(t –1)*, …, *z(t–m)* gewinnen lässt). Man kann also zusammenfassen: Gehorcht ein AR1-Prozess der Stationaritätsbedingung $|\theta_1|<1$, lässt er sich perfekt als MA ∞-Prozess schreiben (bzw. durch ein MA*s*-Modell beliebig genau annähern); gehorcht ein MA1-Prozess der Invertibilitätsbedingung $|\varphi_1|<1$, kann er fehlerlos als AR ∞-Prozess geschrieben werden (bzw. ist durch ein AR*m*-Modell beliebig genau anzunähern).

Die Tatsache, dass MA- und AR-Modelle auseinander hervorgehen, wird als *Dualität* bezeichnet; die beiden Modelle stellen gewissermaßen die beiden Seiten ein und derselben Medaille dar[4].

Diese Dualität gilt auch für höhere Ordnungen der AR- bzw der MA-Prozesse. Unter bestimmten Umständen lässt sich ein AR*p*-Prozess der Form

$$z(t)=\theta_{1(p)}\cdot z(t-1)+\theta_{2(p)}\cdot z(t-2)+...+\theta_{p(p)}\cdot z(t-p)+w(t)$$

in ein MA*q*-Modell der Gestalt

$$x(t)=\varphi_{1(q)}\cdot w(t-1)+\varphi_{2(q)}\cdot w(t-2)+...+\varphi_{q(q)}\cdot w(t-q)+\text{Restglied}+w(t)$$

umschreiben – und umgekehrt. Es sind dies die allgemeinen *Stationaritäts-* und *Invertibilitätsbedingungen*. Sie sind dann erfüllt, wenn die Koeffizienten gewissen (komplizierten) Einschränkungen gehorchen, die im nächsten Abschnitt kurz diskutiert werden.

Zwischen AR- und MA-Prozessen besteht ein so genanntes „duales Verhältnis" (eine Dualität), indem ein AR-Prozess 1. Ordnung identisch ist mit einem MA-Prozess unendlicher Ordnung; dabei gelingt es meist, mit einer geringen Ordnung q einen AR1-Prozess durch einen MA*q*-Prozess hinreichend genau anzunähern. Unter Anwendungsaspekten wesentlich relevanter ist die umgekehrte Beziehung: Ein MA1-Prozess kann durch einen AR-Prozess unendlicher Ordnung exakt beschrieben werden und schon oft durch einen AR*p*-Prozess mit kleinem p befriedigend angenähert werden. Diese Dualität besteht auch für höhere Ordnungen von AR- und MA-Prozessen.

6.4 Die allgemeinen Stationaritäts- und Invertibilitätsbedingungen

Diese im letzten Abschnitt für autoregressive und Moving Average-Prozesse eingeführten Bedingungen lassen sich auf beliebige Ordnungen verallgemeinern. Man
betrachte zunächst einen ARp-Prozess der bekannten Gestalt:

$$z(t) = \theta_{1(p)} \cdot z(t-1) + ... + \theta_{p(p)} \cdot z(t-p) + w(t).$$

Dieser ist genau dann stationär (d. h. der Mittelwert verändert sich nicht systematisch über die Elemente der Zeitreihe), wenn gilt:

Alle p (im allgemeinen Fall komplexe Zahlen darstellende) Nullstellen[5] des Polynoms

$$1 + \theta_{1(p)} \cdot y + \theta_{2(p)} \cdot y^2 + ... + \theta_{p(p)} \cdot y^p = 0$$

haben einen *Betrag von größer als* 1.

Dieser hier nicht bewiesene Satz sei an einem Beispiel illustriert: Wiederholt
wurde (auf unterschiedliche Arten) die Bedingung für die Stationarität eines AR1-
Prozesses gezeigt mit der üblichen Gestalt:

$$z(t) = \theta_{1(1)} \cdot z(t-1) + w(t).$$

Jetzt benutzen wir den gerade eingeführten Satz und bestimmen die Nullstellen des
– wie man sagt – zu AR1 gehörigen *charakteristischen Polynoms*

$$1 + \theta_{1(1)} \cdot y = 0.$$

Dieses hat eine einzige Nullstelle – die hier natürlich reell ist –, nämlich

$$y = -\frac{1}{\theta_{1(1)}}.$$

Deren Betrag muss nach dem oben Gesagten größer als 1 sein, und es ergibt sich
durch Umformung die bekannte Bedingung $\left|\theta_{1(1)}\right| < 1$.

Nun zu einem MAq-Prozess, welcher sich bekanntlich so beschreiben lässt:

$$z(t) = \varphi_{1(q)} \cdot w(t-1) + \varphi_{2(q)} \cdot w(t-2) + ... + \varphi_{q(q)} \cdot w(t-q) + w(t).$$

Dieser Prozess ist umkehrbar (oder invertibel), wenn sich umgekehrt $w(t)$ aus $z(t)$
und seinen vorangehenden Werten $z(t-1)$, $z(t-2)$,… herleiten lässt. (Diese Invertibilität wird sich als wichtige Bedingung für das Operieren mit MAq-Modellen im
Rahmen von ARMA-Modellen erweisen; siehe Kapitel 7).

Im Falle von Invertibilität gilt nun – ganz in Entsprechung zur Stationaritätsbedingung von ARp-Prozessen – folgende Aussage:

Alle q (im allgemeinen Fall komplexe Zahlen darstellende) Nullstellen des Polynoms

$$1 + \varphi_{1(1)} \cdot y + \varphi_{2(q)} \cdot y^2 + ... + \varphi_{q(q)} \cdot y^q = 0$$

haben einen *Betrag von größer als* 1 (*liegen außerhalb des Einheitskreises der komplexen Zahlenebene*). Wieder kann die Nützlichkeit dieser hier unbewiesen bleiben-
den Aussage[6] dadurch überprüft werden, dass man die in 6.3 gezeigte Invertibili-
tätsbedingung für einen MA1-Prozess, nämlich $\left|\varphi_{1(1)}\right| < 1$, zwanglos aus ihr erhält.

Ein ARp-Prozess der Gestalt $x(t)=\theta_{1(p)}\cdot x(t-1)+...+\theta_{p(p)}\cdot x(t-p)+w(t)$ ist genau dann stationär, wenn sämtliche Nullstellen des zugehörigen charakteristischen Polynoms $1+\theta_{1(p)}\cdot y+\theta_{2(p)}\cdot y^2+...+\theta_{p(p)}\cdot y^p=0$ vom Betrag > 1 sind.
Ein MAq-Prozess $z(t)=\varphi_{1(q)}\cdot w(t-1)+\varphi_{2(q)}\cdot w(t-2)+...+\varphi_{q(q)}\cdot w(t-q)+w(t)$ ist genau dann invertibel, wenn sämtliche Nullstellen des zugehörigen charakteristischen Polynoms $1+\varphi_{1(1)}\cdot y+\varphi_{2(q)}\cdot y^2+...+\varphi_{q(q)}\cdot y^q=0$ einen Betrag von > 1 aufweisen.

6.5 Darstellung mittels MA-Modellen

In der Praxis stellt sich umgekehrt die Frage, wann eine Zeitreihe mittels eines MAq-Modells dargestellt werden kann und welche Ordnung für q zu wählen ist. Hier ergeben sich nun diverse Komplikationen, welche bei der Darstellung durch ARp-Modelle nicht auftauchten. Sie resultieren hauptsächlich daraus, dass das Gleichungssystem 6.10 – anders als die Yule-Walker-Gleichungen – keine linearen Beziehungen liefert zwischen den gegebenen Kennwerten der Zeitreihe einerseits (also den Autokorrelationen bzw. den Autokovarianzen) und jenen Konstanten andererseits, welche man als Schätzwerte für den MAq-Prozess gewinnen möchte. Nicht nur, dass es sich um hochkomplizierte Gleichungen handelt; zudem sind ihre Lösungen nur unter speziellen Bedingungen (den genannten Invertibilitätsbedingungen) eindeutig. Das Gesagte lässt am besten an einer empirischen Zeitreihe deutlich.

Beispiel
Die im Weiteren betrachtete Zeitreihe wurde durch einen MA1-Prozess erzeugt und zwar auf folgende Weise: Die Werte $e(t)$ in der 3. Zeile von Tabelle 6.1 sind Zufallswerte, verteilen sich annähernd um 0 (wenn auch nicht normal); aus $e(t)$ wurde durch Multiplikation mit –0,5 der erwartete Wert für Z zum nächsten Zeitpunkt bestimmt, also beispielsweise: $\hat{z}(t+1)=-0{,}5\cdot e(t)$ (zweite Zeile der Tabelle); der tatsächliche Wert (siehe Zeile 1 der Tabelle) ergibt sich, indem zu $\hat{z}(t+1)$ der Fehler $e(t+1)$ addiert wird; somit

$z(t+1)=-0{,}5\cdot e(t)+e(t+1)$ oder in der besser vertrauten Form geschrieben:

$z(t)=-0{,}5\cdot e(t-1)+e(t)$.

Für die so konstruierte Zeitreihe berechnet man:

$\bar{z}=-0{,}03;\ s_{\bar{z}}^2=0{,}31;\ \bar{e}=-0{,}03;\ s_e^2=0{,}25;$

$r(e(t),e(t+1))=0{,}05;\ r(z(t),z(t+1))=r_1=-0{,}37;\ r(z(t),z(t+2))=r_2=0{,}03.$

Tabelle 6.1: Kurze, durch einen MA1-Prozess erzeugte Zeitreihe; fiktive Daten

$z(t)$	0	−0,74	−0,05	−0,33	−0,70	0,6	−0,88	0,41	0,38	−0,19	0,16	−0,03	0,29	−0,43	0,03
$\hat{z}(t)$	0	0	0,37	0,21	0,27	0,48	−0,06	0,41	0	−0,19	0	−0,08	−0,02	−0,16	0,13
$e(t)$	0	−0,74	−0,42	−0,54	−0,97	0,12	−0,82	0	0,38	0	0,16	0,05	0,31	−0,27	−0,10

$z(t)$	−0,77	−0,59	0,28	−0,78	0,39	0,67	−1,15	0,57	0,46	0,44	−0,35	0,88	0	−0,74	0,16
$\hat{z}(t)$	0,05	−0,02	0,28	0	0,39	0	−0,33	0,41	−0,08	−0,27	−0,35	0	−0,44	−0,22	0,26
$e(t)$	−0,82	−0,57	0	−0,78	0	0,67	−0,82	0,16	0,54	0,71	0	0,88	0,44	−0,52	−0,10

$z(t)$	−0,29	0,61	−0,56	0,83	−0,77	0,40	0,83	−0,38	−0,03	0,48	−0,3	0,59	−0,65	−0,33	0,96
$\hat{z}(t)$	0,05	0,17	−0,22	0,17	−0,28	0,25	−0,07	−0,45	−0,03	0	−0,24	0,03	−0,28	0,19	0,26
$e(t)$	−0,34	0,44	−0,34	0,56	−0,49	0,15	0,90	0,07	0	0,48	−0,06	0,56	−0,37	−0,52	0,7

Die Ergebnisse bestätigen den Generierungsprozess: Da die Fehlerwerte zufällig ausgewählt worden, haben sie ein Mittel von fast perfekt 0, ihre lag 1-Autokorrelation, bezeichnet mit $r(e(t), e(t+1))$, liegt ebenfalls so nahe bei 0, wie man es bei einer kurzen Zeitreihe von 45 nur erwarten kann. Die Werte von *z(t)*, die sich ja aus Addition der zufälligen, um 0 verteilten Fehlerterme und einem konstanten Vielfachen der vorangehenden Fehlerterme berechnen, müssen daher ebenfalls im Mittel bei 0 liegen. Man bestätigt eindrucksvoll den in Anmerkung 2 erwähnten Slutzky-Effekt: Durch eine gesetzmäßige Verknüpfung unkorrelierter Werte (hier der Fehlerterme) entsteht eine Zusammenhänge zeigende Reihe, die Zeitreihe der *z(t)*; ihre lag 1-Autokorrelation beträgt −0,37. Wie für eine durch einen MA1-Prozess generierte Zeitreihe zu erwarten, liegt die lag 2-Autokorrelation nahe bei 0 (siehe 6.2).

Es ist daher sinnvoll, für die mit den gegebenen Kennwerten versehene Zeitreihe – deren Entstehungsgeschichte wir jetzt für eine Weile vergessen und die wir durch ein stochastisches Modell annähern wollen – einen MA1-Ansatz zu machen. Dabei ergibt sich die Schwierigkeit, dass – anders als bei AR-Modellen – die laut Gleichung 6.5 aus r_1 geschätzte Konstante $\varphi_{1(1)}$ keineswegs einen minimalen Fehler für *e(t)*, also ein Minimum der Größe

$$\sum_{t=1}^{K} e_t^2$$

garantiert. Methoden, den geeignetsten Koeffizienten $\varphi_{1(1)}$ zu erhalten, seien hier nicht weiter diskutiert (siehe dazu die Vorschläge in Schlittgen, 2001, S. 59 f.). Immerhin hat der aus 6.5 ermittelte Wert den Vorteil, Übereinstimmung zwischen der lag 1-Autokorrelation des Modells und der der Zeitreihe zu liefern.

Der Einfachheit halber bestimmen wir deshalb trotzdem $\varphi_{1(1)}$ aus der Gleichung

$$r_1 = \frac{\varphi_{1(1)}}{1 + \varphi_{1(1)}^2} .$$

Im gegebenen Fall wird sich diese Schätzung als gar nicht schlecht erweisen, denn die Residualvarianz liegt erheblich unter der ursprünglichen Varianz der Zeitreihe.

Die angeführte Beziehung liefert eine quadratische Gleichung für $\varphi_{1(1)}$, nämlich:

$$r_1 \cdot \varphi_{1(1)}^2 - \varphi_{1(1)} + r_1 = 0 \text{ bzw. } \varphi_{1(1)}^2 - \frac{\varphi_{1(1)}}{r_1} + 1 = 0$$

Sie hat die beiden Lösungen:

$$\varphi_{1(1)a,b} = \frac{-1}{2r_1} \pm \sqrt{\frac{1}{4r_1^2} - 1} ; \text{ also } \varphi_{1(1)a} = -0{,}45; \varphi_{1(1)b} = -2{,}26 .$$

Wegen der Verletzung der Invertibilitätsbedingung stellt der zweite Wert keine akzeptable Lösung dar, sodass das angesetzte MA1-Modell lautet:

$$z(t) = -0{,}45 \cdot e(t-1) + e(t) .$$

Zunächst lässt sich konstatieren, dass das Modell recht gut mit dem Generierungsprozess der Zeitreihe übereinstimmt (dieselbe Ordnung, Koeffizienten in ähnlicher Größenordnung). Um zu prüfen, wie gut dieser Ansatz die gegebene Zeitreihe in der ersten Zeile von Tabelle 6.1 beschreibt, tragen wir in die erste Zeile von Tabelle 6.2 diese Zeitreihe ein und berechnen nun die Schätzwerte $\hat{z}'(t)$ sowie die Fehlerterme $e'(t)$. (Sicherheitshalber eine Klarstellung: Tabelle 6.1 zeigt den Generierungsprozess der Zeitreihe, für die nun eine Modellanpassung gesucht wird. Schätzwerte und Fehlerterme sind daher nun anders zu benennen als in Tabelle 6.1) Machen wir den Ansatz $\hat{z}'(0) = 0$, dann berechnet sich $e'(0) = 0$ und damit laut Modellgleichung $\hat{z}'(1) = 0$, damit weiter $e'(1) = z(1) - \hat{z}'(1) = -0{,}74 - 0 = -0{,}74$; daraus erhält man wiederum $\hat{z}'(2) = -0{,}45 \cdot (-0{,}74) = 0{,}33$ usw. Diese Werte sind in die mittleren Zeilen von Tabelle 6.2 eingetragen.

Tabelle 6.2: Schätzwerte und Fehler der Zeitreihe nach Anpassung eines MA1-Modells

$z(t)$	0	-0,74	-0,05	-0,33	-0,70	0,6	-0,88	0,41	0,38	-0,19	0,16	-0,03	0,29	-0,43	0,03
$\hat{z}'(t)$	0	0	0,33	0,17	0,22	0,41	-0,09	0,35	-0,03	-0,19	0	-0,07	-0,02	-0,14	0,13
$e'(t)$	0	-0,74	-0,38	-0,50	-0,92	0,19	-0,79	0,06	0,41	0	0,16	0,04	0,31	-0,29	-0,10

$z(t)$	-0,77	-0,59	0,28	-0,78	0,39	0,67	-1,15	0,57	0,46	0,44	-0,35	0,88	0	-0,74	0,16
$\hat{z}'(t)$	0,04	0,33	0,41	0,06	0,32	-0,03	-0,29	0,39	-0,08	-0,24	-0,30	0,02	-0,39	-0,17	0,26
$e'(t)$	-0,81	-0,92	-0,13	-0,84	0,07	0,7	-0,86	0,18	0,54	0,68	-0,05	0,86	0,39	-0,57	-0,10

$z(t)$	-0,29	0,61	-0,56	0,83	-0,77	0,40	0,83	-0,38	-0,03	0,48	-0,3	0,59	-0,65	-0,33	0,96
$\hat{z}'(t)$	0,05	0,11	-0,22	0,15	-0,31	0,21	-0,09	-0,33	0,02	0,02	-0,21	0,04	-0,25	0,18	0,23
$e'(t)$	-0,24	0,50	-0,34	0,68	-0,46	0,19	0,92	-0,05	-0,05	0,46	-0,09	0,55	-0,40	-0,51	0,73

Für den Fehler berechnet man: $\bar{e}' = -0,03; s_e^2 = 0,25$, während die Varianz der Zeitreihe $s_z^2 = 0,31$ beträgt. Die durch das MA1-Modell erklärte Varianz $s_z^2 - s_e^2 = 0,06$ beträgt somit etwa 20% (angesichts der kurzen Zeitreihe in bemerkenswert guter Übereinstimmung mit Gleichung 6.10, nach der sich die aufgeklärte Varianz bei einem MA1-Prozess als das Quadrat der Konstanten ergibt).

Wir haben also im Wesentlichen jene Werte zurück erhalten, die wir der Konstruktion der Zeitreihe zu Grunde gelegt haben (für die Konstante nicht –0,5, sondern den davon nur wenig unterschiedlichen Wert –0,45).

Anmerkungen zu Kapitel 6

1. Im Rahmen dieses kurzen Kapitels bietet es sich an, den in der Literatur sehr verbreiteten „Backshift-Operator", üblicherweise symbolisiert mit B, wenigstens in einer Anmerkung einzuführen. Dieser Operator ordnet jedem Wert einer Zeitreihe seinen Vorgängerwert zu, also $B(x(t)) = x(t-1)$. Nochmalige Anwendung des Backshift-Operators liefert dann den zwei Stellen vor $x(t)$ liegenden Wert, also:

$B \circ B(x(t)) = x(t-2)$; anders geschrieben: $B^2(x(t)) = x(t-2)$.

Allgemein ergibt die k-fache Anwendung des Backshift-Operators auf $x(t)$ den um k Zeitpunkte vor $x(t)$ liegenden Wert in der Zeitreihe, also:

$B^k(x(t)) = x(t-k)$.

Da die Werte in einer Zeitreihe eindeutig angeordnet sind, ist auch die Umkehrung der Backshift-Operation möglich; der zugehörige Operator wird mit B^{-1} symbolisiert; es gilt somit:

$B^{-1}(x(t-1)) = x(t)$, außerdem:

$B^{-1} \circ B(x(t)) = B^{-1}(B(x(t)) = B^{-1}(x(t-1)) = x(t)$ sowie

$B \circ B^{-1}(x(t-1)) = B(x(t)) = x(t-1)$.

Definiert man schließlich noch $B^{-(k+1)}(x(t)) = B^{-1}(B^{-k}(x(t))$ sowie den Identitätsoperator 1_O mit $1_O(x(t)) = x(t)$, liegt ein nützliches terminologisches Inventar bereit zur sparsamen Beschreibung sowohl von AR- wie von MA-Prozessen.

So kann man die Gleichung eines AR1-Prozesses $x(t) = \theta_{1(1)} \cdot x(t-1) + e(t)$ schreiben:

$x(t) = \theta_{1(1)} \cdot B(x(t)) + e(t)$ oder kompakter: $(1_O - \theta_{1(1)} \cdot B)(x(t)) - e(t) = 0$.

Wegen $B \circ (1_O(x(t)) = B(x(t))$ lässt sich der Identitätsoperator ausklammern, womit die obige Gleichung die noch kompaktere Darstellung $(1 - \theta_{1(1)} \cdot B)(x(t)) - e(t) = 0$ erhält; dabei ist die 1 nun auch wirklich die 1 der reellen Zahlen.

Ein MA2-Prozess $x(t) = \varphi_{1(2)} \cdot e(t-1) + \varphi_{2(2)} \cdot e(t-2) + e(t)$ hat die elegante Form:

$x(t) = \left(1 + \varphi_{1(2)} \cdot B + \varphi_{2(2)} \cdot B^2\right) \circ e(t)$.

Der Vorteil dieser anfangs zweifellos befremdenden Terminologie wird sich wiederholt erweisen, z. B. bei der Darstellung der Dualität von AR- und MA-Prozessen und der allgemeinen Invertibilitätsbedingung. Im Text selbst wird im Sinne eines unmittelbar verständlichen Zugangs aber auf diese Schreibweise verzichtet.

2. Im Wesentlichen ist die Bezeichnung nur historisch zu begreifen, nämlich aus der Betrachtung des so genannten Slutzky-Effekts. Dieser beschreibt das sehr interessante Phänomen, dass die Gleitmittelwerte von zufällig angeordneten und damit unkorrelierten Werten substantielle Korrelationen aufweisen können; damit war es nahe liegend zu überprüfen, ob auch Zeitreihen mit nicht verschwindenden Autokorrelationen sich aus systematisch kombinierten Fehlertermen heraus erklären lassen.

Tatsächlich ergibt sich $z(t)$ beim MA1-Prozess als gewichtetes Mittel eines aktuellen und eines um eine Zeiteinheit zurück liegenden Fehlerwerts; insofern verändert sich (bewegt sich) diese Größe natürlich abhängig von der Zeit. Gegenüber den in Anmerkung 15 zu Kapitel 4 unter dem Stichwort „smoothing" eingeführten Gleitmittelwerten addieren sich jedoch die Gewichte der MA-Prozesse (beim MA1-Prozess also die Werte 1 und $\varphi_{1(1)}$) nicht zu 1.

3. In der Literatur findet sich statt cov $(Z, Z+k)$ das Symbol γ_k. Wie schon erwähnt, definiert man $\gamma_k = E(z(t) \cdot z(t-k))$; diese Größe stellt also den Erwartungswert für das Produkt zweier um lag k verschobener Elemente des Prozesses dar. Im Übrigen könnte man Gleichung 6.10 als Sonderfall von 6.11 mit $k = 0$ und $\gamma_0 = \sigma_z^2$ betrachten und auf gesonderte Anführung verzichten.

4. Der praktische Nutzen des Vorgehens steht in der Diskussion: Zwar ist selbst ein MA1-Modell kompliziert und die Ersetzung durch ein AR-Modell nicht allzu hoher Ordnung m (welche natürlich davon abhängt, wie schnell $\varphi_{1(1)}^m$ einen vernachlässigbaren Wert annimmt) vielleicht rechnerisch einfacher, stellt andererseits aber eine wenig ökonomische (und inhaltlich schlechter nachvollziehbare) Beschreibung dar. Interessant kann jedoch eine solche Überführung der Modelle dann werden, wenn es sich um einen (dann unzweifelhaft komplizierten) MA-Prozess höherer Ordnung handelt, der vergleichsweise problemlos in ein AR-Modell noch leidlich niedriger Ordnung verwandelt werden kann.

Auch im Rahmen des in 9.2 besprochenen „prewhitening", wo es nur darum geht, einen rechnerischen Zugang zu einer Zeitreihe zu schaffen, ist der Ersatz von MA-Modelle durch die sehr viel leichter handbaren AR-Modellgleichungen ausgesprochen sinnvoll.

5. Komplexe Zahlen lassen sich allgemein schreiben: $c = a + b \cdot i$, wobei a und b reelle Zahlen bedeuten und $i = \sqrt{-1}$. (Reelle Zahlen stellen also spezielle komplexe Zahlen dar mit $b = 0$.) Nach dem Fundamentalsatz der Algebra besitzt jedes Polynom der Gestalt

$$\theta_0 + \theta_1 \cdot y + \theta_2 \cdot y^2 + ... + \theta_p \cdot y^p$$

(also auch jene Polynome, bei denen die Koeffizienten ausschließlich reelle Zahlen darstellen, wie die Autoregressionskoeffizienten der ARp-Prozesse) genau p, nicht notwendig verschiedene komplexe Nullstellen. Sei y_k eine dieser p Nullstellen; dann gilt $y_k = a_k + b_k \cdot i$ (ist die Nullstelle reell, hat b_k den Wert 0). Der Betrag von y_k ist dann die Wurzel aus der Summe der quadrierten Komponenten, also:

$$|y_k| = \sqrt{a_k^2 + b_k^2} \, .$$

6. Der Satz zugänglicher, wenn man die Schreibweise mittels des in Anmerkung 1 eingeführten Backshift-Operators wählt. Dann hat ein MAq-Prozess bekanntlich die Darstellung:

$$x(t) = \left(1 + \varphi_{1(q)} \cdot B + \varphi_{2(q)} \cdot B^2 + ... + \varphi_{q(q)} \cdot B^q\right) e(t) \, .$$

Invertibilität bedeutet, dass sich $e(t)$ sich als Funktion von $x(t)$ und dessen Vorgängerwerten gewinnen lässt, also eine Umkehrfunktion existiert. Dafür ist aber Bedingung, dass die Nullstellen des „charakteristischen" Polynoms (in dem statt des Operators B eine komplexe Zahl y eingesetzt wurde)

$$1+\varphi_{1(q)}\cdot y+\varphi_{2(q)}\cdot y^2+...+\varphi_{q(q)}\cdot y^q$$

sämtlich Beträge von größer als 1 aufweisen. Besteht eine solche Umkehrfunktion, nennen wir sie

$$\left(1+\varphi_{1(q)}\cdot B+\varphi_{2(q)}\cdot B^2+...+\varphi_{q(q)}\cdot B^q\right)^{-1} - \text{die in der Literatur übliche Schreibweise}$$

$$\frac{1}{\left(1+\varphi_{1(q)}\cdot B+\varphi_{2(q)}\cdot B^2+...+\varphi_{q(q)}\cdot B^q\right)}$$

scheint äußerst missverständlich, da es sich nicht um ein gebrochenes Polynom im üblichen Sinne handelt.

7 ARMA- und ARIMA-Modelle

7.1 Vorbemerkungen; Überblick

Die in der Literatur sehr häufig angeführten und ausführlich dargestellten ARMA-bzw. ARIMA-Modelle sollen hier vergleichsweise kurz behandelt werden. Zwar sind sie in aller Regel besser zur Anpassung von Daten geeignet als einfache AR-oder MA-Modelle – insofern nicht überraschend, als mit Einführung weiterer Parameter naturgemäß die Fehlerkomponenten kleiner werden; sie leisten aber meist nur etwas bei der zusätzlichen Erklärung von Varianz einer Zeitreihe, häufig aber nicht für die biologische oder psychologische Erklärung des zu Grunde liegenden Vorgangs.

Als ARMA(p,q)-Modell definieren wir eine Kombination aus einem ARp- und einem MAq-Modell zur Darstellung einer *stationären Zeitreihe* mit Mittelwert 0, also einen Ansatz der Art:

$$z(t) = \theta_{1(p)} \cdot z(t-1) + \ldots + \theta_{p(p)} \cdot z(t-p) + \varphi_{1(q)} \cdot w(t-1) + \ldots + \varphi_{q(q)} \cdot w(t-q) + w(t).$$

Unter einem ARIMA(p,q,d)-Modell (Autoregressive Integrated Moving Average Model) versteht man hingegen die Anwendung eines ARMA(p,q)-Modells auf eine (nicht notwendig stationäre) Zeitreihe, die dabei durch d-fache Differenzierung (siehe 4.7) stationär gemacht wird. ARIMA-Modelle sind mathematisch kompliziert und in ihrer Rechenmechanik nur mit gewisser Übung zu durchschauen. Wir wollen uns lediglich mit ARMA-Modellen beschäftigen. Liegen Trends in der Zeitreihe vor, so sollen diese in gesonderten Schritten zunächst entfernt werden, bis die Residualzeitreihe stationär ist und nach Subtraktion ihres Mittelwerts auch zentriert vorliegt, sodass sich nun darauf ARMA-Modelle anwenden lassen[1].

Zudem wollen wir uns im Weiteren fast vollständig auf die ARMA(1,1)-Modelle beschränken, wo also die Daten einer Zeitreihe auf den eine Zeiteinheit in der Vergangenheit liegenden Wert und die damals auftretende Fehlerkomponente zurückgeführt werden. Grund dafür ist nicht nur, dass in der Praxis solche einfachen ARMA-Modelle die am meisten verbreiteten sind; nur diese bieten nämlich außerdem gerade noch jenes Minimum an Anschaulichkeit, welches den Aufwand einer Zeitreihenanalyse auch unter dem Gesichtspunkt ihres psychologischen Erkenntnisgewinns rechtfertigt – oder des Erkenntnisgewinns auf anderen Gebieten.

Wie in den letzten beiden Kapiteln sei zunächst diskutiert, welche Eigenschaften eine (sehr lange) Zeitreihe hat, der tatsächlich ein ARMA-Prozess zu Grunde liegt (7.2) und dann überlegt, unter welchen Umständen eine empirische Zeitreihe tatsächlich sinnvoll durch ein ARMA-Modell beschrieben werden kann (7.3).

7.2 Eigenschaften von ARMA-Prozessen

ARMA(1,1)-Prozesse
Diese werden durch Gleichungen der Form beschrieben[2]:

7.1 $z(t) = \theta_{1(1)} \cdot z(t-1) + \varphi_{1(1)} \cdot w(t-1) + w(t)$.

Die in der Literatur üblichere Schreibweise, den zurück liegenden Fehlerterm mit einem negativen Vorzeichen zu versehen, scheint mir wenig Vorteil zu bringen. Beim Vergleich mit Formeln aus anderen Quellen können sich natürlich unterschiedliche Vorzeichen finden (siehe auch Anmerkung 1). Der Wert der betrachteten Person in der Variable Z zu einem Zeitpunkt *t* wird also sowohl auf den Wert am vorangehenden Zeitpunkt zurück geführt als auch auf die Fehlerkomponente zum früheren Zeitpunkt – und zwar beides im Sinne eines linearen Zusammenhangs. Wie schon häufig zuvor, sei dabei vorausgesetzt, dass der Mittelwert der Zeitreihe 0 beträgt (gegebenenfalls erst nach einer entsprechenden Umformung der Werte) und die Fehler unsystematischer Natur mit Mittelwert 0 sind, also lediglich weißes Rauschen darstellen – was durch die Schreibweise *w(t)* symbolisiert wird. Wir gehen im Weiteren zudem davon aus, dass der autoregressive Anteil des Prozess stationär ist (also $\left|\theta_{1(1)}\right| < 1$ gilt), der Moving Average-Anteil der Invertibilitätsbedingung gehorcht (somit gilt: $\left|\varphi_{1(1)}\right| < 1$).

Zunächst scheint eine kurze Rekapitulation dessen zweckmäßig, was über die Eigenschaften der AR1- und der MA1-Prozesse bekannt ist:

AR1: Der *Autokorrelationskoeffizient mit lag 1* ist *identisch* mit dem einzigen *Autoregressionskoeffizienten*; die *Autokorrelationen höherer lags* zeigen einen *exponentiellen Abfall*; die *PACF verschwindet ab lag 2 völlig* (siehe 5.2).

MA1: Die *lag 1-Autokorrelation* berechnet sich recht kompliziert aus der einzigen Konstanten des Prozesses; sämtliche *Autokorrelationen mit lags* > 1 haben den *Wert* 0; hingegen nähern die *partiellen Autokorrelationskoeffizienten höherer Ordnung* sich erst *allmählich* 0 an (siehe 6.2).

Für einen ARMA(1,1)-Prozess sind somit kombinierte Eigenschaften zu erwarten, die anschließend auf die übliche Art anhand einer sehr langen, aber endlichen Zeitreihe hergeleitet werden sollen – wieder wird dabei die Tatsache wesentlich eingehen, dass Fehlerterme unterschiedlicher lags nicht miteinander korrelieren, genau so wenig der Wert der Zeitreihe zu einem Zeitpunkt und der Fehler zum darauf folgenden.

Es gilt die Beziehung:

$$s_z^2 = \text{cov}(z(t),z(t)) = \frac{1}{L-1} \cdot \sum_{t=1}^{L} z(t)^2 = \frac{1}{L-1} \cdot \sum_{t=2}^{L} [\theta_{1(1)} \cdot z(t-1) + \varphi_{1(1)} \cdot w(t-1) + w(t)]^2 =$$

$$\frac{1}{L-1} \cdot \sum_{t=2}^{L} [\theta_{1(1)} \cdot z(t-1)]^2 + \frac{1}{L-1} \cdot \sum_{t=2}^{L} [\varphi_{1(1)} \cdot w(t-1)]^2 + \frac{1}{L-1} \cdot \sum_{t=2}^{L} w(t)^2 +$$

$$\frac{2}{L-1} \cdot \sum_{t=2}^{L} [\theta_{1(1)} \cdot z(t-1) \cdot \varphi_{1(1)} \cdot w(t-1)] + \frac{2}{L-1} \cdot \sum_{t=2}^{L} [\theta_{1(1)} \cdot z(t-1) \cdot w(t)] + \frac{2}{L-1} \cdot \sum_{t=2}^{L} [\varphi_{1(1)} \cdot w(t-1) \cdot w(t)].$$

Da die letzten beiden Terme verschwinden, besteht folgende Identität:

$$s_z^2=$$

$$\frac{1}{L-1}\cdot\sum_{t=1}^{K}[\theta_{1(1)}\cdot z(t-1)]^2+\frac{1}{L-1}\sum_{t=1}^{K}w(t)^2+\frac{1}{L-1}\cdot\sum_{t=1}^{K}[\varphi_{1(1)}\cdot w(t-1)]^2+$$

$$\frac{2}{L-1}\cdot\sum_{t=1}^{K}[\theta_{1(1)}\cdot z(t-1)\cdot\varphi_{1(1)}\cdot w(t-1)]=\theta_{1(1)}^2\cdot s_z^2+s_w^2+\varphi_{1(1)}^2 s_w^2+\frac{2}{L-1}\cdot\sum_{t=1}^{K}[\theta_{1(1)}\cdot z(t-1)\cdot\varphi_{1(1)}\cdot w(t-1)]=$$

$$\theta_{1(1)}^2\cdot s_z^2+(1+\varphi_{1(1)}^2)s_w^2+\frac{2\cdot\theta_{1(1)}\cdot\varphi_{1(1)}}{L-1}\cdot\sum_{t=1}^{L}[\theta_{1(1)}\cdot z(t-2)+\varphi_{1(1)}\cdot w(t-2)+w(t-1)]\cdot w(t-1)=$$

$$\theta_{1(1)}^2\cdot s_z^2+(1+\varphi_{1(1)}^2)\cdot s_w^2+2\cdot\theta_{1(1)}\cdot\varphi_{1(1)}\cdot s_w^2.$$

Daraus ergibt sich:

7.2a $s_z^2\cdot(1-\theta_{1(1)}^2)=(1+2\cdot\theta_{1(1)}\cdot\varphi_{1(1)}+\varphi_{1(1)}^2)\cdot s_w^2$; umgeformt und als Prozess formuliert:

7.2b $\sigma_z^2=\dfrac{(1+2\cdot\theta_{1(1)}\cdot\varphi_{1(1)}+\varphi_{1(1)}^2)}{(1-\theta_{1(1)}^2)}\sigma_w^2.$

Im Falle eines reinen AR1-Prozesses hat $\varphi_{1(1)}$ den Wert 0 und wir erhalten die bekannte Beziehung zwischen Zeitreihen- und Fehlervarianz

$$\sigma_z^2=\frac{1}{(1-\theta_{1(1)}^2)}\sigma_w^2.$$

Liegt ein reiner MA1-Prozess vor, gilt $\theta_{1(1)}=0$ und es ergibt sich (wie in 6.2):

$$\sigma_z^2=(1+\varphi_{1(1)}^2)\cdot\sigma_w^2.$$

Beim ARMA(1,1)-Prozess hingegen besteht also eine komplizierte Beziehung zwischen der Varianz der Zeitreihe und der der Fehlerkomponenten, in welche in nichtlinearer Form sowohl die Konstanten des autoregressiven wie des Moving Average-Prozesses eingehen.

Für die lag 1-Kovarianz bestimmt man:

$$cov(z(t),z(t+1))=cov(z(t),z(t-1))=\frac{1}{L-1}\cdot\sum_{t=2}^{L}z(t)\cdot z(t-1)=$$

$$\frac{1}{L-1}\cdot\sum_{t=2}^{L}[\theta_{1(1)}\cdot z(t-1)+\varphi_{1(1)}\cdot w(t-1)+w(t)]\cdot z(t-1)=$$

$$\frac{\theta_{1(1)}}{L-1}\cdot\sum_{t=2}^{L}[z(t-1)]^2+\frac{1}{L-1}\cdot\sum_{t=2}^{L}\varphi_{1(1)}\cdot w(t-1)\cdot z(t-1)+\frac{1}{L-1}\cdot\sum_{t=2}^{L}w(t)\cdot z(t-1)=$$

$$\theta_{1(1)}\cdot s_z^2+\frac{\varphi_{1(1)}}{L-1}\cdot\sum_{t=2}^{L}[z(t-1)\cdot w(t-1)]=$$

$$\theta_{1(1)}\cdot s_z^2+\frac{\varphi_{1(1)}}{L-1}\cdot\sum_{t=3}^{L}[\theta_{1(1)}z(t-2)+\varphi_{1(1)}\cdot w(t-2)+w(t-1)]\cdot w(t-1)=\theta_{1(1)}\cdot s_z^2+\varphi_{1(1)}\cdot s_w^2.$$

Aus Gleichung 7.2 bzw. 7.2a folgt:

7.3 $\mathrm{cov}(z(t),z(t+1))=\theta_{1(1)}\cdot s_z^2+\varphi_{1(1)}\cdot s_z^2\cdot\dfrac{(1-\theta_{1(1)}^2)}{(1+2\cdot\theta_{1(1)}\cdot\varphi_{1(1)}+\varphi_{1(1)}^2)}$.

Division durch die Zeitreihenvarianz liefert für die lag 1-Autokorrelation des Prozesses:

7.4 $\rho_1=\theta_{1(1)}+\dfrac{\varphi_{1(1)}\cdot(1-\theta_{1(1)}^2)}{(1+2\cdot\theta_{1(1)}\cdot\varphi_{1(1)}+\varphi_{1(1)}^2)}$.

Im Falle eines rein autoregressiven Prozesses 1. Ordnung beträgt $\varphi_{1(1)}$ 0, und es ergibt sich die bekannte Beziehung $r_1=\theta_{1(1)}$ zwischen dem Autokorrelationskoeffizienten und dem Autoregressionskoeffizienten. Bei einem MA1-Prozess nimmt $\theta_{1(1)}$ den Wert 0 an und man erhält – in Übereinstimmung mit 6.2 – für die Beziehung zwischen der Konstanten des Prozesses und seiner lag 1-Autokorrelation:

$\rho_1=\dfrac{\varphi_{1(1)}}{(1+\varphi_{1(1)}^2)}$.

Für die lag 2-Autokovarianz einer durch einen ARMA(1,1)-Prozess generierten langen Zeitreihe gilt:

$$\mathrm{cov}(z(t),z(t+2))=\mathrm{cov}(z(t),z(t-2))=\frac{1}{L-1}\cdot\sum_{t=3}^{L}z(t)\cdot z(t-2)=$$

$$\frac{1}{L-1}\cdot\sum_{t=3}^{L}[\theta_{1(1)}\cdot z(t-1)+\varphi_{1(1)}\cdot w(t-1)+w(t)]\cdot z(t-2)=$$

$$\frac{\theta_{1(1)}}{L-1}\cdot\sum_{t=3}^{L}[z(t-1)\cdot z(t-2)]+\frac{1}{L-1}\cdot\sum_{t=2}^{L}\varphi_{1(1)}\cdot w(t-1)\cdot z(t-2)+\frac{1}{L-1}\cdot\sum_{t=2}^{L}w(t)\cdot z(t-2)=$$

$$\theta_{1(1)}\cdot\mathrm{cov}(z(t-1),z(t-2))=\theta_{1(1)}\cdot\mathrm{cov}(z(t),z(t+1)).$$

Somit resultiert:

7.5 $\mathrm{cov}(Z,Z+2)=\theta_{1(1)}\cdot\mathrm{cov}(Z,Z+1)$ und $\rho_2=\theta_{1(1)}\cdot\rho_1$.

Allgemein:

7.6 $\mathrm{cov}(Z,Z+k)=\theta_{1(1)}^{k-1}\cdot\mathrm{cov}(Z,Z+1)$ und $\rho_k=\theta_{1(1)}^{k-1}\cdot\rho_1$ für $k>1$.

Ab lag 2 – wie wir später sehen werden: allgemein jenem lag, welches größer als die Ordnung des MA-Prozesses ist – verhalten sich die Autokovarianzen und die Autokorrelationskoeffizienten von ARIMA(1,1)-Prozessen wie bei einem gewöhnlichen (reinen) autoregressiven Prozess 1. Ordnung.

Bestimmt man die partielle Autokorrelation mit lag 2, so gilt:

$$\tilde{\rho}_2=\frac{\rho_2-\rho_1^2}{1-\rho_1^2}=\frac{\theta_{1(1)}\cdot\rho_1-\rho_1^2}{1-\rho_1^2}$$.

Wegen $\theta_{1(1)}\neq 1$ (Stationaritätsbedingung des autoregressiven Prozesses) verschwindet $\tilde{\rho}_2$ (die partielle Autokorrelation 2. Ordnung) bei einem ARMA(1,1)-Prozess nicht – anders bekanntlich als bei einem AR1-Prozess.

Bei einem ARMA(1,1)-Prozess berechnen sich die lag 1-Autokovarianz und die lag 1-Autokorrelation mittels einer komplizierten Formel aus den Konstanten der zu Grunde liegenden AR1- und MA1-Prozesse. Ab lag 2 verhalten sich die höheren Autokorrelationen wie bei einem AR1-Prozess; hingegen verschwinden – Folge des Einflusses des MA1-Prozesses – die partiellen Autokorrelationen nicht abrupt völlig, sondern gehen allmählich gegen 0.

ARMA(p,q)-Prozesse

Sie sollen hier sehr rasch abgehandelt werden, da der Schluss von der ACF und der PACF einer nicht extrem langen Zeitreihe auf einen zu Grunde liegenden ARMA-Prozess höchst unsicher ist und – anders als bei AR- und MA-Prozessen – die Modellkonstanten sich nicht mehr direkt aus den Autokorrelationen bestimmen lassen; insofern sind die Eigenschaften von ARMA-Prozessen höherer Ordnung für die Praxis der Zeitreihenanalyse von nur geringer Bedeutung.

Die den Prozess charakterisierende Gleichung lautet also:

7.7 $z(t) = \theta_{1(p)} \cdot z(t-1) + \ldots + \theta_{p(p)} \cdot z(t-p) + \varphi_{1(q)} \cdot w(t-1) + \ldots + \varphi_{q(q)} \cdot w(t-q) + w(t).$

Zur Bestimmung der lag k-Autokovarianz multiplizieren wir beide Seiten mit

$\dfrac{z(t-k)}{L-1}$ und summieren – beginnend mit $t = k+1$ – über die Glieder der Zeitreihe:

$$\mathrm{cov}(z(t), z(t+k)) = \mathrm{cov}(z(t), z(t-k)) = \frac{1}{L-1} \cdot \sum_{t=k+1}^{L} z(t) \cdot z(t-k) =$$

$$\frac{1}{L-1} \cdot \sum_{t=k+1}^{L} [\theta_{1(p)} \cdot z(t-1) + \ldots + \theta_{p(p)} \cdot z(t-p) + \varphi_{1(q)} \cdot w(t-1) + \ldots + \varphi_{q(q)} \cdot w(t-q) + w(t)] \cdot z(t-k).$$

Ist nun $k > q$ (der betrachtete lag also größer als die Ordnung des Moving Average-Prozesses), dann verschwinden sämtliche Terme

$w(t-1) \cdot z(t-k); w(t-q) \cdot z(t-k); w(t) \cdot z(t-k)$

und die Gleichung vereinfacht sich zu

$$\mathrm{cov}(z(t), z(t+k)) = \frac{1}{L-1} \cdot \sum_{t=k+1}^{L} [\theta_{1(p)} \cdot z(t-1) + \ldots + \theta_{p(p)} \cdot z(t-p)] \cdot z(t-k).$$

Division durch die Varianz der Zeitreihe und Übergang auf Prozessparameter führt zu einem System von $p-q$ Gleichungen, die den von Yule und Walker angegebenen entsprechen, allerdings unter der strikten Voraussetzung, dass die betrachteten Autokorrelationen erst mit einem lag $> q$ beginnen. Somit:

$\rho_k = \theta_{1(p)} \cdot \rho_{k-1} + \theta_{2(p)} \cdot \rho_{k-2} + \ldots + \theta_{p(p)} \cdot \rho_{k-p}$ für $k = q+1, q+2, \ldots, p.$.

Im Falle eines ARMA(3,1)-Prozesses ergeben sich also folgende Beziehungen:

$k = 2$:

$\rho_2 = \theta_{1(3)} \cdot \rho_{2-1} + \theta_{2(3)} \cdot \rho_{2-2} + \theta_{3(3)} \cdot \rho_{2-3} = \theta_{1(3)} \cdot \rho_1 + \theta_{2(3)} \cdot \rho_0 + \theta_{3(3)} \cdot \rho_{-1} = \rho_1 \cdot (\theta_{1(3)} + \theta_{3(3)}) + \theta_{2(3)}.$

$k = 3$:

$\rho_3 = \theta_{1(3)} \cdot \rho_{3-1} + \theta_{2(3)} \cdot \rho_{3-2} + \theta_{3(3)} \cdot \rho_{3-3} = \theta_{1(3)} \cdot \rho_2 + \theta_{2(3)} \cdot \rho_1 + \theta_{3(3)} \cdot \rho_0 = \theta_{1(3)} \cdot \rho_2 + \theta_{2(3)} \cdot \rho_1 + \theta_{3(3)}.$

Wie zu sehen, liegen hier weniger Gleichungen (nämlich zwei) als Unbekannte vor (drei), sodass die Bestimmung der Parameter bei der Darstellung durch ein ARMA-Modell anders als im Falle eines rein autoregressiven Ansatzes so nicht gelingt.

> Bei ARMA-Prozessen höherer Ordnung bestehen komplizierte Beziehungen zwischen den Autokorrelationskoeffizienten und den Konstanten der beschreibenden Gleichung, speziell dann, wenn lags betrachtet werden, die unter der Ordnung des Moving Average-Prozesses liegen. Bei höheren lags gleicht sich die ACF dem eines reinen AR-Prozesses an. Allerdings bleibt der Einfluss des Moving Average-Prozesses insofern bestehen, als partielle Autokorrelationen höherer Ordnung nicht komplett verschwinden, sondern allmählichen Abfall mit zunehmendem lag aufweisen.

7.3 Darstellung mittels ARMA-Modellen

Hier steht also die Aufgabe an, eine vorliegende Zeitreihe $z(t)$, deren Mittelwert wie üblich als 0 angenommen wird und deren deterministische Anteile vorher eliminiert wurden, durch ein ARMA(p,q)-Modell darzustellen. Anders als bei rein autoregressiven Prozessen, wo sich die Autoregressionskonstanten $\theta_{1(p)}, \theta_{2(p)}, ..., \theta_{p(p)}$ aus den Autokorrelationskoeffizienten mittels des linearen Yule-Walker-Gleichungssystems bestimmen lassen, sind die Beziehungen im nun untersuchten Fall so kompliziert, dass andere Wege gefunden müssen, bei bekannter Ordnung des ARMA-Prozesses die am besten geeigneten $p + q$ Konstanten $\theta_{1(p)}, \theta_{2(p)}, ..., \theta_{p(p)}, \varphi_{1(q)}, \varphi_{2(q)}, ..., \varphi_{q(q)}$, der Modellgleichung

$$z(t) = \theta_{1(p)} \cdot z(t-1) + ... + \theta_{p(p)} \cdot z(t-p) + \varphi_{1(q)} \cdot w(t-1) + ... + \varphi_{q(q)} \cdot w(t-q) + w(t)$$

zu ermitteln. Am besten geeignet heißt hier offensichtlich, dass die Schätzwerte

$$\hat{z}(t) = \theta_{1(p)} \cdot z(t-1) + ... + \theta_{p(p)} \cdot z(t-p) + \varphi_{1(q)} \cdot w(t-1) + ... + \varphi_{q(q)} \cdot w(t-q)$$

die tatsächlichen Werte $z(t)$ optimal approximieren, also die Summe der Abweichungsquadrate

$$\sum_{t=1}^{K} w(t)^2 = \sum_{t=1}^{K} [z(t) - \hat{z}(t)]^2$$ einen minimalen Wert annimmt.

Dazu betrachtet man $\sum_{t=1}^{K} w(t)^2 = \sum_{t=1}^{K} [z(t) - \hat{z}(t)]^2$ als Funktion der Konstanten, also:

$$\sum_{t=1}^{K} w(t)^2 = \sum_{t=1}^{K} [z(t) - \hat{z}(t)]^2 = f(\theta_{1(p)}, \theta_{2(p)}, ..., \theta_{p(p)}, \varphi_{1(q)}, \varphi_{2(q)}, ..., \varphi_{q(q)})$$

und setzt die partiellen Ableitungen

$$\frac{\partial f}{\theta_{1(p)}}, \frac{\partial f}{\theta_{2(p)}}, ..., \frac{\partial f}{\theta_{p(p)}}, \frac{\partial f}{\varphi_{1(q)}}, \frac{\partial f}{\varphi_{2(q)}}, ..., \frac{\partial f}{\varphi_{q(q)}}$$ gleich 0.

Diese „Methode der kleinsten Quadrate" liefert $p + q$ Gleichungen, aus denen sich im Idealfall die gesuchten Konstanten – wenn auch nicht immer eindeutig – bestimmen lassen[3].

Wir wollen zunächst zeigen, dass das genannte Verfahren im Falle eines autoregressiven Prozesses 1. Ordnung genau jenes Resultat liefert, welches sich aus anderen Überlegungen in 5.3 ergab.

Gegeben sei also eine sehr lange Zeitreihe $z(t)$ mit L Gliedern, die einen Mittelwert von 0 aufweist sowie die Varianz s_z^2; bestimmt wurde außerdem die lag 1-Autokorrelation r_1. Aus theoretischen Überlegungen heraus oder aus Betrachtung der Zeitreihenkennwerte möge ein autoregressives Modell 1. Ordnung der Gestalt $z(t) = a \cdot z(t-1) + e(t)$ zur Beschreibung zweckmäßig erscheinen; wie ist die Konstante a zu wählen?

Umformung, Quadrierung und anschließende Summation (bei gleichzeitiger Division durch $L - 1$) liefert die Identitäten:

$$e(t) = z(t) - a \cdot z(t-1); \quad e^2(t) = z^2(t) - 2 \cdot a \cdot z(t) \cdot z(t-1) + a^2 \cdot z^2(t-1);$$

$$\frac{1}{L-1} \cdot \sum_{t=2}^{L} e^2(t) = \frac{1}{L-1} \cdot \sum_{t=2}^{L} [z^2(t) - 2 \cdot a \cdot z(t) \cdot z(t-1) + a^2 \cdot z^2(t-1)] =$$

$$\frac{1}{L-1} \cdot \sum_{t=2}^{L} z^2(t) - \frac{2a}{L-1} \cdot \sum_{t=2}^{L} z(t) \cdot z(t-1) + \frac{1}{L-1} \cdot \sum_{t=2}^{L} a^2 \cdot z^2(t-1).$$

Die einzelnen Summanden stellen bekannte Größen dar, sodass die Gleichung folgendermaßen geschrieben werden kann:

$$s_e^2 = s_z^2 - 2a \cdot \text{cov}(z(t), z(t+1)) + a^2 \cdot s_z^2.$$

Die Summe der Fehlerquadrate weist aber genau dann einen Minimalwert auf, wenn die Fehlervarianz minimal ist; es genügt deshalb, für

$$f(a) = s_e^2 = s_z^2 - 2a \cdot \text{cov}(z(t), z(t+1)) + a^2 \cdot s_z^2$$

ein Minimum zu finden. Partielle Ableitung nach a liefert:

$$\frac{\partial f}{\partial a} = \frac{\partial [s_z^2 - 2a \cdot \text{cov}(z(t), z(t+1)) + a^2 \cdot s_z^2]}{\partial a} = 2a \cdot s_z^2 - 2\text{cov}(z(t), z(t+1)).$$

Setzt man dies gleich 0 und geht auf Betrachtung eines Prozesses über, ergibt sich:

$$a = \frac{\text{cov}(Z, Z+1)}{\sigma_z^2} = \rho_1.$$

(Es handelt sich tatsächlich um ein Minimum, da die 2. Ableitung den konstanten positiven Wert $2 \cdot \sigma_z^2$ besitzt.) Wir erhalten somit das aus 5.3 bekannte Ergebnis, dass im Falle eines AR1-Modells als Autoregressionskoeffizient der Autokorrelationskoeffizient ρ_1 zu wählen ist (welcher am besten durch r_1 geschätzt wird).

Mit dem nämlichen Verfahren lassen sich die optimalen Autoregressionskoeffizienten eines AR2-Modell für die Anpassung an eine Zeitreihe finden, und allgemein können so auch die Yule-Walker-Gleichungen auf andere Weise als in 5.2 gewonnen werden.

Das Verfahren versagt jedoch – zumindest in der hier angegebenen Erstellung linearer Differentialgleichungen – bereits, wenn es darum geht, die Konstante $\varphi_{1(1)}$ für ein MA1-Modell zu bestimmen. Dafür lautet bekanntlich die Gleichung:

$$z(t) = \varphi_{1(1)} \cdot e(t-1) + e(t) .$$

Dann gilt:

$$z(t) - \varphi_{1(1)} \cdot e(t-1) = e(t) , \text{ somit } z(t)^2 - 2\varphi_{1(1)} \cdot z(t) \cdot e(t-1) + \varphi_{1(1)}^2 e(t-1)^2 = e(t)^2$$

oder

$$e(t)^2 = z(t)^2 - 2\varphi_{1(1)} \cdot [\varphi_{1(1)} \cdot e(t-1) + e(t)] \cdot e(t-1) + \varphi_{1(1)}^2 e(t-1)^2 .$$

Summation und Division durch die um 1 verminderte Anzahl der Zeitreihenglieder liefert:

$$\frac{1}{L-1} \cdot \sum_{t=2}^{L} e(t)^2 = \frac{1}{L-1} \cdot \sum_{t=2}^{L} z(t)^2 - \frac{2\varphi_{1(1)}^2}{L-1} \cdot \sum_{t=2}^{L} e(t-1)^2 + \frac{\varphi_{1(1)}^2}{L-1} \cdot \sum_{t=2}^{L} e(t-1)^2$$

oder (beim Übergang auf einen zeitreihenanalytischen Prozess)

$$\sigma_e^2 = \sigma_z^2 - 2\varphi_{1(1)}^2 \cdot \sigma_e^2 + \varphi_{1(1)}^2 \cdot \sigma_e^2$$

und somit die bereits aus 6.2 bekannte Identität:

$$\sigma_e^2 = \frac{\sigma_z^2}{1+\varphi_{1(1)}^2} .$$

Die Funktion $\sigma_e^2 = f(\varphi_{1(1)}) = \dfrac{\sigma_z^2}{1+\varphi_{1(1)}^2}$

hat zwar ein Maximum[4] bei $\varphi_{1(1)} = 0$, besitzt aber kein Minimum, schon gar nicht in dem durch die Invertibilitätsbedingung beschränkten Bereich $|\varphi_{1(1)}| < 1$.

Zwar würden Werte für die Konstante in der Nähe von -1 oder $+1$ eine bessere Schätzung leisten, in dem Sinne, dass hier die Fehlervarianz kleiner würde, andererseits soll aber auch die Autokorrelationsstruktur der ursprünglichen Zeitreihe durch die mit dem MA1-Modell erzeugte Zeitreihe $\hat{z}(t)$ so gut wie möglich nachgeahmt werden, was am besten durch jenen Wert von $\varphi_{1(1)}$ geschieht, der sowohl die Invertibilitätsbedingung als auch die Gleichung

$$r_1 = \frac{\varphi_{1(1)}}{1+\varphi_{1(1)}^2} \text{ erfüllt.}$$

Bereits bei einem einfachen MA1-Modell stellt die Parameterschätzung somit ein nicht geringes Problem dar – weshalb manche Autoren raten, die Anpassung besser durch einen auf Grund der Dualitätsbedingung weitgehend äquivalenten AR(p)-Prozess höherer Ordnung vorzunehmen. Hierbei wird aber ein wesentliches Ziel der Zeitreihenanalyse verfehlt, nämlich Licht auf die hinter der Datenmenge stehenden Prozesse, etwa biologischer oder psychologischer Natur, zu werfen (im Beispiel von 6.2 den Alkoholkonsum als Korrektur eines am Vortag verfehlten Wertes aufzufassen).

Wie zu erwarten, wird die Schätzung der geeigneten Parameter noch sehr viel schwieriger, wenn die empirische Zeitreihe durch ein ARMA(1,1) oder gar durch ein ARMA-Modell höherer Ordnung dargestellt werden soll. In diesem Fall ergeben sich die geeigneten Koeffizienten keineswegs als eindeutige Lösungen eines Gleichungssystems, sondern müssen in sehr aufwändigen Verfahren ermittelt werden, die prinzipiell auf der oben skizzierten Methode der kleinsten Quadrate basieren; Näheres zu diesem schwierigen Thema findet sich bei Schlittgen u. Streitberg (2001, S. 262 ff.).

Bei ARMA-Modellen ist die Bestimmung der optimalen Modellparameter nicht durch Lösung einfacher Gleichungssysteme möglich. Hierzu sind diverse Schätzverfahren vorgeschlagen worden, die letztlich alle im Sinne der Methode der kleinsten Quadrate eine Minimierung der Fehlervarianz anstreben (also der Varianz der Residuen, welche nach Abzug der mittels des Modells geschätzten Zeitreihenwerte gefunden werden).

Anmerkungen zu Kapitel 7

1. Die simultane Modellanpassung anstatt der hier vorgeschlagenen nacheinander ausgeführten Schritte bietet natürlich gewisse Vorteile, insbesondere jenen, das Modell insgesamt auf Signifikanz überprüfen zu können. Darstellung würde aber den hier gesetzten Rahmen erheblich sprengen. Standardwerk zu diesem Themenkomplex ist immer noch die viel zitierte, für die Theorie grundlegende Monographie von Box und Jenkins (1970). Aus diesem Grund werden ARIMA-Modelle in der Literatur oft auch als Box-Jenkins-Modelle bezeichnet.

Noch einige terminologische Hinweise: Anders als hier eingeführt, wählt man für die Spezifikation häufig nicht die Reihenfolge: Ordnung des AR-Modells, Ordnung des MA-Modells, Grad der Differenzierung, sondern setzt letzteren in die Mitte, schreibt also ARIMA(p,d,q). Ein ARIMA (2,4,3)-Modell bedeutet somit vierfaches Differenzieren zur Anwendung eines kombinierten AR2- und MA3-Modells. Auch findet sich in der Literatur nicht selten der Gebrauch negativer Vorzeichen beim MA-Anteil. Dann hätte ein ARMA(1,2)-Modell die Form:

$$z(t)=\theta_{1(1)}\cdot z(t-1)-\varphi_{1(2)}\cdot w(t-1)-\varphi_{2(2)}\cdot w(t-2)+w(t)\,.$$

Dies gilt es zu beachten, wenn sich gegenüber der hier gegebenen Darstellung andere Vorzeichen finden.

2. Mit Hilfe der in den Anmerkungen von Kapitel 6 eingeführten Backshift-Operator-Darstellung lässt sich die Gleichung für den ARMA(1,1)-Prozess auch so schreiben:

$$(1-\theta_{1(1)}\cdot B)\circ z(t)=(1+\varphi_{1(1)}\cdot B)\circ w(t) \text{ oder}$$

$$z(t)=(1-\theta_{1(1)}\cdot B)^{-1}\circ(1+\varphi_{1(1)}\cdot B)\circ w(t)\,.$$

Dies setzt voraus, dass die beiden charakteristischen Gleichungen $1-\theta_{1(1)}\cdot y=0$ und $1+\varphi_{1(1)}\cdot y=0$ nur Nullstellen vom Betrag > 1 besitzen.

3. Das Verfahren geht auf den Göttinger Mathematiker Carl Friedrich Gauss zurück und dürfte aus der Regressionsanalyse im Rahmen der gewöhnlichen Gruppenstatistik bekannt sein. Dabei galt es zu einem Schwarm von n Punkten (x_1,y_1), (x_2,y_2),...., (x_n, y_n) eine Regressionsgerade der Form $\hat{y}=a+b\cdot x$ zu finden, sodass die Summe der quadrier-

ten Abweichungen zwischen den tatsächlichen Werten y_i und den mittels der Regressionsgleichung aus x_i geschätzten $\hat{y}_i$ ein Minimum aufweist. Dazu wurde die Funktion

$$f(a,b)=\sum_{i=1}^{n}[y_i-(a+b\cdot x_i)]^2$$

partiell nach den Variablen a und b abgeleitet und diese Ableitungen gleich 0 gesetzt. Dies lieferte die vertrauten Gleichungen für die Regressionskoeffizienten

$a=\bar{y}-b\cdot\bar{x}$ sowie $b=\dfrac{\text{cov}(x;y)}{s_x^2}$ (siehe beispielsweise Köhler, 2004, S. 55 ff.).

Im Falle der Zeitreihenanalysen existieren nur bei rein autoregressiven Modellen eindeutige Lösungen. Wie erinnerlich, gab es schon bei einem MA1-Modell zwei Lösungen für die Konstanten, von denen allerdings eine auf Grund der Invertibilitätsbedingung ausgeschlossen werden konnte.

4. Dieser Befund lädt zu einem kleinen Kommentar ein: Setzt man die Konstante des MA1-Prozesses gleich 0, so schätzt man $z(t)$ stets durch $\hat{z}(t)=0$, und die Fehlerkomponente wird somit identisch mit dem Zeitreihenwert an der betreffenden Stelle. Ansetzen irgendeiner von 0 verschiedenen Zahl $\varphi_{1(1)}$ im Bereich zwischen −1 und +1 für die MA1-Konstante vermindert bereits die Fehlervarianz und verbessert damit die Schätzung. Wie leicht zu sehen, kann (wegen $|\varphi_{1(1)}|<1$) die Fehlervarianz aber nie kleiner werden als die Hälfte der Zeitreihenvarianz. Darstellung einer Zeitreihe mittels eines MA1-Prozesses trägt somit nur beschränkt zur Aufklärung der Varianz bei.

8 Ablauf einer Zeitreihenanalyse; Voraussagen

8.1 Überblick

Wir wollen nun die in den letzten Kapiteln vorgetragenen Einzelaussagen in einen größeren Zusammenhang bringen und exemplarisch den Gang einer Zeitreihenanalyse vorführen. Prinzipiell bringt dieses Kapitel nicht viel Neues, soll aber – bevor die Erkenntnisse auf die Studien von Interventionseffekten im Einzelfall zur Anwendung kommen und in die schwierige Spektralanalyse eingeführt wird – gewisse Vertrautheit mit den bis dahin erarbeiteten Konzepten schaffen. In diesem Zusammenhang wird zudem ausführlicher ein bisher lediglich angedeuteter Sachverhalt diskutiert, nämlich dass mit Hilfe eines die vergangenen Verhältnisse geeignet beschreibenden Zeitreihenmodells die Voraussage künftig auftretender Variablenwerte (mit gewissem Fehler) gelingt – Konstanz der Bedingungen natürlich vorausgesetzt.

Gegeben sei eine empirische (univariate) Zeitreihe, im typischen Fall Daten eines Probanden in einer Variable, die an aufeinanderfolgenden, sinnvollerweise als äquidistant angenommenen Zeitpunkten gewonnen wurden, beispielsweise an den Tagen 1, 2, ..., K. Die Werte in dieser Variable seien intervallskaliert (metrisch skaliert) und sollten in etwa einer Normalverteilung folgen, sodass mit Hilfe der Produkt-Moment-Korrelationskoeffizienten sinnvoll interpretierbare Maße der Autokorrelation erhalten werden. Zudem sei die Zeitreihe so lang, also die Zahl K so groß, dass Verkürzung um mehrere Glieder – wie bekanntlich zur Bestimmung der Autokovarianzen und Autokorrelationen erforderlich – die Varianz der Zeitreihe nicht wesentlich ändert.

Es stellt sich dann die Frage, ob in den Daten gewisse mathematische Gesetzmäßigkeiten stecken; diese könnten deterministischer Natur sein, somit die Werte in der betrachteten Variable sich direkt aus der bis zum Messzeitpunkt abgelaufenen Zeit bestimmen lassen, oder stochastische Charakteristika aufweisen, indem die Variablenwerte aus vorangehenden Werten vorhergesagt werden können; in letzterem Fall könnten die zuletzt beobachteten selbst den betrachteten Wert bis zu einem gewissen Grade determinieren, der Zusammenhang also mit einem autoregressiven Modell beschrieben werden; es könnten aber auch die zuvor aufgetretenen Fehler (random shocks) den Variablenwert bestimmen, also ein Moving Average-Modell den Zeitverlauf wiedergeben. Ebenso wäre ein Zusammenwirken beider Momente denkbar, ein ARMA-Modell den Daten also am besten angepasst. Dabei genügt es nicht, sich im Fall stochastischer Zusammenhänge für eines der genannten Modelle zu entscheiden; zu einer adäquaten *Modellidentifikation* gehört auch, die sinnvollste Ordnung p eines eventuellen autoregressiven Modells oder die Ordnung q eines Moving Average-Modells oder auch die Ordnungskombination p,q eines ARMA-Modells anzugeben. Sinnvoll heißt dabei einerseits, dass seine Ordnung hoch genug gewählt ist, um eine gute mathematische Anpassung zu leisten (also die Fehlerkomponenten bei der Voraussage gegenüber schierem Raten an Hand der Zeitreihencharakteristika beträchtlich zu minimieren), andererseits die Ordnung so klein zu halten, dass der mathematische Aufwand sich in Grenzen hält und das Modell zugleich möglichst auch inhaltlich interpretierbar ist. Eine Zeitreihenanalyse sollte nämlich eigentlich mehr leisten als allein zahlenmäßige Beschreibung und Prognose, nämlich mittels der mathematischen Zusammenhänge ein besseres Verständnis der dem Zeitverlauf zu Grunde liegenden biologischen oder psychologischen Gegebenheiten zu ermöglichen.

8.2 Die graphische Darstellung einer Zeitreihe

Dieser mit einfachsten Computerprogrammen für gegebene Daten zu leistende Schritt liefert oft wertvolle Informationen, welche die weitere Vorgehensweise bereits großteils leiten können. Dabei ist es in aller Regel sehr hilfreich, wenn auch der Mittelwert als horizontale Linie im Diagramm erscheint.

Zunächst gibt die Inspektion bereits häufig Hinweise auf die Stationarität der Zeitreihe bzw. auf das Vorliegen bestimmter Trends, insbesondere linearer oder zyklischer Natur, die es im Weiteren üblicherweise zu eliminieren gilt. Auch Veränderungen des Trends, im Sinne einer Zu- oder Abnahme seiner Größe sowie eine regelrechte Trendumkehr sind in der graphischen Darstellung meist leicht zu sehen. Zudem lassen sich durch einfaches Betrachten nicht selten Sprünge im Verlauf feststellen, die oft mit gewisser Plausibilität als Interventionseffekt interpretiert werden können[1].

Schließlich auch zeigt die graphische Analyse rasch die Existenz von „Ausreißerwerten", die möglicherweise bei der Durchsicht der numerischen Daten zunächst nicht aufgefallen wären.

8.3 Behandlung von „missing data" und „Ausreißern"

Missing data
Das Fehlen von Daten im Rahmen gruppenstatistischer Erhebungen – bekanntlich ein nicht seltenes Phänomen – ist im Wesentlichen nur lästig, erschwert eventuell das Finden signifikanter Zusammenhänge, verändert aber prinzipiell nicht das Stichprobenergebnis.

Bei zeitreihenanalytischen Daten ist die Situation eine andere: Diese sind ja zeitlich angeordnet, und es ist daher von wesentlicher Bedeutung, ob und an welcher Stelle der Zeitreihe die Information fehlt. Im Grunde gibt es hier drei Strategien, mit diesen „missing values" zu verfahren. Die erste wäre, einfach ihr Fehlen zu ignorieren, und auf den dem fehlenden Wert $x(t)$ vorausgehenden $x(t-1)$ unmittelbar $x(t+1)$ folgen zu lassen. Dies kann aber die Struktur der Zeitreihe erheblich zerstören, weswegen generell davon abzuraten ist. Man betrachte die kurze, nur aus 10

Elementen bestehende Zeitreihe 1, −1, 1, −1, 1, −1, 1, −1, 1, −1; ihre lag 1-Autokorrelation beträgt −1, ihre lag 2-Autokorrelation 1. Fehlen nun beispielsweise die Glieder 2 und 7, und ignoriert man diesen Sachverhalt in der oben beschriebenen Weise, entsteht die neue Zeitreihe 1, 1, −1, 1, −1, −1, 1, −1; dann ergibt sich $r_1 = -0{,}42$; $r_2 = 0$, also eine gänzlich andere ACF.

Die nächste Variante ist, die fehlenden Glieder explizit als fehlend einzutragen und sie bei der Auswertung nicht zu berücksichtigen; dann läge folgende Zeitreihe zur Untersuchung vor: 1, *, 1, −1, 1, −1, *, −1, 1, −1; die Berechnung der lag 1-Autokorrelation würde überhaupt erst beim dritten Glied einsetzen, und das siebente Glied müsste bei den Berechnungen ausgespart werden. Unter diesen Umständen ergibt sich $r_1 = -1$; $r_2 = 1$, also Werte, die – zufällig hier ganz exakt – mit denen der intakten Zeitreihe identisch sind. Vor einem abschließenden Urteil über die Brauchbarkeit dieses Verfahrens müssten sicher noch einige weitere Variationen von „missing values" durchgespielt werden, aber es dürfte das Vorteilhafteste sein, auch im Vergleich zur dritten Variante der Datenbehandlung, nämlich für die fehlenden Werte einigermaßen geeignete andere einzusetzen. Hierfür würde sich entweder das Mittel der dem fehlenden Glied benachbarten Werte anbieten, also im obigen Beispiel an der Stelle 2 der Wert 1 und an der Stelle 7 der Wert −1, womit folgende ergänzte Zeitreihe vorläge: 1, 1, 1, −1, 1, −1, −1, −1, 1, −1; hierfür ergibt sich: $r_1 = -0{,}1$; $r_2 = 0{,}26$, was wesentlich von den Autokorrelationen der intakten Zeitreihe abweicht. Weniger fehlerhaft ist hier die zweite Variante der Substitution, nämlich für „missing values" den Mittelwert der rudimentären Zeitreihe einzutragen, hier 0, womit die ergänzte Zeitreihe entsteht: 1, 0, 1, −1, 1, −1, 0, −1, 1, −1. Für diese bestimmt man: $r_1 = -0{,}71$; $r_2 = 0{,}78$. Dabei ist wenigstens die grundlegende Richtung der Autokorrelationen noch erkenntlich, sodass dieses in der Gruppenstatistik relativ gebräuchliche Verfahren der Substitution von „missing values" durch den Stichprobenmittelwert hier einigermaßen brauchbare Information liefern. Allerdings könnte sich dieses Vorgehen auch als irreführend erweisen, nämlich etwa im Falle eines zyklischen Trends; tritt der fehlende Wert beispielsweise zu einem Zeitpunkt auf, wo ein relatives Maximum zu erwarten ist, würde Substitution durch den Zeitreihenmittelwert die Struktur deutlich durcheinanderbringen; in diesem Falle wäre es besser, dass Mittel der unmittelbar benachbarten beiden Werte für den „missing values" einzusetzen.

> Das Problem fehlender Daten ist im Fall von Zeitreihen in der Regel gravierender als bei den üblichen gruppenstatistischen Erhebungen. Abzuraten ist davon, den fehlenden Wert einfach zu ignorieren und die Zeitreihe schlicht ohne diesen fortzuschreiben. Sinnvoller ist es, die fehlenden Daten explizit als Leerstellen einzutragen oder eine Substitution vorzunehmen, entweder durch den Zeitreihenmittelwert oder durch den Durchschnitt der um den fehlenden Wert herumgruppierten Daten. Welche Ersetzung die zweckmäßigere ist, sollte anhand der speziellen Datenstruktur entschieden werden.

Ausreißer

Auch das Problem von „Ausreißerwerten" ist bei einzelfallanalytischen Zeitreihen in der Regel gravierender als bei gruppenstatistischen Daten. Im letzteren Fall erhöhen solche typischerweise nur die Varianz und verändern den Stichprobenmittelwert. Bei einer Zeitreihe können sie hingegen deren Struktur wesentlich verändern. Dazu sei noch einmal die obige einfache Zeitreihe 1, –1, 1, –1, 1, –1, 1, –1, 1, –1 mit $r_1 = -1$; $r_2 = 1$ betrachtet. Hätte die zweite Messung statt – 1 den Wert 10 geliefert, hätte sich die Reihe 1, 10, 1, –1, 1, –1, 1, –1, 1, –1 ergeben und es wären die Autokorrelationen ganz anders ausgefallen, nämlich: $r_1 = 0$; $r_2 = -0{,}11$. (Bei einer längeren Zeitreihe wäre die Veränderung natürlich weniger stark, aber wahrscheinlich immer noch so groß, dass ihr ein gänzlich anderes Modell oder zumindest eines mit anderen Konstanten angepasst werden müsste.)

Wann ein offenbar aus dem Rahmen fallender Wert tatsächlich einen Ausreißer darstellt oder noch innerhalb des üblichen Schwankungsbereiches liegt, ist – wenn überhaupt mit gewisser Sicherheit – nur anhand der betrachteten Variable und der Art ihrer Messung zu entscheiden. Würde sich bei automatischen Blutdruckmessung inmitten von systolischen Werten um 120 mm Hg ein Messwert von 300 mm Hg finden, ist wahrscheinlich von einem Artefakt auszugehen, während 160 mm Hg durchaus innerhalb der zu erwartenden Grenzen gelegen sein dürfte. Üblicherweise wird in der Literatur geraten, einen Wert, der sicher als Ausreißer identifiziert ist, durch den in der Zeitreihe beobachteten maximalen (bzw. minimalen) verlässlichen Messwert zu ersetzen. Dringend ist wiederum davon abzuraten, die Messung als nicht stattgefunden zu betrachten und die Zeitreihe einfach ohne diesen Wert fortzusetzen.

8.4 Elimination von deterministischen Anteilen (Trends)

Allgemeines

Im Sinne einer klar strukturierten und leicht nachzuvollziehenden Vorgehensweise wird hier empfohlen, diese Schritte vorab durchzuführen. Zwar wird bei ARIMA-Modellen in Form der Ordnung d des Differenzierungsprozesses explizit der polynomiale Trend in die Parameterschätzung einbezogen; dies macht aber das ohnehin schon komplizierte Vorgehen noch weniger leicht durchschaubar; zudem ist es nicht einfach, die durch Differenzierung verlorene Information zurück zu gewinnen. Insbesondere geht durch die Differenzenbildung die Kenntnis über die Richtung und Größe des Trends verloren: Das Bild einer stark ansteigenden Gerade ist nach Differenzierung dasselbe wie das einer flach abfallenden, nämlich jedes Mal eine horizontale Linie. Völlig versagt die Beschreibung mittels ARIMA-Modellen, wenn die Zeitreihe einen zyklischen Trend enthält – es sei denn, man subtrahiert nicht direkt neben einander liegende Werte voneinander, sondern jene, welche genau um eine Periode getrennt sind (siehe dazu Anmerkung 4).

Linearer Trend

Wie sich ein linearer Trend entfernen lässt, welcher sich in der graphischen Darstellung bekanntlich durch einen in etwa gleichmäßigen Anstieg oder Abfall bemerkbar macht, wurde bereits in 4.7 an einem konkreten Zahlenbeispiel ausgeführt und sei hier etwas allgemeiner dargestellt.

Zunächst berechnet man $\bar{x}$ sowie $\bar{t} = \dfrac{1}{K} \cdot \sum_{t=1}^{K} t = \dfrac{1}{K} \cdot \dfrac{K \cdot (K+1)}{2} = \dfrac{K+1}{2}$.

Dann wird der Ansatz

$$\hat{x}(t) = a_0 + a_1 \cdot t$$

gemacht und die beiden Konstanten so bestimmt, dass die Größe

$$f(a_0; a_1) = \sum_{t=1}^{K} [(\hat{x}(t) - x(t)]^2 = \sum_{t=1}^{K} [a_0 + a_1 \cdot t - x(t)]^2 =$$

$$\sum_{t=1}^{K} [a_0^2 + a_1^2 \cdot t^2 + x(t)^2 + 2 \cdot a_0 \cdot a_1 \cdot t - 2 \cdot a_0 \cdot x(t) - 2 \cdot a_1 \cdot t \cdot x(t)] =$$

$$K \cdot a_0^2 + a_1^2 \cdot \sum_{t=1}^{K} t^2 + \sum_{t=1}^{K} x(t)^2 + 2 \cdot a_0 \cdot a_1 \sum_{t=1}^{K} t - 2 \cdot a_0 \cdot \sum_{t=1}^{K} x(t) - 2 \cdot a_1 \cdot \sum_{t=1}^{K} t \cdot x(t) =$$

$$K \cdot a_0^2 + a_1^2 \cdot \sum_{t=1}^{K} t^2 + \sum_{t=1}^{K} x(t)^2 + a_0 \cdot a_1 \cdot K \cdot (K+1) - 2 \cdot a_0 \cdot K \cdot \bar{x} - 2 \cdot a_1 \cdot \sum_{t=1}^{K} t \cdot x(t)$$

einen möglichst geringen Wert annimmt („Methode der kleinsten Quadrate"). Dies bedeutet wiederum Bildung der partiellen Ableitungen

$$\frac{\partial f(a_0; a_1)}{\partial a_0} = 2 \cdot K \cdot a_0 + a_1 \cdot K \cdot (K+1) - 2 \cdot K \cdot \bar{x} \text{ sowie}$$

$$\frac{\partial f(a_0; a_1)}{\partial a_1} = 2 \cdot a_1 \cdot \sum_{t=1}^{K} t^2 + a_0 \cdot K \cdot (K+1) - 2 \cdot \sum_{t=1}^{K} t \cdot x(t)$$

und anschließend ihre Gleichsetzung mit 0. Dies liefert:

I: $2 \cdot a_0 + a_1 \cdot (K+1) - 2 \cdot \bar{x} = 0.$

II: $2 \cdot a_1 \cdot \sum_{t=1}^{K} t^2 + a_0 \cdot K \cdot (K+1) - 2 \cdot \sum_{t=1}^{K} t \cdot x(t) = 0.$

Auflösung ergibt die Beziehungen:

8.1 $a_0 = \bar{x} - a_1 \cdot \bar{t}$ sowie

8.2 $a_1 = \dfrac{\dfrac{1}{K} \cdot \sum_{t=1}^{K} t \cdot x(t) - \bar{t} \cdot \bar{x}}{\dfrac{1}{K} \cdot \sum_{t=1}^{K} t^2 - \bar{t}^2}.$

Mit den so aus den elementaren Kennwerten der Zeitreihe einfach bestimmten Konstanten der approximierenden Gerade berechnen sich nun die Residuen

$$x^*(t) = x(t) - \hat{x}(t) = x(t) - (a_0 + a_1 \cdot t).$$

Diese haben den Mittelwert 0, wenn die Zeitreihe einen linearen Trend und sonst keinen besitzt. Auch dann dürften sie selten allein weißes Rauschen darstellen, werden also einige der Autokorrelationen von 0 verschieden sein.

Wir studieren ab jetzt vorläufig nur noch die Zeitreihe $x^*(t)$, müssen aber in Erinnerung behalten, dass der eigentliche Untersuchungsgegenstand die ursprüngliche Zeitreihe ist, welche zu gegebener Zeit mit Hilfe der Gleichung

$$x(t) = x^*(t) + (a_0 + a_1 \cdot t)$$

mittels der vorher bestimmten Konstanten aus $x^*(t)$ und der historischen Zeit zurück zu gewinnen ist.

Quadratischer Trend

Weiter wäre zu untersuchen, ob in $x^*(t)$ ein quadratischer Trend enthalten[2] ist; ein solcher liegt beispielsweise vor, wenn die Werte zunächst mit der Zeit ansteigen, nach Erreichen eines Maximums aber wieder abfallen. Der Ansatz dabei lautet:

$$x(t) = b_0 + b_1 \cdot t + b_2 \cdot t^2 + e(t).$$

Auch hier hilft die graphische Darstellung weiter, in diesem Fall die der neuen, bereits aus Residuen nach linearer Trendbereinigung bestehenden Zeitreihe $x^*(t)$. Zeigt die Inspektion zu einem Zeitpunkt t_m ein Extremum, so wäre der erneute Schätzansatz

$$\hat{x}^*(t) = b_0 - 2 \cdot b_2 \cdot t_m \cdot t + b_2 \cdot t^2$$

zu machen und die Konstanten so zu bestimmen, dass

$$g(b_0; b_2) = \sum_{t=1}^{K} [x^*(t) - (b_0 - 2 \cdot b_2 \cdot t_m \cdot t + b_2 \cdot t^2)]^2$$

einen Minimalwert aufweist. b_0 würde ein Maß für die hohe (oder tiefe) Lage des Extremums darstellen, b_2 die Breite der Kurve beschreiben[3].

Weitere Trends

Im Anschluss an die Bereinigung eines eventuell vorhandenen quadratischen Trends in der neuen Residuumszeitreihe $x^{**}(t)$ nach Trends höherer polynomialer Ordnung (z. B. kubischen) zu fanden, bietet sich zwar an, dürfte aber in vielen Fällen zu unklaren und schwer interpretierbaren Ergebnissen führen. Sinnvoller und Erfolg versprechender ist die Suche nach zyklischen Trends (also speziellen Periodizitäten), welche viele Zeitreihen biologischer oder psychologischer Daten charakterisieren (etwa die jährliche oder halbjährliche Wiederkehr depressiver Verstimmungen, die Schwankungen der Körpertemperatur im Ablauf des Menstruationszyklus, die in gewisser Wochenperiodizität verlaufenden gesellschaftlichen Kontakte). Auch hier wird oft wieder die Inspektion des Graphen von $x^{**}(t)$ weiterhelfen (also jener Zeitreihe, die schon um ihren linearen und quadratischen Trend bereinigt wurde). Sind in ihr Maxima bzw. Minima um durchschnittlich jeweils c_2 Zeitpunkte[4] voneinander entfernt, so könnte eine Sinusfunktion der Gestalt

$$\hat{x}^{**}(t)=c_0+c_1\cdot\sin(\frac{2\pi\cdot(t-c_3)}{c_2})$$

den Zeitreihenverlauf annähern. Wie in 4.7 ausgeführt, gibt c_0 gibt den mittleren Wert an, über dem die Sinusfunktion schwingt, c_1 die Amplitude (Höhe) der Schwingung, c_2 die Länge der Periode, c_3 die Verschiebung gegenüber einer durch den Wert $t = 0$ verlaufenden Sinusschwingung. Diese Werte sind in der Regel einfacher direkt dem Datensatz zu entnehmen als mittels der Methode der kleinsten Quadrate zu bestimmen. c_0 ist dabei identisch mit dem Zeitreihenmittelwert $\bar{x}^{**}$, c_2 mit dem mittleren Abstand der Maxima (bzw. der Minima), c_3 entspricht jenem Zeitpunkt, an dem die Zeitreihe zum ersten Mal den Mittelwert annimmt. Ein zyklischer Trend dieser Gestalt ist dann sinnvoll anzunehmen, wenn die so ermittelten Schätzwerte $\hat{x}^{**}(t)$ sich den Werten $x^{**}(t)$ gut annähern; die Varianz der Zeitreihe $x^{***}(t)=\hat{x}^{**}(t)-x^{**}(t)$ sollte also die der zuletzt – vor der Bereinigung des zyklischen Trends – betrachteten Zeitreihe $x^{**}(t)$ nennenswert unterschreiten.

Nicht unwahrscheinlich ist, dass in den Daten nicht nur ein zyklischer Trend verborgen liegt, sondern deren mehrere. So könnte etwa die Zahl der sozialen Kontakte, zusätzlich zu einer wöchentlichen Periodizität, auch einer jahreszeitlichen folgen. Nach Elimination der schnellen Schwankungen würden langsamere dann deutlich sichtbar werden, die sonst vielleicht auf Grund geringer Höhe in den raschen hochamplitudigen Veränderungen im Wochenrhythmus untergegangen wären. Wieder ist dabei die PACF sehr hilfreich (siehe Anmerkung 4), die ja bekanntlich mit Computerprogrammen für hohe lags schnell angegeben werden kann; weiter hilft hier möglicherweise auch das Periodogramm bzw. das Spektrogramm der Zeitreihe (siehe 10.4 – 10.6).

Für die so erhaltene, von diversen Trends (linearen, quadratischen, zyklischen unterschiedlicher Periodizität) bereinigte Zeitreihe bleibt nun, die Angemessenheit stochastischer Modelle zu prüfen. Zuvor soll aber ein Beispiel das soweit Erörterte illustrieren.

8.5 Ein Beispiel zur Elimination deterministischer Trends

Gegeben sei also eine Serie von in regelmäßigen Abständen bei einer Untersuchungseinheit erhobenen Daten. Der Abwechslung halber diene als Beispiel nicht ein einzelnes Individuum, sondern der Aktienindex eines unbekannten Landes (UCX); die Monatsendstände in der Variable UCX wurden über 40 Monate erhoben, beginnend mit dem Januar 2000; die Werte werden mit $x(t)$ bezeichnet; also bedeutet $x(1)$ den Indexstand Ende Januar 2000, $x(13)$ den Ende Januar 2001. Aus Gründen der leichteren Darstellbarkeit wurde der Indexstand durch 1000 dividiert; einem $x(t)$ von 0,8 entsprechen also 800 Punkte. Es ergaben sich folgende Werte (siehe Tabelle 8.1); für diese Zeitreihe berechnet sich als Mittelwert und Varianz:

$$\bar{x} = 2{,}86; s_x^2 = 1{,}85 .$$

Tabelle 8.1: Monatsendstand des UCX, dividiert durch 1000 (fiktive Daten)

Monat	1	2	3	4	5	6	7	8	9	10	11	12	13	14
$x(t)$ (Stand UCX)	0,2	0,57	1,4	1,57	1,9	2,2	0,8	0,83	1,4	1,43	2,7	1,9	1,7	2,37
$\hat{x}(t)=a_0+a_1 \cdot t$	0,9	1	1,1	1,2	1,3	1,4	1,5	1,6	1,7	1,8	1,9	2,0	2,1	2,2
$x^*(t)=x(t)-\hat{x}(t)$	−0,7	−0,43	0,3	0,37	0,6	0,8	−0,7	−0,77	−0,3	−0,37	0,8	−0,1	−0,4	0,17
$\hat{x}^*(t)$	0,1	0,17	0,2	0,17	0,1	0	−0,1	−0,17	−0,2	−0,17	−0,1	0	0,1	0,17
$x^{**}(t)=x^*(t)-\hat{x}^*(t)$	−0,8	−0,6	0,1	0,2	0,5	0,8	−0,6	−0,6	−0,1	−0,2	0,9	−0,1	−0,5	0

Monat	15	16	17	18	19	20	21	22	23	24	25	26	27	28
$x(t)$ (Stand UCX)	3,1	1,87	2,2	2,5	2,8	2,63	2,2	3,03	4	2,8	2,8	4,37	4,2	3,27
$\hat{x}(t)=a_0+a_1 \cdot t$	2,3	2,4	2,5	2,6	2,7	2,8	2,9	3,0	3,1	3,2	3,3	3,4	3,5	3,6
$x^*(t)=x(t)-\hat{x}(t)$	0,8	−0,53	−0,3	−0,1	0,1	−0,17	−0,7	0,03	0,9	−0,4	−0,5	0,97	0,7	−0,33
$\hat{x}^*(t)$	0,2	0,17	0,1	0	−0,1	−0,17	−0,2	−0,17	−0,1	0	0,1	0,17	0,2	0,17
$x^{**}(t)=x^*(t)-\hat{x}^*(t)$	0,6	−0,7	−0,4	−0,1	0,2	0	−0,5	0,2	1	−0,4	−0,6	0,8	0,5	−0,5

Monat	29	30	31	32	33	34	35	36	37	38	39	40	40+1	40+2
$x(t)$ (Stand UCX)	3	3,5	4,6	4,03	3,5	4,13	4,1	4,0	4,0	5,17	5,5	5,77	4,64	4,52
$\hat{x}(t)=a_0+a_1 \cdot t$	3,7	3,8	3,9	4,0	4,1	4,2	4,3	4,4	4,5	4,6	4,7	4,8	–	–
$x^*(t)=x(t)-\hat{x}(t)$	−0,7	−0,3	0,7	0,03	−0,6	−0,07	−0,2	−0,4	−0,5	0,57	0,8	0,97	–	–
$\hat{x}^*(t)$	0,1	0	−0,1	−0,17	−0,2	−0,17	−0,1	0	0,1	0,17	0,2	0,17	–	–
$x^{**}(t)=x^*(t)-\hat{x}^*(t)$	−0,8	−0,3	0,8	0,2	−0,4	0,1	−0,1	−0,4	−0,6	0,4	0,6	0,8	–	–

Graphische Darstellung (siehe Abbildung 8.1) zeigt einen klaren linearen Trend[5], sehr viel weniger gut erkenntlich einen aufgelagerten zyklischen; letzterer wird deutlicher werden, wenn die Zeitreihe um den linearen Trend bereinigt wurde. Dazu benutzen wir die Gleichungen 8.1 und 8.2. Es berechnet sich:

$$\bar{t} = 20{,}5; \ \bar{x} = 2{,}86 \ ;$$

(nach geringfügiger Rundung) liefert dies folgende Konstanten: $a_0 = 0{,}8; \ a_1 = 0{,}1$. Die Gleichung für den linearen Trend lautet also:

$$\hat{x}(t) = 0{,}8 + 0{,}1 \cdot t \ .$$

Die so geschätzten Werte werden in die Zeile 3 der Tabelle eingetragen, in Zeile 4 die um diesen Trend bereinigten Residuen $x^*(t) = x(t) - \hat{x}(t)$. Die graphische Darstellung der Residuumszeitreihe zeigt (von einem kleinen Rundungsfehler abgesehen) ein sich im Mittel langfristig nicht veränderndes Niveau von 0 (siehe Abbildung 8.2); um dieses herum zeigen die Werte jedoch zyklische Schwankungen mit der ungefähren Periode 12. Dies ist auch an der lag 12 Autokorrelation abzulesen, die mit etwa 0,44 beträchtlich ist (im Vergleich etwa zur lag 11-Autokorrelation mit einem Wert von 0,01).

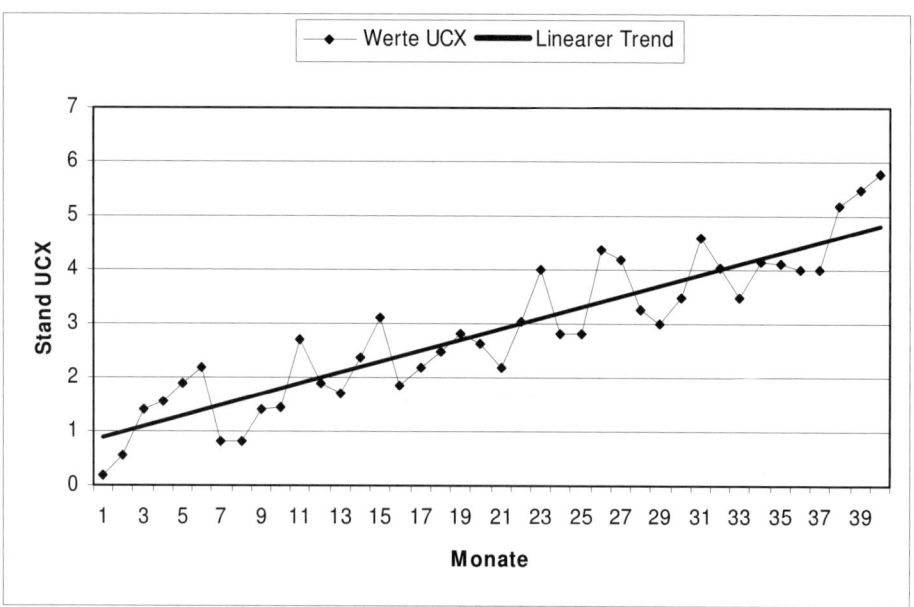

Abbildung 8.1 Ursprüngliche Zeitreihe und lineare Trendlinie

Nun soll der zyklische Trend beseitigt werden. Angesichts der Tatsache, dass $x^*(t)$ als Residuumsreihe bereits zentriert ist und offenbar eine Periode[6] von 12 aufweist, sollte ein Ansatz der Form

$$\hat{x}^*(t) = c_1 \cdot \sin(\frac{2 \cdot \pi \cdot (t - c_3)}{12})$$

angemessen sein. wobei es nach der Methode der kleinsten Quadrate c_1 und c_3 zu finden gilt. Da dies komplizierte Rechnungen erfordert, benutzen wir eine erst in 10.2 genauer eingeführte Identität. Mit geeigneten Konstanten d_1 und d_2 gilt:

$$a \cdot \sin(\omega t + b) = d_1 \cdot \sin \omega t + d_2 \cdot \cos \omega t .$$

Dies führt hier zur Gleichung:

$$\hat{x}^*(t) = d_1 \cdot \sin(\frac{2 \cdot \pi \cdot t}{12}) + d_2 \cdot \cos(\frac{2 \cdot \pi \cdot t}{12}) .$$

Wir bestimmen daher für jeden der 40 um den Mittelwert von 0 schwankenden Werte $x^*(t)$ die Schätzungen mittels obiger Gleichung und erhalten beispielsweise:

$$\hat{x}^*(1) = d_1 \cdot 0{,}5 + d_2 \cdot 0{,}87; \quad \hat{x}^*(2) = d_1 \cdot 0{,}87 + d_2 \cdot 0{,}5; \quad \hat{x}^*(40) = d_1 \cdot 0{,}87 + d_2 \cdot (-0{,}5).$$

Anschließend werden die Differenzen zu den tatsächlichen Werten berechnet, also

$$x^*(1)-\hat{x}^*(1)=-0,7-0,5\cdot d_1-0,87\cdot d_2; x^*(2)-\hat{x}^*(2)=-0,43-0,87\cdot d_1-0,5\cdot d_2 .$$

Summation der Quadrate dieser Differenzen – ein Maß für die Güte der Annäherung des zyklischen Trends an die empirischen Werte – liefert:

$$12,09+23,85\cdot d_1^2+20,35\cdot d_2^2-9,66\cdot d_1+1,81\cdot d_2+4,35\cdot d_1\cdot d_2 .$$

Dies stellt eine Funktion von d_1 und d_2 dar, welche $f(d_1;d_2)$ genannt sei. Aufgabe ist es, d_1 und d_2 so zu wählen, dass $f(d_1;d_2)$ einen Minimalwert annimmt. Dies bedeutet wiederum Bildung der partiellen Ableitungen nach d_1 und d_2.

$$\frac{\partial f(d_1;d_2)}{\partial d_1}=47,7d_1-9,66+4,35d_2; \quad \frac{\partial f(d_1;d_2)}{\partial d_2}=40,7d_2+1,81+4,35d_1 .$$

Gleichsetzung mit 0 liefert; $d_1=0,21$; $d_2=-0,07$. Da es hier nicht auf bestimmte Ergebnisse, sondern nur auf das prinzipielle Vorgehen ankommt, setzen wir grob $d_1=0,2$; $d_2=0$ und erhalten als Gleichung für den zyklischen Trend:

$$\hat{x}^*(t)=0,2\cdot\sin\frac{2\cdot\pi\cdot t}{12} .$$

Die so geschätzten Werte, beispielsweise

$$\hat{x}^*(1) = 0,2\cdot \sin(\frac{2\pi\cdot 1}{12}) = 0,2\cdot 0,5 = 0,1; \hat{x}^*(2) = 0,2\cdot \sin(\frac{2\pi\cdot 2}{12}) = 0,2\cdot 0,87 = 0,17 ,$$

werden in die 5. Zeile der Tabelle eingetragen, in die 6. Zeile die Residuen nach Bereinigung um die Einflüsse des zyklischen Trends, also $x^{**}(t) = x^*(t)-\hat{x}^*(t)$. Wie aus Tabelle 8.1 (noch besser aus Abbildung 8.2) zu sehen, klärt der zyklische Trend nur wenig Varianz auf. Die um den linearen Trend bereinigte Zeitreihe $x^*(t)$ hat eine Varianz von 0,29 (im Vergleich zu 1,85 der ursprünglichen Zeitreihe). Die Reihe $x^{**}(t)$ nach Elimination des zyklischen Trends mit der Periode 12 weist eine kaum geringere Varianz auf, nämlich $s_{x^{**}}^2 = 0,28$.

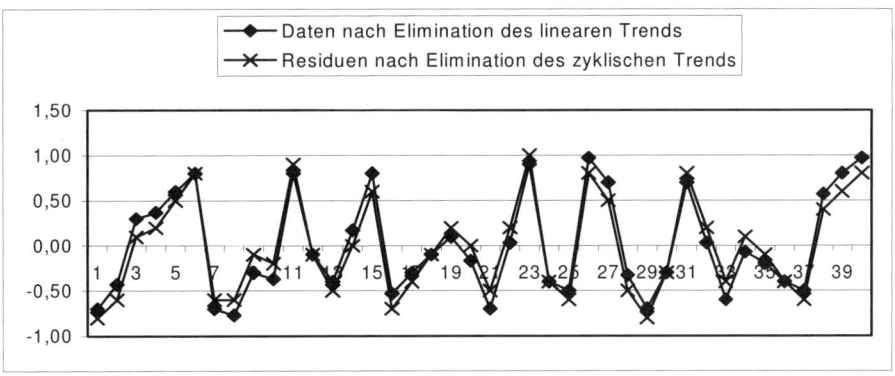

Abbildung 8.2: Zeitreihe nach Elimination des linearen und des zyklischen Trends

Es liegt also ein deutlich linear ansteigender Trend vor: Ausgehend von 200 zu Jahresbeginn 2000 hat sich der Index weitgehend gleichmäßig linear entwickelt, um nach 40 Monaten einen Stand von 5770 Punkten zu erreichen. Auf diesen linearen Trend lagert sich ein weniger auffälliger zyklischer Trend mit der Periode von 12 Monaten auf; offenbar gibt es bestimmte Monate (Februar, März, April), in denen sich die Kurse besser entwickeln als allein auf Grund des ansteigenden Trends zu erwarten. Umgekehrt bleibt UCX hinter der Erwartung zurück in speziellen Monaten; diese entnimmt man leicht dem Graphen bzw. der Schätzfunktion

$$\hat{x}^*(t) = 0{,}2 \cdot \sin\frac{2 \cdot \pi \cdot t}{12}.$$

8.6 Darstellung mittels stochastischer Zeitreihenmodelle

Eine von deterministischen Trends (linearen, quadratischen, zyklischen diverser Ordnung) bereinigte Zeitreihe $x^{***}(t)$ ist (von eventuellen Rundungsfehlern abgesehen) zentriert, hat also einen Mittelwert von 0; sie sei einfach $z(t)$ genannt. Nun bleibt zu überprüfen, ob $z(t)$ mit stochastischen Zeitreihenmodellen beschrieben werden kann (anders formuliert: ob sich ihr ein sinnvolles stochastisches Modell anpassen lässt). Für $z(t)$ sind dazu neben dem schon bekannten Mittelwert die Varianzen sowie die Autokorrelationen und partiellen Autokorrelationen bis zu gewissen lags zu bestimmen. (Computerprogramme geben dies bis zu hohen lags aus; bei Berechnung „per Hand" muss man sich natürlich auf wenige beschränken.)

Bevor versucht wird, ein stochastisches Zeitreihenmodell zur Beschreibung der Zeitreihe $z(t)$ zu finden, ist ihre Stationarität zu überprüfen. Nach 4.4 geht es um drei Aspekte der Stationarität, der des Mittelwerts, der Varianz und der Autokorrelationsstruktur (bzw. der Autokovarianz)[7]. Eine pragmatische Form der Überprüfung ist Teilung der Zeitreihe in mehrere Abschnitte und die mehr oder weniger intuitive Entscheidung, ob Mittelwerte, Varianzen und Autokorrelationen (mit diversen lags) in diesen Abschnitten etwa gleich ausfallen; dieses Verfahren scheint auch das in der Literatur propagierte zu sein (etwa Gottman, 1981, S. 70).

Stationarität der um deterministische Trends bereinigten Zeitreihe vorausgesetzt, stellt sich nun die Frage der Anpassung mittels eines ARMA-Modells, bzw. spezieller Unterformen, nämlich reiner AR- oder MA-Modelle. (Zur Erinnerung: Unterlegt man ein ARIMA-Modell, so impliziert dies eine Anzahl d von Differenzierungen zur Elimination polynomialer Trendkomponenten; diese Trendbereinigung haben wir zuvor auf andere Art durchgeführt.) Die Wahl des Modells und der dafür anzusetzenden Ordnungen erfolgt im Wesentlichen anhand der ACF (der Autokorrelationsfunktion) und der PACF (der partiellen Autokorrelationsfunktion), was genauer in den Kapiteln 5–7 ausgeführt wurde. Wie aber schon mehrfach betont, sollte diese Entscheidung nicht nur auf Grund bestimmter Zahlengrößen erfolgen, sondern auch die Sparsamkeit des Modells (also die Verwendung möglichst weniger Parameter) sowie seine inhaltliche Interpretierbarkeit in Betracht gezogen werden.

Das am leichtesten zugängige Modell, das autoregressive 1. Ordnung, ist dadurch gekennzeichnet, dass bei seiner Gültigkeit für die Zeitreihe nur die lag 1-Autokorrelation substantiell ist. Bekanntlich nehmen bei AR1-Prozessen die Werte für höhere Autokorrelationen exponentiell ab und verschwinden völlig, wenn man den Einfluss niedrigerer Autokorrelationen eliminiert, d. h. die partiellen Autokorrelationen bestimmt. Allerdings handelt es sich um Autokorrelationen und partielle Autokorrelationen von Stichproben (häufig nicht allzu großen Umfangs), sodass die beschriebenen Effekte nicht immer eindeutig auftreten und eine sichere Entscheidung erlauben. Auch aus diesem Grunde sind die anderen Kriterien für die Wahl des Modells und seiner Ordnung (Sparsamkeit und inhaltliche Nachvollziehbarkeit des angenommenen Prozesses) gleichfalls bedeutungsmäßig hoch anzusetzen.

Bei einem autoregressiven Modell 2. Ordnung geht nicht nur der unmittelbar zuvor beobachtete Wert $z(t-1)$, sondern auch der zwei Zeiteinheiten davor auftretende Wert $z(t-2)$ in die Schätzung von $z(t)$ ein. Ein solches Modell ist sinnvollerweise dann ansetzen, wenn bei der zu beschreibenden Zeitreihe die Autokorrelation mit lag 2 gewisse Größe erreicht und sich dies auch nicht ändert, wenn der Einfluss der lag 1-Autokorrelation eliminiert wird, mit anderen Worten, wenn die partielle lag 2-Autokorrelation substanziell hoch und signifikant ist, also den kritischen Wert von $2/\sqrt{K}$ überschreitet. Höhere Autokorrelationen sollten dann exponentiell oder in Form gedämpfter Sinusschwingungen abnehmen; partielle Autokorrelationen von Ordnungen größer als 2 sollten insignifikant um 0 streuen. In gleicher Weise – Signifikanz der partiellen lag k-Autokorrelation, Verschwinden für höhere Ordnungen – wären autoregressive Ansätze mit Ordnungen $k > 2$ charakterisiert.

Damit die Zeitreihe sinnvoll durch Moving Average-Modelle beschrieben werden kann, sollten sich ACF und PACF anders verhalten: Ein MA1-Modell wäre dann angemessen, wenn nur die lag 1-Autokorrelation einen substantiellen Wert annimmt und alle weitere Autokorrelationen verschwinden. (Das gilt natürlich nur für sehr lange empirische Zeitreihen; ob in einer kürzeren Zeitreihe mit naturgemäß von 0 verschiedenen Autokorrelationen höherer lags diese Konstellation tatsächlich vorliegt, muss mit gewisser Intuition der Untersucher entscheiden.) Weiter gehört zu einem MA1-Prozess (und damit zu einer so erzeugten und durch ein MA1-Modell darzustellenden Zeitreihe) ein nur allmähliches Geringerwerden der partiellen Autokorrelationen. Gleiche Aussagen würden für durch MAk-Prozesse anzupassende Zeitreihen gelten: Substantielle Autokorrelationen und partielle Autokorrelationen bis zu lag k, danach abruptes Verschwinden der Autokorrelationskoeffizienten, allmählich gegen 0 absinkende partielle Autokorrelationen.

Ein ARMA-Modell zur Anpassung wird insbesondere dann als erwägenswert betrachtet werden, wenn kombinierte Charakteristika von AR- und MA-Prozessen die Zeitreihe kennzeichnen. Hierbei eine sichere und allgemein nachvollziehbare Entscheidung zu treffen, dürfte bei nicht ungewöhnlich langen empirischen Zeitreihen schwer sein. Es sei zudem daran erinnert, dass ARMA-Modelle durch die vielen einbezogenen Parameter zwar eine fehlerarme Anpassung der Zeitreihe leisten, aber oft nicht mehr schlüssig interpretiert werden können.

Die Entscheidung über das geeignete stochastische Zeitreihenmodell wird im Wesentlichen anhand des Verlaufs von ACF und PACF getroffen. Nimmt die Autokorrelation nach einem bestimmten lag k exponentiell oder gedämpft sinusförmig ab und verschwindet ab lags > k die PACF völlig, legt dies in der Regel ein autoregressives Modell der Ordnung k nahe. Bei anderen Verläufen von Autokorrelationen und partiellen Autokorrelationen sind oft die komplizierten Moving Average- oder ARMA-Modelle den Daten besser angepasst. Andererseits ist stets zu berücksichtigen, dass die Modelle neben ihrer guten Anpassung auch sinnvolle inhaltliche Interpretation ermöglichen sollten, was besonders für reine AR-Modelle zutrifft.

8.7 Beschreibung mittels stochastischer Zeitreihenmodelle (Beispiel)

Die von linearen und zyklischen Trends bereinigte Zeitreihe des Aktienindex UCX soll nun daraufhin untersucht werden, ob ihr ein stochastisches Zeitreihenmodell angepasst werden kann. Die aus Residuen bestehende Zeitreihe der letzten Zeile von Tabelle 8.1 hat einen Mittelwert von 0, auch wenn als Folge einiger Rundungsfehler dieser sich geringfügig anders berechnet. Die nun $z(t)$ genannte Zeitreihe findet sich noch einmal in Zeile 1 von Tabelle 8.2 eingetragen.

Tabelle 8.2: Trendbereinigte und mittelwertzentrierte Zeitreihe sowie ihre Darstellung durch stochastische Zeitreihenmodelle

Monat	1	2	3	4	5	6	7	8	9	10	11	12	13	14
$z(t)$	-0,8	-0,6	0,1	0,2	0,5	0,8	-0,6	-0,6	-0,1	-0,2	0,9	-0,1	-0,5	0
$\hat{z}(t)=-0{,}6\cdot z(t-2)$	0	0	0,48	0,36	-0,06	-0,12	-0,3	-0,48	0,36	0,36	0,06	0,12	-0,54	0,06
$e(t)=z(t)-\hat{z}(t)$	-0,8	-0,6	-0,38	-0,16	0,56	0,92	-0,3	-0,12	-0,46	-0,56	0,84	-0,22	0,04	-0,06

Monat	15	16	17	18	19	20	21	22	23	24	25	26	27	28
$z(t)$	0,6	-0,7	-0,4	-0,1	0,2	0	-0,5	0,2	1	-0,4	-0,6	0,8	0,5	-0,5
$\hat{z}(t)=-0{,}6\cdot z(t-2)$	0,3	0	-0,36	0,42	0,24	0,06	-0,12	0	0,3	-0,12	-0,6	0,24	0,36	-0,48
$e(t)=z(t)-\hat{z}(t)$	0,3	-0,7	-0,04	-0,52	-0,04	-0,06	-0,38	0,2	0,7	-0,28	0	0,56	0,14	-0,02

Monat	29	30	31	32	33	34	35	36	37	38	39	40	40+1	40+2
$z(t)$	-0,8	-0,3	0,8	0,2	-0,4	0,1	-0,1	-0,4	-0,6	0,4	0,6	0,8	–	–
$\hat{z}(t)=-0{,}6\cdot z(t-2)$	-0,3	0,3	0,48	0,18	-0,48	-0,12	0,24	-0,06	0,06	0,24	0,36	-0,24	–	–
$e(t)=z(t)-\hat{z}(t)$	-0,5	-0,6	0,32	0,02	0,08	0,22	-0,34	-0,34	-0,66	0,16	0,24	1,04	–	–

Dazu muss – wie mehrfach betont – schwache Stationarität gegeben sein. Im Beispiel ist dies am einfachsten dadurch nachzuprüfen, dass für die in zwei gleiche Hälften zerlegte Tabelle (Zeitpunkte 1–20, 21–40) Mittelwerte, Varianzen und Autokorrelationen bis zu einem gewissen lag verglichen werden. Für die ersten beiden Kennwerte bestimmt man:

Teil 1: $\bar{z} = -0{,}07$; $s_z^2 = 0{,}25$; Teil 2: $\bar{z} = 0{,}03$; $s_z^2 = 0{,}32$.

Für die lag1-Autokorrelation ergibt sich in der ersten Zeitreihenhälfte:

$r_{1(Hälfte\ 1)} = 0{,}12$, in der zweiten: $r_{1(Hälfte\ 2)} = 0{,}14$.

Die sich für die Darstellung als sehr viel wichtiger erweisende lag 2-Autokorrelation in den beiden Zeitreihenabschnitten bestimmt sich als:

$r_{2(Hälfte\ 1)} = -0{,}39$; $r_{2(Hälfte\ 2)} = -0{,}64$.

Für die lag 3-Autokorrelation der Zeitreihenhälften ergibt sich schließlich:

$r_{3(Hälfte\ 1)} = -0{,}27$, $r_{3(Hälfte\ 2)} = -0{,}17$.

Angesichts dieser Werte lässt sich sicher von Stationarität der Zeitreihe ausgehen[8], sodass eine wesentliche Voraussetzung für die Darstellung durch zeitreihenanalytische Modelle gegeben ist.

Zunächst liefert Bestimmung der Autokorrelationen (nun für die gesamte Zeitreihe): $r_1 = 0{,}13$; $r_2 = -0{,}54$; $r_3 = -0{,}18$; $r_4 = 0{,}13$. Der kritische Wert für die (absoluten) Autokorrelationen einer 40 Glieder umfassenden Zeitreihe ergibt sich nach Abschnitt 5.4 als $r_{krit} = 2/\sqrt{40} = 0{,}31$; somit ist lediglich die lag 2-Autokorrelation signifikant.

Wir bestimmen nun die partiellen Autokorrelationen, wobei bekanntermaßen $\tilde{r}_1 = r_1 = 0{,}13$ gilt.

Die partielle Autokorrelation mit lag 2 ergibt sich nach Formel 4.5:

$$\tilde{r}_2 = \frac{r_2 - r_1^2}{1 - r_1^2} = \frac{-0{,}54 - 0{,}13^2}{1 - 0{,}13^2} = -0{,}57 .$$

Zur Bestimmung der weiteren partiellen Autokorrelationen benutzen wir das Yule-Walker-Gleichungssystem, welches für $p = 3$ drei Gleichungen liefert – wobei $\tilde{r}_1$ und $\tilde{r}_2$ nicht mit den vorher ermittelten Werten $\tilde{r}_1$ und $\tilde{r}_2$ identisch sind:

$$r_1 = \tilde{r}_1 \cdot r_{1-1} + \tilde{r}_2 \cdot r_{1-2} + \tilde{r}_3 \cdot r_{1-3} = \tilde{r}_1 + \tilde{r}_2 \cdot r_1 + \tilde{r}_3 \cdot r_2 ;$$

$$r_2 = \tilde{r}_1 \cdot r_{2-1} + \tilde{r}_2 \cdot r_{2-2} + \tilde{r}_3 \cdot r_{2-3} = \tilde{r}_1 \cdot r_1 + \tilde{r}_2 + \tilde{r}_3 \cdot r_1 ;$$

$$r_3 = \tilde{r}_1 \cdot r_{3-1} + \tilde{r}_2 \cdot r_{3-2} + \tilde{r}_3 \cdot r_{3-3} = \tilde{r}_1 \cdot r_2 + \tilde{r}_2 \cdot r_1 + \tilde{r}_3 .$$

Also:

$$0{,}13 = \tilde{r}_1 + \tilde{r}_2 \cdot 0{,}13 + \tilde{r}_3 \cdot (-0{,}54) ;$$

$$-0{,}54 = \tilde{r}_1 \cdot 0{,}13 + \tilde{r}_2 + \tilde{r}_3 \cdot 0{,}13 ;$$

$$-0{,}18 = \tilde{r}_1 \cdot (-0{,}54) + \tilde{r}_2 \cdot 0{,}13 + \tilde{r}_3 .$$

Auflösung ergibt: $\tilde{r}_1 = -0{,}07; \tilde{r}_2 = -0{,}51; \tilde{r}_3 = -0{,}15$. Die partielle Autokorrelation mit lag 3 ist also weit von Signifikanz entfernt, sodass ein AR3-Modell – angesichts der größeren Parameterzahl – gegenüber einem AR2-Modell wenig vorteilhaft erscheint; gleiches gilt für Autokorrelation und partielle Autokorrelation mit lag 4 und alle höheren lags.

Bei MA- oder ARMA-Prozessen würde sich ein anderes Verhalten der PACF zeigen, nämlich ein etwa exponentieller Abfall der Werte gegen 0. Betrachtung der Autokorrelationen und der partiellen Autokorrelationen legt also nahe, die Zeitreihe einem reinem AR-Modell anzupassen[9]; seine Ordnung ergibt sich angesichts des Verschwindens der PACF ab lag 3 als 2. Die Autoregressionskoeffizienten bestimmen sich erneut aus dem Yule-Walker-Gleichungssystem, diesmal in jener Variante, welche die Autokorrelationskoeffizienten mit den Autoregressionskonstanten in Beziehung setzt (siehe 5.2).

Wir gehen also bei $p = 2$ mit $r_1 = 0{,}13$ und $r_2 = -0{,}54$ in das Yule-Walker-Gleichungssystem

$$r_k = \theta_{1(p)} \cdot r_{k-1} + \theta_{2(p)} \cdot r_{k-2} + \ldots + \theta_{p(p)} \cdot r_{k-p}.$$

Dies liefert:

Für $k = 1$ (weil $r_0 = 1$ und $r_q = r_{-q}$): $0{,}13 = \theta_{1(2)} + \theta_{2(2)} \cdot 0{,}13$.

Für $k = 2$: $-0{,}54 = \theta_{1(2)} \cdot 0{,}13 + \theta_{2(2)}$.

Auflösung ergibt: $\theta_{2(2)} = -0{,}57$ (identisch mit $\tilde{r}_2$) sowie $\theta_{1(2)} = 0{,}2$.

Da die lag 1-Autokorrelation nicht signifikant ist (eben so wenig wie der Autoregressionskoeffizient 1. Ordnung), setzen wir diesen Wert gleich 0 und runden:

$$\theta_{2(2)} = -0{,}57 \approx -0{,}6.$$

Somit ergibt sich der Ansatz:

$$z(t) = -0{,}6 \cdot z(t-2) + e(t).$$

Nachdem die den Werten $z(1)$ und $z(2)$ um zwei Zeiteinheiten vorausgehenden Werte nicht bekannt sind, könnte man entweder auf die Bildung der ersten beiden Schätzwerte $\hat{z}(1)$ und $\hat{z}(2)$ verzichten oder – was nahe liegt – für diese den Zeitreihenmittelwert, also 0, einsetzen. Als Schätzer für den dritten Wert ergibt sich:

$\hat{z}(3) = -0{,}6 \cdot z(1) = -0{,}6 \cdot (-0{,}8) = 0{,}48$, für den vierten:

$$\hat{z}(4) = -0{,}6 \cdot z(2) = -0{,}6 \cdot (-0{,}6) = 0{,}36$$

Diese anhand des autoregressiven Modells erhaltenen Schätzwerte werden in die dritte Zeile von Tabelle 8.2 eingetragen, in die vierte Zeile schließlich die Fehlerwerte $e(t) = z(t) - \hat{z}(t)$, beispielsweise:

$e(1) = z(1) - \hat{z}(1) = -0{,}8 - 0 = -0{,}8$, $e(2) = z(2) - \hat{z}(2) = -0{,}6 - 0 = -0{,}6$,

$e(3) = z(3) - \hat{z}(3) = 0{,}1 - 0{,}48 = -0{,}38$.

Man berechnet (unter Rundungsfehlern) dann: $\bar{e} = -0{,}02; s_e^2 = 0{,}20$.

Letztere Größe muss in Relation zur Zeitreihenvarianz betrachtet werden; deren Varianz würde sich nämlich als Fehlervarianz ergeben, wenn man auf die Anpassung mittels des AR2-Modells verzichtete und einfach jeden Wert durch den Zeitreihenmittelwert, also 0, schätzte. Es ergibt sich: $s_z^2 = 0{,}28$.

Mit Hilfe des AR2-Modells ließ sich also für die Zeitreihe $z(t)$ eine Varianz von $s_z^2 - s_e^2 = 0{,}28 - 0{,}20 = 0{,}08$ erklären. In Relation zur Ausgangsvarianz ist dies (unter den üblichen Rundungsfehlern): $0{,}08 / 0{,}28 \cdot 100\% = 29\%$.

Im Übrigen können wir die für sehr lange Zeitreihen in 5.2 und 5.3 hergeleitete Beziehung $s_z^2 = (1 + \theta_{2(2)}^2) \cdot s_e^2$ an unserer kurzen Zeitreihe – trotz diverser Rundungen – recht gut bestätigen; es ergibt sich nämlich: $0{,}28 \approx (1 + 0{,}6^2) \cdot 0{,}20 = 0{,}272$.

Hätten wir die Modellgleichung durch Hinzunahme des Autoregressionskoeffizienten 1. Ordnung, nämlich 0,2, noch verfeinert, wäre (über den Daumen gepeilt) der Anteil der erklärten Varianz von

$$\frac{\theta_{2(2)}^2}{1 + \theta_{2(2)}^2} = 0{,}26 \text{ ein wenig gewachsen auf } \frac{\theta_{1(2)}^2 + \theta_{2(2)}^2}{1 + \theta_{1(2)}^2 + \theta_{2(2)}^2} = 0{,}29 \, ,$$

also kaum um mehr als das, was im Bereich der in Kauf genommenen Rundungsfehler liegt; dies rechtfertigt Hinzunahme eines weiteren Parameters sicher nicht.

Um zu sehen, ob die Darstellung nun zu einem Ende gekommen ist – also insbesondere ob ein AR2-Modell die Variation der Zeitreihe $z(t)$ befriedigend allein erklärt oder ob noch weitere nicht berücksichtigte Information in ihr enthalten ist –, muss nun eine *Residualanalyse* durchgeführt werden; anhand der Autokorrelationen ist also zu überprüfen, ob die Zeitreihe der Residuen als weißes Rauschen aufgefasst werden kann.

Für die lag 1-Autokorrelation der Residuen ergibt sich 0,12, für ihre Autokorrelation mit lag 2 –0,09, für die lag 3-Autokorrelation schließlich –0,26 – der zur Erlangung der Signifikanz zu über- bzw. unterzuschreitende kritische Wert beträgt $\pm 2 / \sqrt{40} = \pm 0{,}31$. Die Residuen zeigen also keine signifikanten Autokorrelationen mehr[10]. Es ist somit von „weißem Rauschen" auszugehen; was nicht durch den linearen und den zyklischen Trend sowie das autoregressive Modell 2. Ordnung erklärt werden konnte, stellt im Wesentlichen unsystematische Fehlerkomponente dar.

Dieser Befund sei kurz inhaltlich interpretiert: Nach Elimination der Trendkomponenten (hier: eines linearen und eines zyklischen mit der Periode 12, also einer Jahresperiodizität) bleiben Werte übrig, die während des Beobachtungszeitraums um den Mittelwert 0 schwanken. Sie tun dies – bis zu einem Grade – in charakteristischer Form: Liegt zu einem Zeitpunkt (also am Ende eines bestimmten Monats) der Index UCX unter seinem langfristigen (nach Bereinigung deterministischer Einflüsse erhaltenen und konstanten) Mittelwert, so wird dieser Zustand zwei Monate später korrigiert, indem etwa 60% dieser Unterschreitung wieder gut gemacht wird; gleiche Situation ergibt sich, wenn UCX über dem langfristigen Mittelwert liegt. Diese Regelhaftigkeit kann aber das Auf und Ab um den Mittelwert nur zu einem gewissen Teil erklären (ungefähr zu einem Viertel); die restlichen Schwankungen gehen auf unsystematische Einflüsse zurück.

Nun stellt sich die schon mehrfach angekündigte Aufgabe, aus den verschiedenen Teilkomponenten die ursprüngliche Zeitreihe wieder zusammen zu setzen. Die in der letzten Zeile von Tabelle 8.1 aufgeführte, um determinische Trends bereinigte Zeitreihe, die wir $x^{**}(t)$ genannt haben, ist – weil sie bereits den Mittelwert von gerundet 0 besitzt – mit der Zeitreihe $z(t)$ aus Tabelle 8.2 identisch. (Wäre dies nicht der Fall, hätten wir $x^{**}(t)$ aus $z(t)$ durch Addition von $\bar{x}^{**}$ zurück gewinnen müssen; also $x^{**}(t) = z(t) + \bar{x}^{**}$.)

Wir erhielten anfangs $x^{**}(t)$, indem wir eine andere Zeitreihe $x^{*}(t)$ um einen zyklischen Trend mit Periode 12 bereinigten; also lässt sich $x^{*}(t)$ auch auf diese Weise zurück gewinnen:

$$x^{*}(t) = x^{**}(t) + 0{,}2 \cdot \sin(\frac{2 \cdot \pi \cdot t}{12}) = z(t) + 0{,}2 \cdot \sin(\frac{2 \cdot \pi \cdot t}{12}).$$

$x^{*}(t)$ wurde schließlich aus der ursprünglichen Zeitreihe $x(t)$ durch Elimination eines linearen Trends der Gestalt $\hat{x}(t) = 0{,}8 + 0{,}1 \cdot t$ erhalten, sodass sich umgekehrt durch die Addition dieser Trendgleichung $x(t)$ ergibt:

$$x(t) = 0{,}8 + 0{,}1 \cdot t + 0{,}2 \cdot \sin(\frac{2 \cdot \pi \cdot t}{12}) + z(t).$$

Wir überprüfen die Korrektheit der Rücktransformation: Für den Wert zum Zeitpunkt 5, nämlich $x(5) = 1{,}9$, müsste sich nach diesem Bildungsgesetz berechnen:

$$x(5) = 0{,}8 + 0{,}1 \cdot 5 + 0{,}2 \cdot \sin(\frac{2 \cdot \pi \cdot 5}{12}) + z(5) = 1{,}3 + 0{,}1 + 0{,}5 = 1{,}9,$$

also eine korrekte Rekonstruktion. Wiederholt man dies zur Probe an $x(38) = 5{,}17$, so berechnet sich mittels der Rücktransformation ebenfalls der ursprüngliche Wert:

$$x(38) = 0{,}8 + 0{,}1 \cdot 38 + 0{,}2 \cdot \sin(\frac{2 \cdot \pi \cdot 38}{12}) + z(38) = 4{,}6 + 0{,}17 + 0{,}4 = 5{,}17.$$

Nun sind noch die $z(t)$ zu berücksichtigen, die ja keineswegs allein weißes Rauschen darstellen. Es gilt nach dem AR2-Modell, dem die Zeitreihe der $z(t)$ angepasst wurde:

$$z(t) = -0{,}6 \cdot z(t-2) + e(t).$$

Wegen $z(t-2) = x(t-2) - [0{,}8 + 0{,}1 \cdot (t-2) + 0{,}2 \cdot \sin(\frac{2 \cdot \pi \cdot (t-2)}{12})]$ ergibt sich:

$$z(t) = -0{,}6 \cdot z(t-2) + e(t) = -0{,}6 \cdot \left\{ x(t-2) - [0{,}8 + 0{,}1 \cdot (t-2) + 0{,}2 \cdot \sin(\frac{2\pi \cdot (t-2)}{12})] \right\} + e(t)$$

und damit für die Werte der ursprünglichen Zeitreihe:

$$x(t) = 0{,}8 + 0{,}1 \cdot t + 0{,}2 \cdot \sin(\frac{2\pi \cdot t}{12}) - 0{,}6 \cdot \left\{ x(t-2) - [0{,}8 + 0{,}1 \cdot (t-2) + 0{,}2 \cdot \sin(\frac{2\pi \cdot (t-2)}{12})] \right\} + e(t)$$

Wieder machen wir die Probe für den Wert der ursprünglichen Zeitreihe zum Zeitpunkt 38, also an $x(38) = 5{,}17$. Rekonstruktion ergibt:

$$x(38) = 0{,}8 + 0{,}1 \cdot 38 + 0{,}2 \cdot \sin(\frac{2\pi \cdot 38}{12}) - 0{,}6 \cdot \left\{ x(36) - [0{,}8 + 0{,}1 \cdot 36 + 0{,}2 \cdot \sin(\frac{2\pi \cdot 36}{12})] \right\} + e(38)$$
$$= 4{,}6 + 0{,}17 - 0{,}6 \cdot \{4{,}0 - [4{,}4 + 0]\} + 0{,}22 = 4{,}77 - 0{,}6 \cdot (-0{,}4) + 0{,}16 = 5{,}17.$$

Zusammenfassung

Die Darstellung stimmt also in dem Sinne, dass mittels der Gleichungen die Zeitreihe korrekt in zwei deterministische und eine stochastische Komponente zerlegt wird; vielleicht gäbe es noch eine weniger fehlerbehaftete Anpassung mittels anderer Zeitreihenmodelle (allerdings mit vermutlich mehr Parametern). Dabei zeigen die Fehlerkomponenten $e(t)$ eine Varianz, die nicht nur erheblich unter der der ursprünglichen Zeitreihe liegt; sie ist auch geringer als die Varianz der Zeitreihen nach sukzessiver Eliminierung des linearen und des zyklischen Trends – s_e^2 ist um einiges kleiner als s_z^2. Wir präzisieren somit unsere Beschreibung – und wie im folgenden Abschnitt deutlich: unsere Prognose –, wenn die von der historischen Zeit unabhängigen (nur von den relativen Zeitabständen determinierten) Zusammenhänge zwischen den Variablenwerten Berücksichtigung finden.

8.8 Prognosen (forecasting)

Die Anpassung eines Modells an eine Zeitreihe dient nicht nur ihrer besseren Beschreibung (und auf diesem Hintergrund: dem vertieften Verständnis der die Zeitreihe erzeugenden psychologischen, biologischen oder ökonomischen Vorgänge), sondern soll nicht zuletzt eine Prognose künftiger Werte liefern. Dieser große Themenkomplex des „forecasting" oder der Extrapolationsmethoden kann hier nicht genauer abgehandelt werden; ausführlichere Diskussionen der diversen Verfahren mit zahlreichen Literaturangaben finden sich u. a. in Chatfield (2004, S. 73 ff.) sowie in Schlittgen u. Streitberg (2001). Wir beschränken uns auf univariate Prognoseverfahren[11] und dabei allein auf den Fall, dass der Prognose ein zeitreihenanalytisches Modell zu Grunde gelegt werden kann[12].

Zunächst einige terminologische Klärungen: Gegeben sei im Weiteren eine Zeitreihe $x(t)$ mit insgesamt K Gliedern (wobei K vergleichsweise groß sein soll). Man betrachte nun die Glieder der Zeitreihe $x(N), x(N-1), ..., x(N-s)$, also den Wert an der Stelle $t = N$ und die s davor liegenden Glieder. Benutzt man diese insgesamt $s+1$ Glieder, um ein h Zeiteinheiten späteres Element, also das Glied zum Zeitpunkt $N+h$, zu schätzen – wir wollen eine solchen Schätzwert wie üblich mit dem „Dachsymbol" kennzeichnen – so sei dies durch die Symbolik

$$\hat{x}(N+h) | x(N), x(N-1), ..., x(N-s)$$

wiedergeben; wird zur Schätzung eine weitere Variable einbezogen, beispielsweise die seit Untersuchungsbeginn abgelaufene Zeit t, soll diese ebenfalls hinzugefügt werden, also:

$$\hat{x}(N+h) | x(N), x(N-1), ..., x(N-s), t .$$

h, der zeitliche Abstand des geschätzten Wertes vom ihm nächst liegenden, zur Schätzung benutzten, wird auch als „Horizont" der Vorhersage bezeichnet. Diese zugegebenermaßen extrem umständliche – und zuweilen, im Falle von Eindeutigkeit, verkürzte – Symbolisierung scheint als einzige unmissverständlich zu sein und benennt klar den zu schätzenden Wert, nämlich jenen an der Stelle $N+h$ der Zeitreihe, sowie die für die Schätzung benutzten Größen. Gilt: $N+h \leq K$, geschehen die Schätzungen noch innerhalb der empirischen Zeitreihe; bestimmen wir für diesen Zeitpunkt einen Schätzwert $\hat{x}(N+h)$, kann dieser mit dem tatsächlichen Wert $x(N+h)$ verglichen werden. Damit lässt sich der Schätzfehler an dieser Stelle, also $e(N+h) = x(N+h) - \hat{x}(N+h)$, angeben, was einen wichtigen Hinweis auf die Qualität des zu Grunde gelegten Schätzalgorithmus liefert. Gilt $N+h > K$, leisten wir tatsächlich eine Prognose bzw. führen eine Extrapolation durch, indem von Werten innerhalb der empirischen Zeitreihe auf solche außerhalb geschlossen wird.

Wir beschränken uns also auf Extrapolation von Zeitreihen, die bereits mittels eines zeitreihenanalytischen Modells (häufig eines kombiniert deterministisch-stochastischen) beschrieben werden konnten. Diese Vorgehensweise wird oft als Box-Jenkins-Ansatz (B.J. procedure, B.J. approach) bezeichnet, so wie ARIMA-Modelle häufig als Box-Jenkins-Modelle bezeichnet werden, in Würdigung der grundlegenden Arbeiten dieser Autoren. Betrachten wir die Zeitreihe der vorigen Abschnitte und das ihr unterlegte kombiniert deterministisch-stochastische Modell:

$$x(t) = 0{,}8 + 0{,}1 \cdot t + 0{,}2 \cdot \sin(\frac{2\pi \cdot t}{12}) + z(t) = 0{,}8 + 0{,}1 \cdot t + 0{,}2 \cdot \sin(\frac{2\pi \cdot t}{12}) + (-0{,}6) \cdot z(t-2) + e(t) =$$

$$0{,}8 + 0{,}1 \cdot t + 0{,}2 \cdot \sin(\frac{2\pi \cdot t}{12}) - 0{,}6 \cdot \left\{ x(t-2) - [0{,}8 + 0{,}1 \cdot (t-2) + 0{,}2 \cdot \sin(\frac{2\pi \cdot (t-2)}{12})] \right\} + e(t)$$

Die Prognose des 41. Wertes geschieht demnach einerseits auf Grund der seit Untersuchungsbeginn abgelaufenen (absoluten) Zeit t sowie – da es sich um ein AR2-Modell handelt – der zwei Zeitpunkte zurückliegenden Realisation der Variable, also mittels $x(39)$; allerdings geht letzterer Wert nicht unverändert ein, sondern das, was von ihm nach Elimination deterministischer Trends (sowie eventueller Mittelwertskorrektur) gewissermaßen „übrig bleibt", nämlich:

$$z(39) = x(39) - [0{,}8 + 0{,}1 \cdot 39 + 0{,}2 \cdot \sin(\frac{2 \cdot \pi \cdot 39}{12})] = 0{,}6.$$

Somit unter Verwendung der oben eingeführten Terminologie:

$$\hat{x}(41|39,t) = 0{,}8 + 0{,}1 \cdot 41 + 0{,}2 \cdot \sin(\frac{2 \cdot \pi \cdot 41}{12}) - 0{,}6 \cdot 0{,}6 = 4{,}9 + 0{,}2 \cdot 0{,}5 - 0{,}36 = 4{,}64.$$

Analog wäre zur Prognose des 42. Wertes nicht nur die bis dahin abgelaufene Zeit zu berücksichtigen, sondern auch eine Korrektur anhand des trendbereinigten 40. Wertes durchzuführen, also:

$$x(42|40,t) = 0{,}8 + 0{,}1 \cdot 42 + 0{,}2 \cdot \sin(\frac{2 \cdot \pi \cdot 42}{12}) - 0{,}6 \cdot 0{,}8 = 5{,}0 + 0{,}2 \cdot 0 - 0{,}48 = 4{,}52.$$

Diese Werte sind bereits in Tabelle 8.1 eingetragen (siehe dort).

Unmittelbar erhebt sich die Frage, wie verlässlich diese Prognose ist, ob – selbst bei unveränderter Gültigkeit des zeitreihenanalytischen Modells – auf Grund der unvermeidlichen Fehlereinflüsse (welche bei der betrachteten Größe UCX Faktoren sein könnten wie Kriegsängste, Naturkatastrophen mit Auswirkung auf Versicherungsaktien) – die geschätzten Werte $x(41|39,t)$ und $x(42|40,t)$ sich von den tatsächlich auftretenden nicht erheblich unterscheiden. Hier helfen so genannte *Prognoseintervalle* weiter (siehe Schlittgen, 2001, S. 37 ff.), die nur für den linearen Trend – der in der Beispielzeitreihe mit Abstand am meisten zur Varianzaufklärung beiträgt – erläutert und für den konkreten Fall berechnet werden sollen.

Hat man, wie im Beispiel, die Parameter c_0 und c_1 für einen linearen Trend ermittelt, so ergibt sich der geschätzte Wert zu einem Zeitpunkt t bekanntermaßen als

$$\hat{x}(t)=c_0+c_1 \cdot t .$$

Unter ausschließlicher Benutzung des linearen Trends berechnet sich zum Zeitpunkt 41 der geschätzte Wert $\hat{x}(41|t)=0{,}8+0{,}1\cdot 41=4{,}9$. Das Vertrauensintervall, wo mit 95%-Wahrscheinlichkeit der tatsächliche Wert liegen wird, bestimmt sich dann als

$$V=t_{K-2;1-0{,}025} \cdot s_x \cdot \sqrt{1+\frac{1}{K}+\frac{(t_{N+h}-\bar{t})^2}{\sum\limits_{t=1}^{K}(t-\bar{t})^2}} \; .$$

Der erste Term $t_{K-2,1-0{,}025}$ hat nichts mit der Variable Zeit (ebenfalls symbolisiert mit t) unserer Untersuchung zu tun, sondern ist der kritische Wert der t-Verteilung bei K–2 = 38 Freiheitsgraden und der konventionsgemäß festgelegten Irrtumswahrscheinlichkeit von 5%/2 =2,5% (weil zweiseitige Fragestellung); er beträgt 2,02 (siehe dazu die entsprechenden Tafeln in Lehrbüchern der Statistik, z. B. Köhler, 2004, S. 336). s_x bedeutet (bis auf eine kleine, aber großem K nicht mehr zum Tragen kommende Ungenauigkeit) die Standardabweichung der ursprünglichen Zeitreihe, hier 1,36.

Im letzten Term $\sqrt{1+\dfrac{1}{K}+\dfrac{(t_{N+h}-\bar{t})^2}{\sum\limits_{t=1}^{K}(t-\bar{t})^2}}$

bedeutet t_{N+h} den Zeitpunkt, für den wir unser Prognoseintervall schätzen (hier 39+2) = 41. $\bar{t}$ ist die mittlere Zeit, die bis zum Zeitpunkt der Prognose abgelaufen ist, also:

$$\bar{t}=\frac{(N+h)\cdot(N+h+1)}{2\cdot(N+h)} \text{, hier 21.}$$

Somit lautet der Wurzelterm im vorliegenden Fall:

$$\sqrt{1+\frac{1}{40}+\frac{(41-21)^2}{\sum\limits_{t=1}^{K}(t-21)^2}}=\sqrt{1+\frac{1}{40}+\frac{400}{5710}}\approx 1{,}04$$

Damit bestimmt sich das Vertrauensintervall zu $V = \cdot 2{,}02\cdot 1{,}36\cdot 1{,}04 = 2{,}86$. Mit 95%-Wahrscheinlichkeit würde – wenn allein der lineare Trend zur Prognose benutzt würde – also der tatsächliche Wert im Bereich von $4{,}9\pm 2{,}86$, zu finden sein.

Der Wert zum Zeitpunkt 41 wurde nicht nur (wenn auch wesentlich) auf Grund des linearen Trends geschätzt. Unser tatsächlicher Schätzwert (unter Berücksichtigung des zyklischen Trends und des autoregressiven Modells 2. Ordnung) betrug 4,64 und um diesen legen wir nun das für den linearen Trend bestimmte Vertrauensintervall[13], sodass mit (ungefähr) 95% Wahrscheinlichkeit der Endstand von UCX sich im Bereich zwischen 1,78 und 7,5 bewegt.

Die nächste Frage ist, wie man die weitere Prognose erstellt, im vorliegenden Fall z. B. die der Werte zu den Zeitpunkten 43 und 44. In die Prognose auf Grund des linearen und des zyklischen Trends geht nur die Zeit ein, sodass man in die entsprechenden Gleichungen einfach $t = 43$ bzw. $t = 44$ setzt. Anders ist die Situation, wenn eine zusätzliche Prognose auf Grund des AR2-Modells geleistet werden soll; dazu werden die Werte $x(41)$ bzw. $x(42)$ benötigt, für welche aber nur Schätzwerte vorliegen. Will man nicht auf eine Prognose solch großen Horizonts verzichten, ist es am besten, diese Schätzwerte einzutragen, muss sich aber der doppelten Unsicherheit dieser Prognose klar sein, einmal auf Grund des zwangsläufig mit Fehlern behafteten Modells, andererseits der nun auch fehlerhaften Ausgangswerte.

> Prognosen geschehen über die bekannten Werte der Zeitreihe hinaus mit einem bestimmten *Prognosehorizont*, stellen also *Extrapolationen* dar. Am einfachsten ist dies, wenn die Zeitreihe durch ein deterministisch-stochastisches Modell beschrieben werden kann. In den deterministischen Anteil wird für *t* der Prognosezeitpunkt eingesetzt; im Falle linearer Trends gibt es auch eine einfache Formel, um das *Vertrauensintervall* der Vorhersage zu bestimmen. Enthält die Zeitreihe einen stochastischen Anteil, müssen die letzten Werte der Zeitreihe in die Vorhersage einbezogen werden.

Anmerkungen zu Kapitel 8

1. Allerdings sollte man vorsichtig sein, allein aus solchen sichtbaren (oder eben auch nicht sichtbaren) Sprüngen weit reichende Schlüsse zu ziehen. Zum einen sind diese Sprünge stets im Verhältnis zu den generellen Schwankungen der Zeitreihe zu sehen, sodass die Beurteilung ohne statistische Hilfsmittel sich nicht selten als schwieriges und zuweilen geradezu tollkühnes Unternehmen erweist; zum anderen gelingt die Mitteilung dieser Befunde am ökonomischsten und klarsten über statistische Kennwerte.

Generell ist natürlich das Argument zahlreicher Praktiker nicht leicht von der Hand zu weisen, dass Effekte – statistische Bedeutsamkeit hin oder her – nur dann klinisch bedeutsam sind, wenn sie sich bereits bei grober Dateninspektion erkennen lassen.

2. Man hätte selbstverständlich gleich in der Zeitreihe nach einem polynomialen Trend der Ordnung größer 1 suchen können. Allerdings geht dann schnell der Blick für die Zusammenhänge verloren. Psychologisch fruchtbarer für das Verständnis der zu Grunde liegenden Prozesse dürfte es sein, erst zu sehen, ob linearer Anstieg oder Abfall mit der Zeit gegeben ist, danach ob sich nach Elimination dieser Komponente ein quadratischer Verlauf zeigt. Zweifellos ist das Problem der Korrektur des Signifikanzniveaus bei solch multiplen nacheinander durchgeführten Testungen nicht ganz zu vernachlässigen; allerdings sollte solchen statistischen Erwägungen nicht der psychologische oder biologische Erkenntnisgewinn allzu bereitwillig geopfert werden.

3. Die Gleichung für einen quadratischen Trend lautet bekanntlich:

$\hat{x}(t) = b_0 + b_1 \cdot t + b_2 \cdot t^2$.

Weiß man, dass bei t_m ein Extremum vorliegt, also die 1. Ableitung von $\hat{x}(t)$ nach der Zeit dort den Wert 0 annimmt, so gilt: $b_1 = -2 \cdot b_2 \cdot t_m$; damit lässt sich die Gleichung umschreiben in

$\hat{x}(t) = b_0 - 2 b_2 \cdot t_m \cdot t + b_2 \cdot t^2$.

Ein Maß der Kurvenkrümmung ist bekanntlich ihre 2. Ableitung, hier $\hat{x}''(t) = 2 b_2$. Ist b_2 klein, so ist die Kurve flach und entsprechend breit, bei großem b_2 läuft sie schmal und spitz. Das Vorzeichen von b_2 bestimmt die Richtung der Kurve; ist es positiv, ist das Extremum ein Minimum und der Graph öffnet sich nach oben, bei negativem Vorzeichen liegt die entgegengesetzte Situation vor.

4. Bei der Bestimmung zyklischer Trends ist neben der Inspektion des Zeitreihengraphs die Betrachtung der PACF oft ausgesprochen hilfreich. Bei einem Zyklus von 7 beispielsweise, also wöchentlicher Periodizität des Datenverlaufs, würde $\tilde{r}_7$ einen unvermutet hohen Wert annehmen, nachdem die partiellen Autokorrelationen mit kleineren lags sich schon deutlich 0 genähert haben.

Weiter hilft auch die Bildung der Differenzen von Werten, welche durch bestimmte Zeitintervalle getrennt sind. Hat beispielsweise die Zeitreihe eine Periodizität von 7 (und sonst keine andere und auch keinen weiteren Trend), so würde die neu erzeugte Zeitreihe mit den Gliedern $\hat{x}_7(t) = x(t) - x(t-7)$ – von unsystematischen Fehlern abgesehen – konstante Werte von 0 aufweisen; probiert man diverse Differenzen L durch, ließe sich auf diese Art die Periodizität herausfinden. Allerdings ist es schwierig, durch einen geeigneten Umkehrprozess von $\hat{x}_L(t)$ zu $x(t)$ zurück zu gelangen.

Eine wichtige Hilfe diesbezüglich ist schließlich das in Abschnitt 10.4 besprochene Periodogramm; es gibt an, welche Frequenzen (bzw. Periodizitäten) in besonderem Maße die Varianz der Zeitreihe aufklären können.

5. Hinweise auf einen linearen Trend ergeben sich auch aus den Autokorrelationen. Ohne einen solchen fallen diese in der Regel rasch ab, während sie sich im Falle eines linearen Trends über viele lags in ähnlicher Größenordnung bewegen. Im Beispiel betragen die Autokorrelationen über die ersten vier lags: $r_1 = 0,61$; $r_2 = 0,71$, $r_3 = 0,75$, $r_4 = 0,80$.

6. Auch c_2 hätte sich mit einem Optimierungsansatz finden können, indem man überprüft, bei welcher der dafür eingesetzten ganzen Zahlen von 0 bis 11 die Zeitreihe durch obige Schätzung am besten approximiert werden kann. Der diesbezügliche Nutzen des Periodogramms wird in 10.4 besprochen.

7. Die Stationarität der Varianz ergibt sich aus der Stationarität der Kovarianz für beliebige lags (damit auch speziell für den lag 0); die Kovarianz mit lag 0 ist bekanntlich die Varianz der Zeitreihe. Zeitreihen, welche die drei (bzw. zwei) genannten Stationaritätsbedingungen erfüllen, heißen schwach stationär (siehe auch 4.4).

8. Liegt eine unendlich lange Zeitreihe mit der Autokorrelation eines bestimmten lags k von $\rho_k = -0,64$ vor, so verteilen sich die in Zeitreihenabschnitten von $N = 20$ auftretenden Stichprobenautokorrelationen dieses lags um ρ_k mit der Standardabweichung

$\sqrt{(1 - \rho_k^2)/N}$, hier also $\sqrt{(1 - 0,64^2)/20} = 0,17$;

der Wert –0,39 liegt somit noch im 95%-Konfidenzintervall um –0,64 (nämlich im Bereich $-0,64 \pm 1,96 \cdot 0,17$).

9. Natürlich ließen sich auch Argumente dafür finden, der Zeitreihe beispielsweise ein MA1-Modell zu unterlegen. Man muss sich von der Vorstellung frei machen, dass eine Modellanpassung ein strikt rational-empirischer Vorgang ist. Tatsächlich können unter-

schiedliche Auswerter beim selben Datensatz zu unterschiedlichen Modellen gelangen. So berichtet Gottman (1981, S. 341) von einer Zeitreihe, welche die Untersucher (darunter er selbst) zunächst durch ein ARIMA (0,1,1)-Modell darstellten, der er aber später ein einfaches AR1-Modell anpasste.

10. Sukzessive Vergleiche einzelner Korrelationskoeffizienten mit diesem kritischen Wert bergen bekanntlich die Gefahr, den einen oder anderen Koeffizienten zu Unrecht als überzufällig anzusehen. Die statistisch korrektere Art dieser Überprüfung geschieht mit dem so genannten *Portmanteau-Test* (oder *Box-Pierce-Test*), welcher Autokorrelationen der Residuumszeitreihe bis zu sehr hohen lags einbezieht – bei Auswertung mit Computerprogrammen natürlich alles andere als aufwändig.

Dazu berechnet man die Größe:

$$Q = K \cdot \sum_{j=1}^{J} r_j^2(e) \,,$$

wobei K wie üblich die Länge der Zeitreihe bedeutet, $r_j^2(e)$ das Quadrat der j-ten Autokorrelation der Residualzeitreihe, und schließlich J jene Ordnung, bis zu der die Autokorrelationen in den Test einbezogen werden (typischerweise zwischen 15 und 30 gewählt). Im Falle relativ großer Stichproben folgt Q einer χ^2-Verteilung mit $J–p–q$ Freiheitsgraden, wobei p die Ordnung des zu Grunde gelegten autoregressiven Modells ist, q die des angewandten MA-Modells. Angenommen, wir hätten nicht nur die ersten drei Autokorrelationskoeffizienten der Residuumsreihe des Beispiels berechnet, danach quadriert und aufsummiert, sondern sämtliche bis einschließlich lag 30; hätten wir dabei für Q beispielsweise den Wert 40x0,57 = 22,8 erhalten, so wäre dieser mit dem 5%-Wert der χ^2-Verteilung bei 30–2–0 = 28 Freiheitsgraden zu vergleichen, nämlich 41,3; letzterer wird deutlich unterschritten, sodass nicht von überzufälligen Autokorrelationen innerhalb der Zeitreihe der Residuen auszugehen ist (die Residualzeitreihe also als weißes Rauschen betrachtet werden kann).

Schwierigkeit ist, dass Q erst ab etwa 100 Gliedern der Zeitreihe tatsächlich der beschriebenen Verteilung folgt, sodass diverse alternative Tests zur Überprüfung überzufälliger Autokorrelationen entwickelt wurden, von denen offenbar keiner wirklich überzeugend wirkt (siehe Chatfield, 2004, S. 68 ff.). Die von diesem Autor vorgeschlagene Methode, die Autokorrelationskoeffizienten am kritischen Wert $2/\sqrt{K}$ zu messen, aber bei Signifikanz einiger weniger sich nicht von der Annahme der Unkorreliertheit der Residualwerte abbringen zu lassen, stellt angesichts der sonstigen Unsicherheiten bei der Beurteilung zeitreihenanalytischer Modelle sicher eine pragmatische Lösung dar.

11. Bei multivariaten Prognosen benutzt man zur Vorhersage der Werte in einer Variable nicht nur die Werte der Variable selbst, sondern auch andere mit der Zielvariable korrelierte Variablen. Eine multivariate Prognose wäre es, wenn der Stand des DAX nicht nur aus seinen bisherigen Werten vorausgesagt wird, sondern auch der Dollarkurs oder das Zinsniveau in die Prognose eingeht.

12. Häufig liegt kein (explizites) zeitreihenanalytisches Modell vor, sondern nur eine Menge von Werten zu vergangenen Zeitpunkten, aus denen eine Prognose für einen in der Zukunft realisierten Wert geleistet werden soll. Enthält eine Zeitreihe $x(t)$ keinen Trend (und liegt auch kein stochastisches Modell der Beschreibung vor), so bietet sich zur Prognose das „exponentielle Glätten" an: Zur prognostischen Schätzung eines Wertes $x(t)$ benutzt man die vorausgehenden Werte $x(t-1),...,x(t-n)$, welche mit Gewichten versehen werden; diese sind umso höher, je näher der jeweilige Wert zeitlich zum prognostizierten liegt. Der nächstliegende Wert $x(t-1)$ wird mit dem Gewicht $\alpha\,(0 < \alpha \le 1)$ versehen, der um eine weitere Stelle zurück liegenden Wert $x(t-2)$ mit dem Gewicht $\alpha \cdot (1-\alpha)$, der letzte für die Prognose herangezogene Wert $x(t-n)$ mit

dem Gewicht $\alpha \cdot (1-\alpha)^{n-1}$. Wählt man $\alpha = 1$, so geht ausschließlich der unmittelbar vorhergehende Wert in die Voraussage ein; bei kleinerem α wird auch der Einfluss weiter zurück liegender Glieder berücksichtigt, deren Bedeutung angesichts der sich exponentiell vermindernden Gewichtung mehr oder weniger stark nachlässt.

Das Gewicht α und damit die weiteren Gewichte $\alpha \cdot (1-\alpha)^{j}$ erhält man, indem man an der empirischen Zeitreihe in ihrer Treffsicherheit überprüfbare Prognosen der einzelnen Werte durchführt und bestimmt, bei welchem α die Summe der Fehlerquadrate ein Minimum annimmt.

Das Verfahren des exponentiellen Glättens kann auf Zeitreihen mit Trends ausgedehnt werden; dies geschieht mittels der Holt- bzw. Holt-Winters-Prognoseverfahren (siehe etwa Chatfield, 2004, S. 78 ff.).

13. Dieses grobe Verfahren sollte sich durch den vergleichsweise geringen Aufwand rechtfertigen. Für andere deterministische, speziell zyklische Modelle, das Vertrauensintervall anzugeben, ist nicht einfach und im Rahmen dieser kurzen Einführung auch nicht sinnvoll zu leisten. Da der lineare Trend mit Abstand am meisten zur Varianzaufklärung beiträgt, ist das auf dieser Basis erstellte Prognoseintervall als ein einigermaßen realistisches zu betrachten. Eigentlich müssten wir auch die Fehler bei der Prognose durch den zyklischen Trend und das AR2-Modell berücksichtigen, würden durch deren Vernachlässigung vielleicht sogar unser Vertrauensintervall noch zu klein wählen. Andererseits ist zu berücksichtigen, dass der Standardfehler s_x sicher etwas überschätzt wurde, da er teilweise durch systematische zyklische Variationen (und die stochastischen Schwankungen) bedingt ist, die ja eliminiert werden konnten.

9 Vergleiche im Einzelfall; Testen von Interventionseffekten

9.1 Problemstellung; Überblick

Dieses Kapitel dürfte für Personen, die sich mit Einzelfallstatistik hauptsächlich unter dem Aspekt der Auswertung von klinischen Studien, etwa Therapieevaluationen, beschäftigen, das mit Abstand wichtigste sein[1]. Hier wird nämlich versucht, in den Umgang mit seriell abhängigen Daten einzuführen, wie sie beim Vergleich von Werten innerhalb eines Individuums (allgemeiner: einer Untersuchungseinheit) ausgesprochen häufig anfallen[2]. Damit lassen sich die üblichen gruppenstatistischen Verfahren nicht einfach auf den Datensatz anwenden, sondern dieser muss zuvor um die Effekte der seriellen Abhängigkeit bereinigt werden; zudem ist häufig der Einfluss von deterministischen Trends zu bedenken. Unterlässt man dies, ist auf die Ergebnisse von Signifikanztests kein Verlass: Nicht selten unterschätzt man die Irrtumswahrscheinlichkeit (verwirft dann möglicherweise zu Unrecht die Nullhypothese); es kann aber auch die Situation eintreten, dass Datensätze, die sich nach Bereinigung als signifikant erweisen würden, bei illegitimer Anwendung üblicher statistischer Verfahren keine Überzufälligkeit aufweisen. In jedem Fall aber wird es schwer, Ergebnisse, bei deren Gewinnung nicht korrekt die serielle Abhängigkeit berücksichtigt wurde, der wissenschaftlichen Öffentlichkeit überzeugend zu präsentieren.

Es empfiehlt sich somit, die Probleme von serieller Abhängigkeit und Trendeinflüssen nicht einfach zu ignorieren, sondern Lösungsansätze zu versuchen. Dazu sollen hier einige pragmatische Vorschläge gemacht werden, die weder allzu vertieftes mathematisches Verständnis noch umfangreiche Rechenarbeiten erfordern.

Erinnerung an den t-Test der Gruppenstatistik
Zur Hinführung auf die Problemstellung sei an den *t*-Test für abhängige (korrelierende) Stichproben erinnert: Die Werte einer Stichprobe von N Personen in einer Variable X werden zweimal erhoben, beispielsweise vor und nach einer Therapie, anschließend für jede Person die Differenz der Messwerte d_i berechnet; der Mittelwert $\bar{d}$ dieser Differenzen, ihre Varianz s_d^2 (bzw. ihre Standardabweichung s_d) und schließlich der Stichprobenumfang gehen in die Formel zur Überprüfung der Signifikanz ein. Unter der Nullhypothese, dass Werte vor und nach Therapie sich im Mittel nicht unterscheiden, wird Folgendes erwartet: Der Stichprobenmittelwert $\bar{d}$ dieser empirischen Stichprobe liegt im *Zufallsbereich*, also dort, wo bei einer Verteilung der Populationswerte (der prä-post-Differenzen) um 0 mit der Populationsvarianz σ_d^2 95% der Mittelwertdifferenzen von Zufallsstichproben mit Umfang N zu liegen kommen. Das ist – sofern der Stichprobenumfang groß ist (etwa 100 oder mehr) – bekanntlich der Bereich

$$0 \pm 1,96 \cdot \frac{\sigma_d}{\sqrt{N}}.$$

In dieser Spanne ist – um es etwas anders zu formulieren – mit 95%iger Wahrscheinlichkeit der Mittelwert $\overline{d}$ einer N-elementigen Stichprobe zu erwarten, vorausgesetzt, in der Population (Grundgesamtheit) streuen diese Differenzwerte mit der Varianz σ_d^2 um 0. Bei kleinerem Stichprobenumfang ist dieser Bereich geringfügig größer, nämlich

$$0 \pm t_{N-1;0,975} \cdot \frac{\sigma_d}{\sqrt{N}}.$$

Die Konstante $t_{N-1;0,975}$ ist identisch mit jenem Wert, unterhalb dessen sich bei $N{-}1$ Freiheitsgraden 97,5% der Werte der t-Verteilung finden – anders ausgedrückt: der kritische t-Wert bei $N{-}1$ Freiheitsgraden und einem Signifikanzniveau von 5% (bei zweiseitiger Fragestellung); im Falle eines Stichprobenumfangs von $N = 41$ würde dieser Wert beispielsweise 2,02 betragen. Schwierigkeit bei der Anwendung dieser Formel ist natürlich, dass die *Populationsvarianz* σ_d der Differenzen in der Variable mit großer Sicherheit *nicht bekannt* ist; man behilft sich bekanntlich damit, diese unbekannte Größe durch die Stichprobenvarianz s_d zu *schätzen* – und zwar unmittelbar durch s_d, wenn zur Bestimmung der Stichprobenvarianz durch $N{-}1$ dividiert wurde, sonst durch $(N/N-1){\cdot}s_d$.

Um zu prüfen, ob der für die Stichprobe gefundene Mittelwert der Differenzen $\overline{d}$ noch im genannten Bereich liegt, wird die Prüfgröße t (oder eindeutiger $t_{\text{empirisch}}$)

$$t = \frac{\overline{d} \cdot \sqrt{N}}{s_d}$$

gebildet und dann überprüft, ob der Absolutbetrag dieser Prüfgröße den kritischen Wert $t_{N-1;0,975} = t_{krit;zweiseitig;N-1;5\%}$ erreicht oder überschreitet. Dann würde $\overline{d}$ außerhalb des 95%-Bereich der Zufallsverteilung um 0 liegen, und man schließt nun umgekehrt, dass offenbar die Annahme einer Zufallsverteilung um 0 für die Werte d_i der Populationsmitglieder nicht zutrifft; die Nullhypothese wird daraufhin verworfen.

Wichtiger Schritt, und nicht unbedingt sofort in seiner Berechtigung einleuchtend, ist die *Schätzung der Populationsvarianz durch die Stichprobenvarianz*. Selbst im Falle der üblichen gruppenstatistischen Auswertungen ist eine solche Schätzung keineswegs so fehlerfrei, wie gerne stillschweigend angenommen. Vorausgesetzt ist zunächst, dass die ganze Breite der Werte, die in der Population auftritt (extrem große und extrem kleine d_i), sich auch in der betrachteten *Stichprobe* findet, diese somit bezüglich der betrachteten Variable X ähnlich *inhomogen* ist wie die *Grundgesamtheit*.

Weitere Voraussetzung ist, dass die Varianz in der Stichprobe tatsächlich auch von allen Stichprobenelementen erzeugt wird, denn nur dann es legitim, zu ihrer Bestimmung die Summe der Abweichungsquadrate vom Mittelwert durch N bzw. $N{-}1$ zu teilen. Nehmen wir als Stichprobe eine Schulklasse, deren Leistungen in Infinitesimalrechnung vor und nach einem Intensivkurs erhoben werden. Schreibt der schwächere der beiden Banknachbarn jeweils vom (vielleicht nur scheinbar besseren) Nachbarn ab, so geht im Prinzip das Ergebnis (bzw. die prä-post-Differenz der Ergebnisse) des besseren Nachbarn zweimal in die Varianz ein. Nicht nur entspricht dann der Mittelwert (bzw. der Mittelwert der Differenzen) keineswegs mehr jenem Mittelwert, der sich bei korrekter Datenerhebung ergeben hätte; die Varianz innerhalb der Stichprobe hat sich durch das Abschreiben mehr oder weniger stark reduziert und wird somit eine zu niedrige Schätzung der Populationsvarianz liefern. Da die Stichprobenvarianz (als Schätzwert der Populationsvarianz) in den Nenner der Prüfgröße t eingeht, wird letztere zu groß berechnet und möglicherweise eine Signifikanz gefunden, die in Wirklichkeit nicht vorhanden ist (*Typ I-Fehler* oder α-*Fehler*). Diese Abhängigkeit der Daten macht sich noch in anderer Hinsicht bemerkbar, nämlich in einer falschen Zahl für die tatsächliche Stichprobengröße: De facto wurde die Untersuchung nur an der Hälfte der Schüler durchgeführt – die anderen haben lediglich Kopien ohne neuen Informationsgehalt über Schülerleistung und ihre Veränderung geliefert. Da in die Formel für t der Stichprobenumfang im Zähler steht, resultiert eine weitere Überschätzung der Prüfgröße und es erhöht sich noch das Risiko, die Nullhypothese fälschlich zu verwerfen, mit anderen Worten: Signifikanz anzunehmen, wo keine gegeben ist. Zudem geht der Stichprobenumfang in Gestalt der *Freiheitsgrade N–*1 in $t_{krit;zweiseitig;N-1;5\%}$ ein, woran die Prüfgröße gemessen wird, und bekanntlich sinkt der kritische t-Wert mit zunehmenden Freiheitsgraden.

Was im Beispiel der voneinander abschreibenden Schüler schwer verletzt wird, ist die Voraussetzung der *Unabhängigkeit der Fehlerwerte*. Dieser Begriff scheint hier zunächst wenig angebracht, da die Leistung eines Schülers (bzw. hier: die Differenz seiner Leistungen vor und nach dem Kurs) nicht als Fehler, sondern als eine ihn kennzeichnende Größe angesehen werden kann. Fehler ist hier im statistischen Sinne gemeint: Es wird davon ausgegangen, dass für die Grundgesamtheit ein bestimmter Mittelwert (besser: Erwartungswert) der Differenzen in der Variable X, genannt $\mu_{x;d}$, existiert, um den die Werte der einzelnen Schüler wie Fehlerwerte unsystematisch streuen. Wir formulieren deshalb sicher etwas verständlicher: Gefordert für die Anwendung des t-Tests ist die wechselseitige Unabhängigkeit der Messwerte der verschiedenen Probanden. Nur dann ist es legitim, diesen (sowie auch alle anderen üblichen Signifikanztests der Aggregatstatistik) anzuwenden[3].

Zur legitimen Anwendung aggregatstatistischer Prüfverfahren ist Unabhängigkeit der Messwerte der einzelnen Probanden (statistisch formuliert: Unabhängigkeit der Fehlerwerte) vorausgesetzt; bei parametrischen Verfahren (wie dem t-Test) macht man sonst inkorrekte Schätzungen der (in die Prüfgrößen eingehenden) Populationsvarianz, setzt den eigentlichen Stichprobenumfang zu hoch an und überschätzt zudem die Freiheitsgrade. Die Verletzung dieser Voraussetzung ist bei nonparametrischen Verfahren in ihren Auswirkungen weniger evident, allerdings ähnlich implikationsreich.

Die Bedeutung des Trends

Ein weiterer, auch im Rahmen aggregatstatistischer Überprüfungen (und erst recht bei Einzelfallstudien) nicht zu vernachlässigender Faktor ist ein in den Daten liegender zeitlicher Trend. Das sei ebenfalls an einer üblichen gruppenstatistischen prä-post-Studie erläutert: Depressive Probanden, die sich auf eine Zeitungsinformation gemeldet haben, sollen einer bestimmten Therapie unterzogen werden. In einer Baselinephase zwischen Anmeldung und Einsetzen der Therapie werden Kennwerte der Depressivität erhoben, ebenso in einem gewissen Zeitraum nach Therapie. Meist werden – unabhängig von Trends – die Daten vor Therapie für jede teilnehmende Person gemittelt; Gleiches geschieht für die Daten nach Therapie, wobei man in der Regel wieder von den Verläufen innerhalb der post-Therapie-Phase absieht. Da es sich um korrelierende Stichproben handelt (jeder Proband geht zweimal in die Untersuchung ein), bietet sich zur Auswertung der oben in Erinnerung gebrachte t-Test für abhängige (korrelierende) Stichproben an: Der Mittelwert der Differenzen (über die Probanden der Stichprobe), die Standardabweichung und der Stichprobenumfang werden zur Prüfgröße t verrechnet, welche mit einem kritischen Wert verglichen wird.

Fällt der Test *signifikant* aus, lässt sich tatsächlich von *überzufälligen Unterschieden* der Depressivitätsscores vor und nach Therapie ausgehen; es ist jedoch einsichtig, dass dies nicht automatisch Wirksamkeit der Therapie bedeutet. Die Tatsache allein, dass sich die Probanden auf eine Zeitungsinformation melden, könnte bereits Zeichen einer einsetzenden Remission sein, welche vielleicht auch ohne Therapie letztlich zu den verbesserten Depressivitätsscores geführt haben könnte. Man setzt deshalb – ethisch nicht immer ganz einfach – typischerweise eine Kontrollgruppe ein; so könnte man bei einem Teil der angemeldeten Personen erst dann mit der Behandlung beginnen, wenn der sofort behandelte Teil sich bereits in der post-Therapie-Phase befindet. Die prä-post-Veränderungen der letzteren Gruppe sind dann in Beziehung zu jenen Differenzen in den Fragebogenscores zu setzen, welche sich in der Kontrollgruppe allein durch den Zeitablauf ergeben.

Im Einzelfall ist die Kontrolle eines von der Therapie unabhängigen Verlaufs der Depressivitätsscores wesentlich schwieriger – die Forderung, erst dann mit der Behandlung zu beginnen, wenn sich eine stabile Baseline eingestellt hat, ist unrealistisch. Bei anderen Typen von Interventionen, z. B. der Bekämpfung des zunehmenden Betrugs im Internet, lässt sich natürlich unmöglich so lange warten, bis sich die Daten auf einem hohen Niveau eingependelt haben.

In beiden Fällen wird man – aufmerksamer als bei gruppenstatistischen Auswertungen – den Verlauf der Daten (den Trend) beobachten und explizit in die Analyse einbeziehen müssen, als (schwacher) Ersatz für die nicht vorhandene Kontrollgruppe.

Nach dieser Skizzierung von Problemen, welche sich – teils ähnlich wie bei gruppenstatistischen Auswertungen, teils spezifisch bei einer Einzelfallanalyse – ergeben, sollen nun verschiedene Varianten von auszuwertenden Daten (mit oder ohne Trend, mit oder ohne sonstige serielle Abhängigkeit) vorgestellt und Vorschläge gemacht werden, trotzdem eine einigermaßen korrekte und nach außen überzeugende Auswertung vorzunehmen. Begonnen sei mit dem einfachsten Fall, dass weder in den prä- noch den post-Daten serielle Abhängigkeit vorliegt, im Speziellen auch kein deterministischer Trend vorliegt.

9.2 Elimination von seriellen Abhängigkeiten („prewhitening")

Fehlende serielle Abhängigkeit in beiden zu vergleichenden Zeitreihen
Angenommen, ein Proband wurde 14mal in wöchentlichem Abstand vor Therapie nach seinen sozialen Kontakten befragt (operationalisiert über die Zahl der gemeinschaftlich verbrachten Zeit im Laufe der jeweils vergangenen Woche). Dann sei ein vierwöchiges soziales Kompetenztraining erfolgt (ohne Messungen in diesem Zeitraum); anschließend wurde 10mal, wieder in wöchentlichen Abständen, erneut diese Variable erhoben.

Es ergaben sich folgende Werte:

Tabelle 9.1: Soziale Kontakte, erhoben im wöchentlichen Abstand (fiktive Daten)

Wochen vor Therapie $x(t)$ (Score für soziale Kontakte)	1	2	3	4	5	6	7	8	9	10	11	12	13	14
	6,5	7,1	7,3	7,1	7,7	8,3	6,7	7,4	7,4	7,3	8,4	7,6	7,9	7,5

Wochen nach Therapie $x(t)$ (Score für soziale Kontakte)	1	2	3	4	5	6	7	8	9	10
	8,1	7,9	8,2	7,9	8,1	8	7,8	7,9	8,1	8,2

Man berechnet:
$K_{vorTh} = 14$; $\bar{x}_{vorTh} = 7,44$; $s_{xvorTh} = 0,53$; $K_{nachTh} = 10$; $\bar{x}_{nachTh} = 8,02$; $s_{xnachTh} = 0,14$; somit zeigen sich nicht geringe intraindividuelle Mittelwertunterschiede, deren Zufälligkeit ausgeschlossen werden sollte. Es stellt sich daher die Frage: Hat sich die durchschnittliche Zahl an Stunden sozialer Kontakte nach Therapie signifikant erhöht?

Hierfür bietet sich der *t*-Test für *unabhängige* Stichproben an, vorausgesetzt, es kann von *Unabhängigkeit der Fehlerwerte* (hier: der *Messwerte*) ausgegangen werden. Der *t*-Test für *korrelierende Stichproben* ist nicht angezeigt, da keine sichere Zuordnung zwischen Paaren von Zeitpunkten vor und nach Therapie möglich ist[4]; dies ist schon daraus zu ersehen, dass die Stichprobenumfänge unterschiedlich sind.

Zur Überprüfung der seriellen Abhängigkeit und eventueller Trendeffekte werden die Autokorrelationen mit verschiedenen lags bestimmt, und zwar für jede der beiden Zeitreihen getrennt. Dafür ergeben sich folgende Werte:

Autokorrelationen vor Therapie: $r_1 = 0{,}02$; $r_2 = 0{,}06$; $r_3 = 0{,}16$;

Autokorrelationen nach Therapie: $r_1 = -0{,}11$; $r_2 = -0{,}04$; $r_3 = -0{,}41$.

Diese Koeffizienten sind im Großen und Ganzen niedrig[5], sodass die Werte innerhalb der beiden Stichproben offenbar *nicht wesentlich voneinander abhängig* sind (*keine serielle Abhängigkeit zeigen*); es lassen sich deshalb die Stichprobenvarianzen zur Schätzung der Populationsvarianz heranziehen. Bekanntermaßen ist aus den beiden Stichprobenvarianzen zunächst eine gewichtete mittlere Standardabweichung zu berechnen[6], also

$$s = \sqrt{\frac{(K_{vorTh}-1)\cdot s_{vorTh}^2 + (K_{nachTh}-1)\cdot s_{nachTh}^2}{K_{vorTh}+K_{nachTh}-2}} \text{ , hier } s = \sqrt{\frac{(14-1)\cdot 0{,}28+(10-1)\cdot 0{,}02}{14+10-2}} = 0{,}41 \text{ .}$$

Daraus bestimmt sich die Prüfgröße

$$t = \frac{\overline{x}_{nachTh}-\overline{x}_{vorTh}}{s} \cdot \sqrt{\frac{K_{vorTh}\cdot K_{nachTh}}{K_{vorTh}+K_{nachTh}}} \text{ , hier } t = \frac{8{,}02-7{,}44}{0{,}41} \cdot \sqrt{\frac{14\cdot 10}{24}} = 3{,}42 \text{ ,}$$

deren Betrag mit dem kritischen t-Wert bei $(K_{vorTh}+K_{nachTh})-2 = 22$ Freiheitsgraden für das gewählte Signifikanzniveau (bei hier einseitiger Fragestellung) zu vergleichen ist; statistischen Tafeln lässt sich dafür der Wert $t_{krit;einseitig;22;5\%} = 1{,}72$ entnehmen. Der empirische t-Wert überschreitet den kritischen, sodass bei dem untersuchten Probanden von einer überzufälligen Zunahme sozialer Kontakte nach Kompetenztraining auszugehen ist. Natürlich kann angesichts fehlender Kontrollbedingungen nicht sicher geschlossen werden, dass dies eine Folge des Trainings darstellt. Immerhin findet sich aber offenbar kein Trend, der einen Teil der Veränderung als einfachen Zeiteffekt erklären könnte.

Liegt in den beiden zu vergleichenden Zeitreihen *keine serielle Abhängigkeit* vor, kann zum Mittelwertvergleich der gewöhnliche t-Test herangezogen werden. Die Mittelwerte der Zeitreihen entsprechen den Stichprobenmittelwerten der Aggregatanalyse, die Varianzen der Zeitreihen denen der Stichproben, die Zeitreihenlängen den Stichprobenumfängen.

Serielle Abhängigkeit ohne deterministische Trends

Zur Abwechslung sei nun nicht eine einzige unterbrochene Zeitreihe betrachtet, sondern deren zwei (Fernsehkonsum eines Kindes geschiedener Eltern, welches die Wochenenden abwechselnd bei Mutter und Vater verbringt). Die Zeitreihen sind diesmal so konstruiert, dass sich in beiden eine serielle Abhängigkeit findet, in der ersten Zeitreihe im Sinne einer negativen lag 1-Autokorrelation, in der zweiten einer positiven. Wieder soll überprüft werden, ob unter diesen unterschiedlichen Bedingungen sich die durchschnittliche Zahl der Fernsehstunden an den Wochenenden signifikant unterscheidet. Diesmal ist, anders als im vorigen Beispiel, vor Anwendung des *t*-Tests zunächst die *serielle Abhängigkeit zu eliminieren*, um ohne wesentlichen Fehler von der Stichprobenvarianz auf die Varianz in der hypothetischen Grundgesamtheit (der prinzipiell Fernsehmöglichkeit bietenden Wochenenden in einem bestimmten Intervall[7]) schließen zu können. Wie sich zeigen lässt, unterschätzt man ohne Korrektur im Falle von positiven Autokorrelationen typischerweise den α-Fehler, verwirft also möglicherweise zu Unrecht die Nullhypothese; im Falle von negativen Autokorrelationen ist die Situation umgekehrt: Signifikanz der Unterschiede lässt sich dann oft nicht nachweisen, obwohl sie tatsächlich gegeben ist (Gottman u. Glass, 1978). Dieses Verfahren, durch Bildung von Residualwerten einen Satz weißen Rauschens (white noise) zu erzeugen, auf welchen sich die üblichen statistischen Tests anwenden lassen, wird auch als „prewhitening" bezeichnet.

Man habe folgende fiktiven Daten erhalten (siehe Tabelle 9.2):

Tabelle 9.2: Fernsehkonsum an Wochenenden bei der Mutter und beim Vater

Wochenende bei der Mutter	1	2	3	4	5	6	7	8	9	10	11	12	13	14	15
$x_M(t)$	7,2	6,76	7,36	6,74	6,58	7,29	6,5	7,65	7,14	6,8	6,94	6,64	7,35	6,65	7,44
$z_M(t)=x_M(t)-\overline{x}_M$	0,2	-0,24	0,36	-0,26	-0,42	0,29	-0,5	0,65	0,14	-0,2	-0,06	-0,36	0,35	-0,35	0,44
$\hat{z}_M(t)=-0,6 z_M(t-1)$	–	0,12	0,14	-0,22	0,16	0,25	-0,17	0,3	-0,39	-0,08	0,12	0,04	0,22	-0,21	0,21
$e(t)=z_M(t)-\hat{z}_M(t)$	–	-0,12	0,22	-0,04	-0,58	0,04	-0,33	0,35	0,53	-0,12	-0,18	-0,40	0,13	-0,14	0,23

Wochenende beim Vater	1	2	3	4	5	6	7	8	9	10	11	12	13	14
$x_V(t)$	8,5	8,2	8,16	8,03	7,52	7,31	7,71	8,07	8,67	8,34	8,57	7,76	7,71	7,66
$z_V(t)=x_V(t)-\overline{x}_V$	0,5	0,2	0,16	0,03	-0,48	-0,69	-0,29	0,07	0,67	0,34	0,57	-0,24	-0,29	-0,34
$\hat{z}_V(t)=0,56 z_V(t-1)$	0	0,28	0,11	0,09	0,02	-0,27	-0,39	-0,16	0,04	0,37	0,19	0,32	-0,13	-0,16
$w(t)=z_V(t)-\hat{z}_V(t)$	0,5	-0,08	0,05	-0,06	-0,5	-0,42	0,1	0,23	0,63	-0,03	0,38	-0,56	-0,16	-0,18

Für Mittelwert und Varianz der oberen Zeitreihe (Wochenenden bei der Mutter) berechnete sich: $\overline{x}_M = 7$; $s^2_{xM} = 0,13$; für die Autokorrelationen bzw. partiellen Autokorrelationen wurde bestimmt: $r_1 = -0,59$; $r_2 = 0,27$; $\tilde{r}_2 = -0,12$.

In der unteren Zeitreihe (Wochenende beim Vater) ergaben sich gerundet folgende Werte:

$\overline{x}_V = 8$; $s^2_{xV} = 0,18$; die Autokorrelationen betragen: $r_1 = 0,56$; $r_2 = 0,08$.

Inspektion ergibt keinen Hinweis auf einen nennenswerten Trend, sodass von Stationarität ausgegangen werden kann.

Dies legt für die Zeitreihe $z_M(t) = x_M(t) - \bar{x}_M$ das AR1-Modell:
$z_M(t) = -0,6 \cdot z_M(t-1) + e(t)$ nahe; die Schätzwerte $\hat{z}_M(t) = -0,6 \cdot z_M(t-1)$ und die Residuen $e(t) = z_M(t) - \hat{z}_M(t)$ finden sich in der oberen Hälfte von Tabelle 9.2 (Zeilen 4 und 5).

Für die Zeitreihe $z_V(t) = x_V(t) - \bar{x}_V$ scheint das AR1-Modell $z_V(t) = 0,56 \cdot z_V(t-1) + w(t)$ angemessen[8]. Mit Hilfe der beiden Zeitreihenmodelle schätzen wir die Werte $\hat{z}_M(t) = -0,6 \cdot z_M(t-1)$ bzw. $\hat{z}_V(t) = 0,56 \cdot z_V(t-1)$ und berechnen daraus die Residuen $e(t) = z_M(t) - \hat{z}_M(t)$ bzw. $w(t) = z_V(t) - \hat{z}_V(t)$, welche gleichfalls in die Tabelle eingetragen werden. Als Stichprobenkennwerte dieser Residuen erhält man: $\bar{e}=-0,05$; $s_e^2=0,07$; $\bar{w}=-0,03$; $s_w^2=0,12$; dass die Mittelwerte der Residuen nicht den erwarteten Wert von exakt 0 ergeben, ist Folge von Rundungsfehlern. Im Sinne einer Residualanalyse bleibt nun zu prüfen, ob innerhalb der Residuen noch durch Anwendung des Modells nicht eliminierte Abhängigkeiten bestehen; dazu berechnet man die Autokorrelationen in den beiden Residuumsreihen $e(t)$ und $w(t)$, wofür sich folgende Koeffizienten ergaben:

$$r_1(e)=-0,3; \quad r_2(e)=0,03; \quad r_1(w)=0,07; \quad r_2(w)=0,19.$$

Sie sind so gering[9], dass die beiden neuen Zeitreihen $x_M*(t) = \bar{x}_M + e(t)$ sowie $x_V*(t) = \bar{x}_V + w(t)$ als aus unabhängigen Werten bestehende Stichproben aufgefasst werden können. Somit scheint nun die Anwendung des t-Tests für nichtkorrelierende Stichproben gerechtfertigt; insbesondere sollten auch die Varianzschätzungen nicht mit einem systematischen Fehler behaftet sein.

Zunächst wird – unter Vernachlässigung der Verkürzung der Residualreihe – die gewichtete mittlere Standardabweichung bestimmt mittels der Gleichung

$$s=\sqrt{\frac{(K_M-1)\cdot s_e^2+(K_V-1)\cdot s_w^2}{K_M+K_V-2}} \text{, hier } s=\sqrt{\frac{14\cdot 0,07+13\cdot 0,12}{15+14-2}}=0.31.$$

Für die Prüfgröße t mit K_M+K_V-2 Freiheitsgraden berechnet sich damit:

$$t=\frac{\bar{x}_M-\bar{x}_V}{s}\cdot\sqrt{\frac{K_M\cdot K_V}{K_M+K_V}}=\frac{7-8}{0,31}\sqrt{\frac{15\cdot14}{15+14}}=-8,68.$$

Tabellen entnimmt man als kritischen Wert für $|t|$ bei 27 Freiheitsgraden und zweiseitiger Fragestellung für ein Signifikanzniveau von $\alpha = 0,01$ 2,77; somit unterscheiden sich die durchschnittlichen Fernsehstunden des Kindes signifikant[10] zwischen Wochenenden bei der Mutter und beim Vater.

Berechnung der Residuen würde nicht anders geschehen, wenn autoregressive Modelle höherer Ordnung den Daten eher gerecht würden; lediglich müsste man in diesen Fällen mehr als nur das erste Zeitreihenglied durch 0 schätzen. Wären ein MA-Modell oder ein ARMA-Modell angemessener, so macht man sich die Dualität von AR- und MA-Prozessen zu Nutze (siehe 6.3): Bei genügend großer Ordnung p sind letztere bekanntlich mittels ARp-Modellen beliebig genau zu beschreiben.

> Im Falle stochastischer serieller Abhängigkeiten passt man am einfachsten den Zeitreihen autoregressive Modelle an. Danach sind die Residuen zu bestimmen und – im Falle von deren Unkorreliertheit – diese statt der Ursprungswerte in die Formel für den t-Test einzusetzen (so genanntes prewhitening).

Serielle Abhängigkeit bei stochastischen und deterministischen Trends
Hier ist die Situation komplizierter. Zum einen muss die Elimination der seriellen Abhängigkeit in mehreren Schritten erfolgen, indem zunächst eine von deterministischen Trends bereinigte Residualzeitreihe ermittelt wird, welcher dann ein geeignetes stochastisches Zeitreihenmodell zur Elimination der verbleibenden seriellen Abhängigkeiten angepasst wird. Zum anderen ist ein Trend, welcher im ersten Teil einer Zeitreihe zu beobachten ist (beispielsweise innerhalb der Werte vor einer Intervention), nicht ohne prinzipiellen Einfluss auf die Werte des zweiten Abschnitts, was bei der Interpretation signifikanter Unterschiede berücksichtigt werden muss. Das sei an einer fiktiven Interventionsstudie erläutert.

Beispiel
Die mit $x(t)$ symbolisierte durchschnittliche tägliche Kalorienaufnahme (dividiert durch 1000) wurde bei einer übergewichtigen Person über 15 Wochen erhoben; in den folgenden 12 Wochen nahm die Person an einem Gruppentraining zur Gewichtsreduktion statt. Es ergaben sich folgende Werte:

Tabelle 9.3: Tägliche durchschnittliche Kalorienaufnahme vor (1.Hälfte) und während des Gruppentrainings (2. Hälfte)

Woche	1	2	3	4	5	6	7	8	9	10	11	12	13	14	15
$x(t)$	3,2	2,54	3,99	1,85	2,45	3,10	2,02	2,50	2,04	2,43	1,44	2,95	1,46	2,87	1,46
$\hat{x}(t)=3{,}09-0{,}08 \cdot t$	3.01	2,93	2,85	2,77	2,69	2,61	2,53	2,45	2,37	2,29	2,21	2,13	2,05	1,92	1,84
$x^*(t)=x(t)-\hat{x}(t)$	0,19	-0,39	1,14	-0,92	-0,24	0,49	-0,51	0,05	-0,33	0,14	-0,77	0,82	-0,59	0,95	-0,38
$\hat{x}^*(t)=-0{,}71 \cdot x^*(t-1)$	0	-0,13	0,28	-0,81	0,65	0,17	-0,35	0,34	-0,04	0,23	-0,10	0,55	-0,58	0,42	-0,67
$e(t)=x^*(t)-\hat{x}^*(t)$	0,19	-0,26	0,86	-0,11	-0,89	0,32	-0,13	-0,29	-0,29	-0,09	-0,67	0,27	–0,01	0,53	0,29

Woche	16	17	18	19	20	21	22	23	24	25	26	27
$x(t)$	2,12	1,93	1,97	2,06	2,05	2,00	1,83	2,05	1,97	2,05	2,1	2,1

Für die erste Hälfte der Zeitreihe (vor Therapie) ergab sich: $\bar{x}=2{,}42; s_x^2=0{,}53$.

Zur Ermittlung eines eventuellen linearen Trends benutzen wir die Gleichungen 8.1 sowie 8.2 und erhalten: $a_0=3{,}09; a_1=-0{,}08$, was folgende Trendgleichung liefert: $\hat{x}(t)=3{,}09-0{,}08 \cdot t$. Nun werden die Residuen $x^*(t)=x(t)-\hat{x}(t)$ bestimmt, welche in die 4. Zeile der oberen Tabellenhälfte eingetragen sind. Ihr Mittelwert beträgt statt der erwarteten Zahl 0,00 auf Grund von Rundungsfehlern –0,02, ihre Varianz 0,40. Innerhalb der Residualzeitreihe ergibt sich für die Autokorrelationen mit lag 1 und lag 2: $r_1=-0,71; r_2=0,40; \tilde{r}_2=-0,20$. Diese Residuen stellen somit keineswegs allein weißes Rauschen dar, sondern zeigen serielle Abhängigkeit; die Autokorrelation mit lag 2 verschwindet jedoch weitgehend, wenn der Einfluss der lag 1-Autokorrelation heraus partialisiert wird. Damit scheint zur Beschreibung der Residualzeitreihe in ihrem ersten Teil (also zwischen den Wochen 1 und 15) ein autoregressives Modell 1. Ordnung der Form

$x^*(t)=-0,71 \cdot x^*(t-1)+e(t)$, also für die Schätzwerte: $\hat{x}^*(t)=-0,71 \cdot x^*(t-1)$,

am besten geeignet (siehe Zeilen 4 und 5 von Tabelle 9.3). Die Residuen bei Zugrundelegung eines AR1-Prozesses weisen einen Mittelwert von –0,02 und eine Varianz von 0,20 auf. Die lag 1-Autokorrelation dieser Residuen beträgt –0,16, die lag 2-Autokorrelation –0,09, womit von weißem Rauschen ausgegangen werden kann. Die von seriellen Abhängigkeiten deterministischer wie stochastischer Natur bereinigte erste Hälfte der Zeitreihe besitzt demnach einen Mittelwert von 2,42 und eine Varianz von 0,20. (Es sei angemerkt, dass sich weder durch Elimination deterministischer noch stochastischer Einflüsse die Mittelwerte verändern; wegen $\bar{e}=0$ gilt: $\bar{x}^*=\bar{\hat{x}}^*$.)

Die zweite Hälfte der Zeitreihe (Werte während der Gruppentherapie) zeigt eine lag 1-Autokorrelation von –0,04, eine lag 2-Autokorrelation von –0,15; somit kann davon ausgegangen werden, dass die einzelnen Werte keine nennenswerte serielle Abhängigkeit aufweisen; Mittelwert und Varianz, nämlich 2,02 und 0,06, können also unkorrigiert in die Gleichung des t-Tests für nicht korrelierende Stichproben übernommen werden. Für die Prüfgröße t des Vergleichs zwischen erster und zweiter Hälfte der Zeitreihe bestimmt man

$$t = \frac{2,42-2,02}{0,38} \cdot \sqrt{\frac{15 \cdot 12}{27}} = 2,71.$$

Tafeln ist zu entnehmen, dass dieser Wert bei 25 Freiheitsgraden und zweiseitiger Fragestellung auf dem 5%-Niveau signifikant ist. Insofern ist der Schluss durchaus legitim, dass bei der betrachteten Person während der Phase der Gruppentherapie im Vergleich zu den letzten Wochen zuvor die durchschnittliche tägliche Kalorienaufnahme zurückgegangen ist.

Bei näherem Hinsehen ist allerdings diese statistische Analyse nur bedingt befriedigend: Zum einen wird nicht untersucht, ob in den verschiedenen Teilen der Zeitreihe ein unterschiedlicher Trend vorliegt; ein wichtiger Aspekt der Intervention findet somit gar keine Beachtung. Zum anderen bleibt unklar, inwieweit die durchschnittlich niedrigere Kalorienaufnahme während der Therapiephase nicht einfach als Fortsetzung des in der pretreatment-Phase zu beobachtenden abwärts gerichteten linearen Trends zu erklären ist. Extrapoliert man diesen weiter auf den Wert zum Zeitpunkt 16, so ergäbe sich allein deswegen dort $\hat{x}(16)=3,09-0,08 \cdot 16=1,81$, zum letzten Erhebungszeitpunkt wäre zu erwarten: $\hat{x}(27) = 3{,}09 - 0{,}08 \cdot 27 = 0{,}93$; würde sich der lineare Trend fortsetzen, wäre in der zweiten Zeitreihenhälfte ein Mittelwert von 1,37 zu erwarten, der wesentlich niedriger liegt als der für diese Phase erhobene Mittelwert von 2,02. Für die Behandlung solcher Probleme, welche sich aus der Tatsache eines Trends in den Daten ergeben, gibt es diverse Lösungsvorschläge, beispielsweise die Werte im zweiten Zeitreihenabschnitt nicht direkt mit denen des ersten zu vergleichen, sondern mit deren Extrapolationen in den zweiten Abschnitt (siehe dazu ausführlicher Barlow u. Hersen, 1984, S. 316 ff.).

> Liegen in Zeitreihen deterministische Trends vor (beispielsweise linearer Art), so müssen diese vor Mittelwertvergleichen durch Bestimmung der Residuen eliminiert werden. Bei der Interpretation von Unterschieden der Mittelwerte ist zudem in Rechnung zu setzen, dass diese möglicherweise allein schon durch Fortsetzung des Trends erklärt werden können.

9.3 Prüfung von Interventionseffekten ohne „prewhitening"

Die oben geschilderte Methode des „prewhitening", d. h. vor der Bestimmung von Prüfwerten für intraindividuelle Unterschiede die seriellen Abhängigkeiten in jeder der zu vergleichenden Phasen zu eliminieren, ist zwar legitim und einfach durchführbar, aber statistisch wenig elegant; zudem gelingt es dabei nicht, neben den Unterschieden von Mittelwerten auch Unterschiede hinsichtlich deterministischer Trends nachzuweisen. Dies ist möglich mittels sehr viel komplizierterer und Kenntnisse elementarer Matrixalgebra voraussetzender Verfahren, bezüglich welcher in dieser einführenden Darstellung auf Gottman (1981, S. 342 ff.) bzw. auf die spezielleren Ausführungen in Glass et al. (1975, S. 119 ff.) sowie Gottman u. Glass (1978) verwiesen werden muss. Hier sei lediglich kurz das Prinzip erläutert.

Es liege also eine empirische Zeitreihe mit insgesamt K Elementen $x(t)$ vor; nach dem Zeitpunkt k_1 wird ein *Interventionseffekt* erwartet, sei es in Form einer Niveauverschiebung und/oder in einer Veränderung des Trends, was statistisch abzusichern ist. Für die erste Hälfte der Zeitreihe, bis zum Zeitpunkt k_1, wird nun ein zeitreihenanalytisches Modell erstellt, am praktikabelsten in Form eines autoregressiven Ansatzes bestimmter Ordnung p[11]. Aufgrund der Dualität von MA- und AR-Prozessen ist eine solche Darstellung mit hinreichender Genauigkeit möglich, auch wenn die Zeitreihe möglicherweise sehr viel sparsamer mittels eines MA- oder eines ARMA-Modells beschrieben werden kann. Ebenso wird in der Modellgleichung ein möglicher Trend berücksichtigt. Es ergibt sich also hierfür:

$$x(t) - \mu_1 = a_1 + b_1 \cdot t - \mu_1 + \vartheta_{1(p)} \cdot [x(t-1) - \mu_1] + \ldots + \vartheta_{p(p)} \cdot [x(t-p) - \mu_1] + e(t),$$

für $t = p, p + 1, \ldots, k_1$.

μ_1 wird durch den Mittelwert $\bar{x}_1$ des ersten Zeitreihenabschnitts geschätzt. Entsprechend gilt für den zweiten Teil der Zeitreihe:

$$x(t) - \mu_1 = a_2 + b_2 \cdot t - \mu_1 + \vartheta_{1(p)} \cdot [x(t) - \mu_1] + \ldots + \vartheta_{p(p)} \cdot [x(t-p) - \mu_1] + e(t).$$

Aus Praktikabilitätsgründen wird die zweifellos restriktive Annahme gemacht, dass sich die Autoregressionsstruktur nach Intervention nicht verändert (deshalb die gleichen Autoregressionskoeffizienten in der zweiten Gleichung). Idee ist, aus der empirischen Zeitreihe Schätzwerte für die Konstanten $a_1, a_2, b_1, b_2, \vartheta_{1(p)}, ..., \vartheta_{p(p)}$ zu gewinnen, wobei man sich, wie so oft, der „Methode der kleinsten Quadrate" bedient: Man wählt die Koeffizienten so, dass

$$S = \sum_{t=1}^{K} (x(t) - \hat{x}(t))^2$$

ein Minimum annimmt, wobei $x(t)$ die Werte der empirischen Zeitreihe, $\hat{x}(t)$ die über die obigen Modellgleichungen geschätzten Werte sind. Dies läuft – nachdem man die partiellen Ableitungen

$$\frac{\partial S}{\partial a_1}, \frac{\partial S}{\partial a_2}, \frac{\partial S}{\partial b_1}, \frac{\partial S}{\partial b_2}, \frac{\partial S}{\partial \vartheta_{1(p)}}, \frac{\partial S}{\partial \vartheta_{2(p)}}, ..., \frac{\partial S}{\partial \vartheta_{p(p)}}$$

gleich 0 gesetzt hat – auf die Lösung eines Gleichungssystems hinaus, welche sich elegant in Matrizenform schreiben lässt. Da – zumindest bei genügend großer Zahl von Elementen der Zeitreihe – plausible Annahmen über die Verteilungen dieser Koeffizienten unter der Nullhypothese vorliegen (d. h. der Annahme, dass in der generierenden Zeitreihe der betrachtete Koeffizient den Wert 0 hat), lassen sich Vertrauungsintervalle für die auf obige Art bestimmten Schätzwerte angeben; zudem lässt sich testen, ob $a_1 = a_2$ und $b_1 = b_2$ gilt, also ob sich Level und Trend nach Intervention signifikant verändert haben.

Schwierigkeit[12] dabei ist die schon erwähnte restriktive Annahme einer sich durch die Intervention nicht verändernden Autokorrelationsstruktur; zudem ist man – außer bei sehr langen Zeitreihen (bezüglich beider Hälften) – in der Höhe der Ordnung des autoregressiven Prozesses beschränkt, womit die Modellanpassung von vornherein nur bedingt gelingen kann. Nicht gelöst wird durch diesen Ansatz auch die oben aufgeworfene Frage, inwieweit nach Intervention beobachtete Veränderungen des Niveaus nicht allein durch die Fortsetzung des Baseline-Trends erklärt werden können.

Es gibt auch direktere Methoden, das Niveau von zwei Zeitreihen auf Unterschiedlichkeit zu überprüfen und gleichzeitig Trendunterschiede statistisch abzusichern. Sie beruhen im Wesentlichen auf Darstellung durch zeitreihenanalytische Modelle und Schätzung der dabei eingehenden Parameter auf Grund von Minimumsbedingungen. Der mathematische Hintergrund ist hier jedoch erheblich komplizierter als beim einfachen „prewhitening".

Anmerkungen zu Kapitel 9

1. Erstaunlich ist, wie wenig Raum dieser wichtige Themenkomplex in Monographien zur Zeitreihenanalyse einnimmt. In der angloamerikanischen Literatur wird das Thema zuweilen unter der Überschrift Interrupted Time Series Experiment (ITSE) behandelt, obwohl intraindividuelle Vergleiche sich keineswegs immer auf zwei Hälften einer kontinuierlichen Zeitreihe beziehen. Will man beispielsweise überprüfen, ob eine Fußballmannschaft in der zweiten Spielhälfte signifikant mehr Tore schießt als in der ersten, so erfordert dies den Vergleich zweier isolierter Zeitreihen.

2. In den 70er Jahren gab es eine lebhafte wissenschaftliche Diskussion darüber, wieweit Daten eines einzigen Individuums nicht doch legitim mit den üblichen gruppenstatistischen Verfahren behandelt werden können; letztere Position wurde u. a. von Shine u. Bower (1971) sowie Gentile et al. (1972) vertreten. Dieser Ansicht wurde von verschiedenen Seiten heftig widersprochen, so beispielsweise von Hartmann (1974) sowie von Gottman u. Glass (1978), welche sehr stichhaltige Argumente gegen die Vernachlässigung serieller Abhängigkeiten anführen; dieser Meinung schließt sich offenbar die große Mehrheit der Einzelfallstatistiker an.

3. Im Falle nonparametrischer Tests (im gewählten Beispiel des Wilcoxon-Tests; siehe etwa Köhler, 2004, 194 ff.) fällt das Problem der Varianzschätzung weg. Nicht zu umgehen ist allerdings durch Anwendung nonparametrischer Verfahren das Problem der Unabhängigkeit der Fehlerwerte.

Auch der t-Test für abhängige (besser: korrelierende) Stichproben setzt – um einem eventuellen Missverständnis hier vorzubeugen – die wechselseitige *Unabhängigkeit der Messergebnisse* voraus, die an *verschiedenen Untersuchungselementen* (z. B. verschiedenen Probanden) erhalten wurden.

4. Unter Umständen ist ein t-Test für abhängige Stichproben durchaus sinnvoll, wenn beispielsweise der August vor Therapie sowie der August nach Therapie, der September vor Therapie sowie der September nach Therapie usw. sich als eindeutig zugeordnete Paare von Erhebungszeitpunkten anbieten. Damit reduziert sich natürlich erheblich jene Varianz, die auf jahreszeitliche Schwankungen zurückgeht. Unter Umständen wäre für die Differenzwerte eine Elimination des zyklischen Trends gar nicht mehr nötig.

5. Eine Ausnahme macht die lag 3-Autokorrelation in der Zeitreihe der post-Therapie-Werte nach Therapie. Dass dieser Wert von –0,41 nicht signifikant ist, sagt angesichts der kleinen Stichprobe wenig aus. Um ganz sicher zu gehen, könnte man mittels eines autoregressiven Modells 3. Ordnung versuchen, eine Korrektur der Varianz vorzunehmen, wie es im nächsten Abschnitt erläutert wird; am Ergebnis würde sich aber hier nichts ändern. Natürlich beeinflusst die serielle Abhängigkeit sehr nah nebeneinander liegender Werte in besonderem Maße die Güte der Varianzschätzung.

6. Angesichts der Inhomogenität der Varianzen in beiden Stichproben – welche zudem kleine Umfänge aufweisen – ist der t-Test nicht so scharf, wie eigentlich angenommen; es könnte sein, dass dann H_0 zu Unrecht beibehalten wird. Da der empirische t-Wert bei unseren Daten ohnehin den kritischen erheblich überschreitet, können das Problem und Lösungsvorschläge hier undiskutiert bleiben (siehe etwa Köhler, 2004, S. 175 f.).

Dass sich die Varianzen vor und nach Therapie erheblich unterscheiden – nämlich $s^2_{xvorTh}=0,28; s^2_{xnachTh}=0,02$ – und sogar signifikant unterschiedlich sind

$$(F_{emp}=\frac{0,28}{0,02}=14 > F_{krit;5\%,df_{Z\ddot{a}hler}=13;df_{Nenner}=9}=3,05),$$

ist eine nicht uninteressante weitere Erkenntnis: Nach Therapie hat sich nicht nur die Zahl der Kontakte erhöht; sie zeigen danach auch geringere Schwankungen.

7. Wie schon vorher, speziell in Kapitel 2, ausgeführt, sollte bei einzelfallanalytischen Untersuchungen Klarheit über die verwendete Stichprobe (hier der Erhebungszeitpunkte) vorliegen, um entsprechend legitime Generalisierungen zu leisten – was in diesem Fall Generalisierungen auf weitere Situationen des betrachteten Probanden bedeutet.

8. Zur Generierung dieser Daten wurde die Gleichung $x_M(t) - \overline{x}_M = -0,7 \cdot (x_M(t-1) - \overline{x}_M) + e*(t)$ benutzt ($\overline{x}_M = 7,0$; $x_V(1) = 7,2$), für die der unteren $x_V(t) - \overline{x}_V = 0,8 \cdot (x_V(t-1) - \overline{x}_V) + w*(t)$ ($\overline{x}_V = 8,0$; $x_V(1) = 8,5$); dabei sind $e*(t)$ sowie $w*(t)$ in etwa normalverteilte Zufallswerte. Es ist illustrativ zu sehen, wie gut sich selbst in diesen kleinen Stichproben die in die Daten eingebrachten Parameter zurück gewinnen lassen.

9. Das von Gottman (1981, S. 340 f.) beschriebene Vorgehen, die Autokorrelationen der Residuen, etwa mittels des Box-Pierce-Tests, auf Signifikanz zu überprüfen und im Falle der Nichtsignifikanz von unabhängigen Werten auszugehen, scheint mir nicht konservativ genug. Auch wenn in der Stichprobe massive Autokorrelationen vorliegen, die eine Varianzschätzung verzerren, wären die Koeffizienten bei kleinem Stichprobenumfang nicht signifikant. Es ist sicher sinnvoller, die absolute Größe der Autokorrelationen in der Residuumsreihe zu betrachten und grob davon auszugehen, dass Autokorrelationen von einem Absolutbetrag geringer als 0,2 nicht allzu entscheidend die Varianzschätzung beeinflussen. Selbst in diesem Fall wäre es sicher ein korrektes konservatives Vorgehen, bei positiven Autokorrelationen nach Table 4.2 in Glass u. Gottman (1978) das tatsächliche Signifikanzniveau nach oben zu korrigieren.

10. Signifikant heißt, dass die die Zeitreihen erzeugenden Prozesse unterschiedliche Parameter aufweisen. Bei Wiederholung der Untersuchung oder bei längeren Beobachtungsintervallen wäre demnach ein sehr ähnliches Ergebnis zu erwarten.

11. Vorab stellt sich die Frage nach der zu wählenden Ordnung, die bekanntlich möglichst niedrig gewünscht wird. Will man sich in diesem Stadium der Auswertung noch nicht entscheiden, lässt sich der obige Ansatz mit diversen Ordnungen für das autoregressive Modell machen, über deren beste erst anhand der Ergebnisse entschieden wird.

12. Neben dem hier geschilderten Verfahren, welches den großen Vorteil hat, nur lineare Gleichungssysteme lösen zu müssen – und somit auch eine prinzipiell bewältigbare Auswertung per Hand zulässt –, wurden in der Literatur diverse andere Vorschläge zur statistischen Absicherung von Interventionseffekten vorgebracht. Dazu gehört etwa das vergleichsweise bekannte Verfahren von Box u. Tiao (1975), welches bei Gottman (1981, S. 367) kurz beschrieben ist. Das Nebeneinander unterschiedlicher Auswertetechniken lässt die Vermutung aufkommen, dass keine davon letztlich ganz befriedigend ist.

10 Spektralanalyse

10.1 Einführung; Überblick

Im Rahmen einer Spektralanalyse[1] oder spektralen Zerlegung (spectral decomposition) wird versucht, die in einer Zeitreihe beobachtete Varianz durch Rückführung auf einzelne periodische Prozesse (oder Frequenzen) zu erklären. Dieses an sich recht elegante Verfahren ist allerdings auf psychologische, pädagogische und die meisten klinisch-medizinischen Daten nur beschränkt anwendbar, weil es eine sehr große Zahl an Messungen erfordert, im typischen Fall einige hundert. Hinzu kommt, dass sich die Daten der genannten Disziplinen häufig nicht adäquat auf diese Weise beschreiben lassen; anders ist es beispielsweise mit physikalischen, wohl auch teilweise mit ökonometrischen Datensätzen, für die Zerlegung in eine überschaubare Anzahl periodischer Prozesse eine sparsame und hinreichend vollständige Beschreibung liefert[2].

Insofern soll dieses Kapitel eher kurz ausfallen und lediglich eine grobe Vorstellung der Konzepte liefern. Angemerkt sei diesbezüglich schon hier, dass wir es nun mit einer anderen Herangehensweise an Zeitreihen zu tun haben, statt einer zeitbezogenen mit einer frequenzbezogenen (nach der Terminologie in Gottman, 1981: time domain versus frequency domain): Im Autokovariogramm (siehe 4.5) wurde eine empirische Zeitreihe durch die Autokovarianzen verschiedener lags (also Zeitdifferenzen) beschrieben, in den diversen Spektrogrammen (Periodogramm, Spektralverteilungsfunktion, Spektraldichtefunktion) geschieht die Beschreibung durch die verschiedenen Frequenzen (bzw. Periodizitäten) hinsichtlich ihrer Eignung zur Aufklärung der Gesamtvarianz. Tatsächlich lassen sich beide Betrachtungsweisen durch das Wiener-Khintchine-Theorem ineinander überführen.

Zunächst sind einige mathematische Ausführungen unerlässlich, welche auch nicht ganz einfach sein dürften. Ganz ohne Schaden für das Verständnis der eigentlichen Ausführungen zur Spektralanalyse wird man sie nicht überspringen können. Allerdings wird hier versucht, zusätzlich eine möglichst wenig technische Formulierung der wichtigsten Sachverhalte zu geben.

10.2 Mathematische Grundlagen

Periodische Funktionen
Betrachtet seien zunächst kontinuierliche reelle Funktionen, welche also für sämtliche Elemente der reellen Zahlen oder wenigstens einen Abschnitt der reellen Zahlengeraden definiert sind und jedem solchen Element t ein weiteres reelles Element $g(t)$ eindeutig zuordnen. Eine reelle Zahl P heißt Periode der Funktion g, wenn gilt:

$$g(t + P) = g(t) \quad \text{für beliebige } t \text{ des Definitionsbereichs.}$$

Man sagt auch, g ist P-periodisch oder g besitzt die Periodizität P. Der Kehrwert der Periode P wird als Frequenz fr der Funktion[3] bezeichnet, also $fr = 1/P$.

Ist P eine Periode von g, so ist es auch jedes ganzzahlige Vielfache von P, denn:

$$g(t+2P)=g(t+P+P)=g(t+P)=g(t);$$

$$g(t+n\cdot P)=g(t+P+P+...+P)=g(t); g(t-n\cdot P)=g(t-n\cdot P+P+P...+P)=g(t).$$

Bekannteste Beispiele für periodische kontinuierliche Funktionen sind die unten besprochenen Sinus- und die Cosinusfunktionen in ihren diversen Varianten.

Perioden sind ebenso für diskrete Funktionen definiert, also für jene, die nur für einzelne Punkte der reellen Zahlengeraden erklärt sind, z. B. die (deterministische) Zeitreihen erzeugenden Funktionen; bei letzteren schreibt man bekanntlich nicht $g(t)$, sondern $x(t)$, um auszudrücken, dass sich die Funktionswerte als Messwerte in einer Variable X ergeben. In perfekter Entsprechung gilt: Eine nur für einzelne Zeitpunkte definierte (also diskrete) Funktion $x(t)$ besitzt die Periode P, wenn gilt: $x(t + P) = x(t)$ für $t = 1, 2, ..., K$. Mit P ist $2P$, $3P$, .., nP ebenfalls eine Periode. Beispielsweise hat die Zeitreihe $-1, 0, +1, -1, 0, +1, -1, 0, +1,..., -1, 0, +1,...$ die Periode $P = 3$, außerdem die Perioden 6, 9, 12 usw.

Die Sinusfunktion

Aus der Geometrie ist der Sinus eines Winkels α bekannt, geschrieben als $\sin \alpha$ und definiert als Länge der Kathete, welche in einem rechtwinkligen Dreieck mit der Hypothenusenlänge 1 dem Winkel α gegenüberliegt. Es gilt dann:

$$\sin 0° = 0; \sin 45° = 1/\sqrt{2} = 0{,}71; \sin 90° = 1; \sin 180° = 0; \sin 270° = -1; \sin 360° = 0.$$

Es ist sinnvoll, den Sinus auch für Winkel größer als 360° sowie für negative Winkel zu definieren. Dazu zieht man so viele Vielfache von 360° ab oder addiert sie, dass der resultierende Winkel im Bereich zwischen 0° und 360° liegt. Etwa:

$$\sin 780° = \sin 60° = 0{,}87; \sin(-1000°) = \sin(3\cdot 360° - 1000°) = \sin 80° = 0{,}98.$$

Bekanntlich lässt sich ein Winkel α nicht nur in Winkelgraden angeben, sondern auch im Bogenmaß (zuweilen als arc α geschrieben): Darunter wird die Länge verstanden, die α aus dem Kreis mit Radius 1 ausschneidet; da der Gesamtumfang des Kreises $2\cdot\pi$ beträgt (welchem ein α von 360° entspricht), lautet die Umrechnungsformel:

$$\alpha \text{ im Bogenmaß} = arc\,\alpha = \frac{\alpha°}{360°}\cdot 2\pi.$$

Der Winkel 0° hat im Bogenmaß den Wert 0; 45° ist im Bogenmaß $\pi/4$, 90° entspricht $\pi/2$, 180° entspricht π, 360° dem Bogenmaß 2π. Damit lässt sich der Sinus nicht nur für Winkel, sondern für jede beliebige reelle Zahl definieren[4]: Der Sinus einer Zahl t, geschrieben $\sin t$, ist der Sinus jenes Winkels α, welcher im Bogenmaß den Wert t hat. Beispielsweise:

$$\sin 1 = \sin \frac{360°}{2\pi}\cdot 1 = \sin 57{,}32° = 0{,}84; \quad \sin 4{,}8 = \sin \frac{360°}{2\pi}\cdot 4{,}8 = \sin 275{,}16° = -0{,}99;$$

$$\sin 2\pi = \sin \frac{360°}{2\pi}\cdot 2\pi = \sin 360° = 0.$$

Die Sinusfunktion hat – wie aus dem oben Gesagten leicht ableitbar – die Periode 2π; es gilt also $\sin(t + 2\pi) = \sin t$ für beliebige t; ebenso $\sin(t + n \cdot 2\pi) = \sin t$ für alle reellen Werte t und für alle ganzzahligen n.

Das Bild der Sinusfunktion („Sinusschwingung") ist bekannt und einprägsam: Ein wellenfömiger Verlauf mit positiven Werten zwischen 0 und π (mit Maximum bei $\pi/2$), negativen zwischen π und 2π (Minimum bei $3 \cdot \pi/2$); ab 2π wiederholt sich der Verlauf, dann wieder ab 4π, usw.

Die Funktion $g(t) = \sin 2t$ hat – weil es auf der Zeitachse doppelt so schnell vorangeht –, eine nur halb so große Periode, also π; denn:

$$g(t+\pi)=\sin 2 \cdot (t+\pi)=\sin(2t+2\pi)=\sin 2t=g(t).$$

Die Funktion $h(t)=\sin 2\pi t$ besitzt die Periode 1, es besteht nämlich die Identität:

$$h(t+1)=\sin 2\pi(t+1)=\sin(2\pi t+2\pi)=\sin 2\pi t=h(t).$$

Allgemein gilt: Die Funktion $\sin a \cdot 2\pi t$ hat die Periode $P = 1/a$, denn:

$$\sin a \cdot 2\pi(t+\frac{1}{a})=\sin(a \cdot 2\pi \cdot t+a \cdot 2\pi \cdot \frac{1}{a})=\sin(a \cdot 2\pi \cdot t+2\pi)=\sin(a \cdot 2\pi \cdot t).$$

Dies hat eine für die unten zu besprechende Fourier-Darstellung von Funktionen wichtige Konsequenz: Eine P-periodische Funktion $g(t)$, d. h. mit der Eigenschaft $g(t + P) = g(t)$ und der Frequenz $fr = 1/P$, zeigt – bis auf eine eventuelle Verschiebung längs der t-Achse – gleichen (schematischen) Verlauf wie die Funktion

$$\sin \frac{2\pi}{P} \cdot t = \sin fr \cdot 2\pi \cdot t.$$ Und noch weiter gehend:

Mit geeigneten Konstanten a, b und c bietet die Funktion

$$a+b \cdot \sin \frac{2\pi}{P} \cdot (t-c) = a+b \sin fr \cdot 2\pi \cdot (t-c)$$

für eine mit bestimmten Eigenschaften ausgestattete, sonst aber weitgehend beliebige P-periodische Funktion (etwa eine Periodizitäten aufweisende Zeitreihe) eine gewisse Annäherung. Diese Annäherung gestaltet sich noch besser, wenn Sinusschwingungen kleinerer Perioden (z. B. der Perioden $P/2; P/3;...; P/n$) bzw. größerer Frequenzen $2 \cdot fr; 3 \cdot fr;..; n \cdot fr$ hinzugenommen[5] werden (siehe unten).

Die Cosinusfunktion

Sie definiert sich wie die Sinusfunktion zunächst geometrisch für Winkel (ebenso aber analytisch; siehe Anmerkung 4), nämlich als die Länge der dem Winkel anliegenden Kathete in einem rechtwinkligen Dreieck mit der Hypothenusenlänge 1. Mit dem oben erklärten Bogenmaß von Winkeln gilt dann beispielsweise:

$$\cos 0° = \cos 0 = 1; \cos 45° = \cos(\pi/4) = 0,71; \cos 90° = \cos \pi/2 = 0;$$
$$\cos 180° = \cos \pi = -1; \cos 360° = \cos 2\pi = 1.$$

Wie nicht schwer zu beweisen, besteht folgende wichtige Beziehung zwischen der Sinus- und der Cosinusfunktion:

$$\cos t = \sin(t - \pi/2); z. B. \cos 90° = \cos(\pi/2) = \sin(\pi/2 - \pi/2) = \sin 0 = 0.$$
Allgemeiner gilt:

$a \cdot \sin(\omega t + b) = c \cdot \sin \omega t + d \cdot \cos \omega t$.

Jede nicht durch den Punkt (0;0) gehende Sinusfunktion lässt sich also mit geeigneten Konstanten als Summe einer unverschobenen Sinusfunktion und einer unverschobenen Cosinusfunktion darstellen. Diese Beziehung ist sehr hilfreich bei der Darstellung zyklischer Funktionen und wurde bereits in 8.5 benutzt.

Das Bild der Cosinusfunktion $g(t) = \cos t$ zeigt gleichfalls den wellenförmigen Verlauf, ist aber gegenüber dem der Sinusfunktion um $\pi/2$ nach links verschoben; die Funktion ist ebenfalls 2π-periodisch. Die Funktion $\cos a \cdot 2\pi \cdot t$ hat die Periode $P = 1/a$. Es gilt das für die Sinusfunktion Gesagte: Mit geeigneten Konstanten $\tilde{a}, \tilde{b}, \tilde{c}$ kann

$$\tilde{a} + \tilde{b} \cdot \cos \frac{2\pi}{P} \cdot (t - \tilde{c}) = \tilde{a} + \tilde{b} \cos fr \cdot 2\pi \cdot (t - \tilde{c})$$

bestimmte P-periodische Funktionen mit Frequenzen fr zu einem gewissen Grade annähern. Wieder lässt sich diese Annäherung verbessern, wenn Cosinusschwingungen kleinerer Perioden (somit höherer Frequenzen) hinzugenommen werden. Und es überrascht auch nicht, dass eine solche Approximation besonders gut gelingt, wenn man sowohl eine Reihe von Sinus- als auch von Cosinusfunktionen dazu heranzieht; dies führt auf die Theorie der Fourierreihen.

Trigonometrische Polynome und Fourier-Reihen
Ein Ausdruck der Form

$$g(t) = c_0 + a_1 \cdot \cos \frac{2\pi}{P} \cdot t + a_2 \cdot \cos \frac{2\pi}{P} \cdot 2t + \dots + a_{n_1} \cdot \cos \frac{2\pi}{P} \cdot n_1 t + b_1 \sin \frac{2\pi}{P} \cdot t + \dots + b_{n_2} \cdot \sin \frac{2\pi}{P} \cdot n_2 t$$

wird *trigometrisches Polynom* genannt[6]; dies lässt sich eleganter schreiben:

$$g(t) = c_0 + \sum_{j=1}^{n_1} a_j \cdot \cos \frac{2\pi}{P} \cdot j \cdot t + \sum_{j=1}^{n_2} b_j \cdot \sin \frac{2\pi}{P} \cdot j \cdot t \ .$$

Ein solches trigonometrisches Polynom hat die Periode P, denn:

$$g(t+P) = c_0 + \sum_{j=1}^{n_1} a_j \cdot \cos \frac{2\pi}{P} \cdot j \cdot (t+P) + \sum_{j=1}^{n_2} b_j \cdot \sin \frac{2\pi}{P} \cdot j \cdot (t+P) =$$

$$c_0 + \sum_{j=1}^{n_1} a_j \cdot \cos(\frac{2\pi}{P} \cdot j \cdot t + 2\pi \cdot j) + \sum_{j=1}^{n_2} b_j \cdot \sin(\frac{2\pi}{P} \cdot j \cdot t + 2\pi \cdot j) =$$

$$c_0 + \sum_{j=1}^{n_1} a_j \cdot \cos \frac{2\pi}{P} \cdot j \cdot t + \sum_{j=1}^{n_2} b_j \cdot \sin \frac{2\pi}{P} \cdot j \cdot t = g(t).$$

Es wird sich daher vermutlich gut eignen, eine P-periodische Funktion $h(t)$ anzunähern, wenn die beiden Grade des Polynoms n_1 und n_2 sowie die Konstanten $c_0; a_1; a_2; \dots; a_{n_1}; b_1; b_2; \dots, b_{n_2}$ entsprechend gewählt werden.

Eine unendliche Reihe der Form

$$c_0 + \sum_{j=1}^{\infty} a_j \cdot \cos\frac{2\pi}{P} \cdot j \cdot t + \sum_{j=1}^{\infty} b_j \cdot \sin\frac{2\pi}{P} \cdot j \cdot t$$

heißt, sofern sie konvergiert, *Fourier-Reihe*, die Konstanten c_0, a_j, b_j *Fourier-Koeffizienten*. Es gilt dann die wichtige Aussage: Eine P-periodische Funktion $h(t)$ – vorausgesetzt, sie erfüllt relativ schwache Voraussetzungen bezüglich Stetigkeit und Differenzierbarkeit – lässt sich durch eine Fourier-Reihe mit geeigneten Koeffizienten beliebig genau annähern. Für sämtliche Werte t des Definitionsbereichs gilt also:

$$h(t) = c_0 + \sum_{j=1}^{\infty} a_j \cdot \cos\frac{2\pi}{P} \cdot j \cdot t + \sum_{j=1}^{\infty} b_j \cdot \sin\frac{2\pi}{P} \cdot j \cdot t.$$

Die rechte Seite der Gleichung heißt auch *Fourier-Darstellung* oder *Fourier-Transformation* von $h(t)$. Wie nicht überraschend, werden jene trigonometrischen Funktionen, deren Periode mit der kleinsten Periode P von $h(t)$ übereinstimmt, nämlich

$$\cos\frac{2\pi}{P} \cdot 1 \cdot t \text{ und } \sin\frac{2\pi}{P} \cdot 1 \cdot t \ ,$$

dabei am stärksten gewichtet; die Fourier-Koeffizienten a_1 und b_1 sind deshalb betragsmäßig am größten. Die Absolutbeträge der a_j und b_j gehen mit wachsendem j gegen 0; ab einer gewissen Ordnung lassen sich deswegen die Fourier-Koeffizienten vernachlässigen und die Reihe auf ein einfaches trigonometrisches Polynom mit wenigen Gliedern reduzieren. Zudem fallen oft entweder die a_j (also sämtliche Cosinusfunktionen) weg (nämlich wenn $h(t)$ ungerade ist, also $h(t) = -h(-t)$ gilt) oder alle b_j (im Falle gerader Funktionen); das so kompliziert erscheinende Gebilde der obigen Gleichung reduziert sich daher nicht selten auf wenige Sinus- oder Cosinusfunktionen, deren Koeffizienten bei Kenntnis von $h(t)$ sich mittels oft einfacher Rechenoperationen gewinnen lassen[7].

Vorteil des Verfahrens ist, dass die Elemente der Fourier-Reihen, die Sinus- und Cosinusfunktionen, gut verstanden sind und sich so viele ihrer Eigenschaften auf die bis dahin möglicherweise wenig bekannte Funktion $h(t)$ übertragen lassen.

10.3 Fourier-Approximationen von Zeitreihen

Fourier-Reihen, oben zur Darstellung kontinuierlicher periodischer Funktionen eingeführt, eignen sich auch in gewissem Maße, um Zeitreihen, also diskrete Funktionen, in einem begrenzten Definitionsbereich zu approximieren.

Gegeben sei eine empirische Zeitreihe $x(1), x(2),..., x(K)$ mit Mittelwert 0, welche Realisation einer theoretischen Zeitreihe $X(t)$ ist; letztere soll durch eine Fourier-Approximation, also durch trigonometrische Polynome möglichst niedrigen Grades, dargestellt werden. $X(t)$ enthält möglicherweise Periodizitäten P, $2P$, $3P$, welche uns aber unbekannt sind; insofern ist die Gewinnung von Fourier-Koeffizienten, so wie in Anmerkung 7 für kontinuierliche Funktion mit bekannter Periode demonstriert, nicht möglich. Zur Fourier-Darstellung von $X(t)$ ist man allein auf die empirische Zeitreihe angewiesen, der deshalb versuchsweise diverse Periodizitäten unterlegt werden. Als größte mögliche Periodizität wird die Zeitreihenlänge K angenommen, somit als kleinste mögliche Frequenz $1/K$; als weitere Frequenz für die Darstellung wählen wir

$(1/K) \cdot 2$, dann $(1/K) \cdot 3$ usw. (entsprechend den Periodizitäten $\dfrac{K}{2}; \dfrac{K}{3}; ...$).

Dabei ist es sinnvoll, sich mit einer überschaubaren Zahl von Frequenzen zu begnügen, welche maximal die Hälfte von K betragen soll. Dies ist insofern einleuchtend, als bei Approximation mit einem trigonometrischen Polynom der unten definierten Art $2 \cdot J$ Konstanten zu berechnen sind, deren Zahl die der Gleichungen (nämlich K) nicht übersteigen darf. Im hier der Einfachheit halber angenommenen Fall sei K ungerade, womit als maximaler Grad für die trigonometrischen Polynome

$J = \dfrac{K-1}{2}$ zu wählen ist[8].

Dann lautet die Approximation der empirischen Zeitreihe mittels eines endlichen trigonometrischen Polynoms (mittels einer endlichen Fourier-Reihe):

10.1 $\quad x(t) = \displaystyle\sum_{j=1}^{J} a_j \cdot \cos \frac{2\pi}{K} \cdot j \cdot t + \sum_{j=1}^{J} b_j \cdot \sin \frac{2\pi}{K} \cdot j \cdot t + e(t).$

Allerdings sind die Koeffizienten a_j und b_j Charakteristika der theoretischen Zeitreihe und als solche unbekannt, können bestenfalls geschätzt werden. Wir wählen diese Schätzwerte $\hat{a}_1; \hat{a}_2; ...; \hat{a}_J; \hat{b}_1; \hat{b}_2; ...; \hat{b}_J$ nun in gewohnter Weise so, dass mit

$\hat{x}(t) = \displaystyle\sum_{j=1}^{J} \hat{a}_j \cdot \cos \frac{2\pi}{K} \cdot j \cdot t + \sum_{j=1}^{J} \hat{b}_j \cdot \sin \frac{2\pi}{K} \cdot j \cdot t$ ´

die Summe der Abweichungsquadrate $\displaystyle\sum_{t=1}^{K} [\hat{x}(t) - x(t)]^2$ einen Minimalwert hat.

Die gesuchten Koeffizienten bestimmen sich nun – so das wichtige Ergebnis – mittels der Formel[9]:

10.2 $\quad \hat{a}_j = \dfrac{1}{K} \displaystyle\sum_{t=1}^{K} x(t) \cdot \cos \frac{2\pi}{K} \cdot j \cdot t$ und $\hat{b}_j = \dfrac{1}{K} \displaystyle\sum_{t=1}^{K} x(t) \cdot \sin \frac{2\pi}{K} \cdot j \cdot t.$

Um $\hat{a}_1$, den Koeffizienten des ersten Cosinusterms des Fourier-Polynoms, zu erhalten, bestimmt man also die Kovarianz der beiden (zentrierten) Zeitreihen

$x(t)$ und $\cos \dfrac{2\pi}{K} \cdot 1 \cdot t$.

Die Kovarianz von $x(t)$ mit der Zeitreihe

$\cos \dfrac{2\pi}{K} \cdot 2 \cdot t$

liefert dann $\hat{a}_2$, den Koeffizienten des zweiten Cosinusterms, usw. und Analoges gilt für die Koeffizienten der Sinusfunktionen. Die Zeitreihe $x(t)$ durchläuft dabei jedes Mal ihre Periode – und zwar nur einmal. Die Zeitreihe

$\cos \dfrac{2\pi}{K} \cdot 1 \cdot t$ tut dies ebenfalls genau einmal pro Periode, wohingegen die Zeitreihen $\cos \dfrac{2\pi}{K} \cdot 2 \cdot t; \cos \dfrac{2\pi}{K} \cdot 3 \cdot t; ... \cos \dfrac{2\pi}{K} \cdot j \cdot t$ dieselbe zweimal, ..., j-mal durchlaufen.

Der ungewohnte Sachverhalt sei an einer kurzen Zeitreihe $x(t)$ mit 9 Gliedern demonstriert, welche lautet: 1; 0; –1; 1; 0; –1; 1; 0; –1.

Für die Fourier-Approximation der Zeitreihe sind nach dem oben Gesagten Cosinus- und Sinusfunktionen bis zur Ordnung 4 heranzuziehen. Sie lauten:

$$\cos \frac{2\pi}{9} t; \cos \frac{2\pi}{9} \cdot 2t; \cos \frac{2\pi}{9} \cdot 3t; \cos \frac{2\pi}{9} \cdot 4t; \sin \frac{2\pi}{9} t; \sin \frac{2\pi}{9} \cdot 2t; \sin \frac{2\pi}{9} \cdot 3t; \sin \frac{2\pi}{9} \cdot 4t.$$

Tabelle 10.1: Schema zur Bestimmung der Fourier-Koeffizienten

t	1	2	3	4	5	6	7	8	9	
$x(t)$	1	0	–1	1	0	–1	1	0	–1	
$\cos \dfrac{2\pi}{9} \cdot 1 \cdot t$	0,77	0,17	–0,5	–0,94	–0,94	–0,5	0,17	0,77	1	
$x(t) \cdot \cos \dfrac{2\pi}{9} \cdot 1 \cdot t$	0,77	0	0,5	–0,94	0	0,5	0,17	0	–1	$\dfrac{2}{9} \displaystyle\sum_{t=1}^{9} x(t) \cdot \cos \dfrac{2\pi}{9} \cdot 1 \cdot t = 0$
$\cos \dfrac{2\pi}{9} \cdot 2 \cdot t$	0,17	–0,94	–0,5	0,76	0,76	–0,5	–0,94	0,17	1	
$x(t) \cdot \cos \dfrac{2\pi}{9} \cdot 2 \cdot t$	0,17	0	0,5	0,76	0	0,5	–0,94	0	1	$\dfrac{2}{9} \displaystyle\sum_{t=1}^{9} x(t) \cdot \cos \dfrac{2\pi}{9} \cdot 2 \cdot t = 0$
$\cos \dfrac{2\pi}{9} \cdot 3 \cdot t$	–0,5	–0,5	1	–0,5	–0,5	1	–0,5	–0,5	1	
$x(t) \cdot \cos \dfrac{2\pi}{9} \cdot 3 \cdot t$	–0,5	0	–1	–0,5	0	–1	–0,5	0	–1	$\dfrac{2}{9} \displaystyle\sum_{t=1}^{9} x(t) \cdot \cos \dfrac{2\pi}{9} \cdot 3 \cdot t = -1$
$\cos \dfrac{2\pi}{9} \cdot 4 \cdot t$	–0,94	0,76	–0,5	0,17	0,17	–0,5	0,76	–0,94	1	
$x(t) \cdot \cos \dfrac{2\pi}{9} \cdot 4 \cdot t$	–0,94	0	0,5	0,17	0	0,5	0,76	0	–1	$\dfrac{2}{9} \displaystyle\sum_{t=1}^{9} x(t) \cdot \cos \dfrac{2\pi}{9} \cdot 4 \cdot t = 0$
$\sin \dfrac{2\pi}{9} \cdot 1 \cdot t$	0,64	0,98	0,87	0,34	–0,34	–0,86	–0,98	–0,64	0	
$x(t) \cdot \sin \dfrac{2\pi}{9} \cdot 1 \cdot t$	0,64	0	–0,87	0,34	0	0,86	–0,98	0	0	$\dfrac{2}{9} \displaystyle\sum_{t=1}^{9} x(t) \cdot \sin \dfrac{2\pi}{9} \cdot 1 \cdot t = 0$
$\sin \dfrac{2\pi}{9} \cdot 2 \cdot t$	0,98	0,34	–0,87	–0,64	0,64	0,87	–0,34	–0,98	0	
$x(t) \cdot \sin \dfrac{2\pi}{9} \cdot 2 \cdot t$	0,98	0	0,87	–0,64	0	–0,87	–0,34	0	0	$\dfrac{2}{9} \displaystyle\sum_{t=1}^{9} x(t) \cdot \sin \dfrac{2\pi}{9} \cdot 2 \cdot t = 0$
$\sin \dfrac{2\pi}{9} \cdot 3 \cdot t$	0,87	–0,87	0	0,87	–0,87	0	0,87	–0,87	0	
$x(t) \cdot \sin \dfrac{2\pi}{9} \cdot 3 \cdot t$	0,87	0	0	0,87	0	0	0,87	0	0	$\dfrac{2}{9} \displaystyle\sum_{t=1}^{9} x(t) \cdot \sin \dfrac{2\pi}{9} \cdot 3 \cdot t = 0,58$
$\sin \dfrac{2\pi}{9} \cdot 4 \cdot t$	0,34	–0,64	0,87	–0,98	0,98	–0,87	0,64	–0,34	0	
$x(t) \cdot \sin \dfrac{2\pi}{9} \cdot 4 \cdot t$	0,34	0	–0,87	–0,98	0	0,87	0,64	0	0	$\dfrac{2}{9} \displaystyle\sum_{t=1}^{9} x(t) \cdot \sin \dfrac{2\pi}{9} \cdot 4 \cdot t = 0$

In der äußersten rechten Spalte von Tabelle 10.1 finden sich die Fourierkoeffizienten zur Approximation der Zeitreihe, nämlich:

$\hat{a}_1 = 0; \hat{a}_2 = 0; \hat{a}_3 = -1; \hat{a}_4 = 0; \hat{b}_1 = 0; \hat{b}_2 = 0; \hat{b}_3 = 0,58; \hat{b}_4 = 0.$

Die Fourier-Approximation der kurzen Zeitreihe lautet somit:

$$\hat{x}(t) = -1 \cdot \cos\frac{2\pi}{9} \cdot 3 \cdot t + 0,58 \cdot \sin\frac{2\pi}{9} \cdot 3 \cdot t.$$

Diese Approximation ist auch sehr befriedigend, denn man bestimmt:

$$\hat{x}(1) = -1 \cdot \cos\frac{2\pi}{9} \cdot 3 \cdot 1 + 0,58 \cdot \sin\frac{2\pi}{9} \cdot 3 \cdot 1 = 1; \hat{x}(2) = -1 \cdot \cos\frac{2\pi}{9} \cdot 3 \cdot 2 + 0,58 \cdot \sin\frac{2\pi}{9} \cdot 3 \cdot 2 = 0;$$

$$\hat{x}(3) = -1 \cdot \cos\frac{2\pi}{9} \cdot 3 \cdot 3 + 0,58 \cdot \sin\frac{2\pi}{9} \cdot 3 \cdot 9 = -1;$$

$$\hat{x}(4) = -1 \cdot \cos\frac{2\pi}{9} \cdot 4 + 0,58 \cdot \sin\frac{2\pi}{9} \cdot 4 = -1 \cdot \cos(\frac{2\pi}{9} \cdot 3 \cdot 1 + 2\pi) + 0,58 \cdot \sin(\frac{2\pi}{9} \cdot 3 \cdot 1 + 2\pi)$$

$$= -1 \cdot \cos(\frac{2\pi}{9} \cdot 3 \cdot 1) + 0,58 \cdot \sin(\frac{2\pi}{9} \cdot 3 \cdot 1) = 1;$$

$$\hat{x}(5) = \hat{x}(8) = 0; \hat{x}(6) = \hat{x}(9) = -1.$$

Wie zu sehen, fallen die Koeffizienten jener trigonometrischen Funktionen besonders ins Gewicht, deren Frequenzen (hier $1/3$) mit den Periodizitäten der Zeitreihe zusammenfallen (hier 3). Dies führt zum Periodogramm einer Zeitreihe.

10.4 Das Periodogramm

Zunächst sei an das Autokovariogramm einer empirischen Zeitreihe x(t) erinnert (siehe 4.5): Dort wurde für lag 1, 2, ... jeweils die Autokovarianz der Zeitreihe bestimmt und gegen den auf der x-Achse (eigentlich der Zeitachse) dargestellten lag aufgetragen. Dieses Autokovariogramm charakterisiert in gewissem Grade die betrachtete Zeitreihe, wenn auch der Einfluss von Zufallsmomenten hinzukommt.

Ebenso lässt sich für diese Zeitreihe ein Periodogramm[10] erstellen, welches allerdings nicht so unmittelbar inhaltlich zugänglich wird.

Im Rahmen von A. Schusters Ansatz, eine Zeitreihe nicht durch ein trigonometrisches Polynom höheren Grades, sondern durch ein einziges Paar von Funktionen

$$x(t) = a_j \cdot \cos 2\pi \cdot fr_j \cdot t + b_j \cdot \sin 2\pi \cdot fr_j \cdot t + e(t)$$

darstellen, erhebt sich das Problem der am günstigsten dafür zu einzusetzenden Konstante fr_j; diese Größe ist der reziproke Wert der den beiden trigonometrischen Funktionen gemeinsamen Periode P_j und sinnvollerweise so zu wählen, dass die Periodizität der darstellenden Funktionen mit der der darzustellenden Zeitreihe so gut wie möglich zusammenfällt. Allerdings kennt man die Periodizität noch nicht, und zudem könnten in den Daten mehrere davon verborgen sein. Schuster hatte daher den Gedanken, diverse Periodizitäten für die trigonometrischen Funktionen versuchsweise anzusetzen und zu überprüfen, mit welcher der Verlauf der Zeitreihe am besten simuliert wird. Als Maß dieser Übereinstimmung wählte er die Größe

$$I(fr) = \frac{1}{2\pi K} \cdot [(\sum_{t=1}^{K} x(t) \cdot \cos 2\pi \cdot fr \cdot t)^2 + (\sum_{t=1}^{K} x(t) \cdot \sin 2\pi \cdot fr \cdot t)^2].$$

Es sei nachdrücklich angemerkt, dass in der Literatur unterschiedliche Definitionen für *I(fr)*, also das Periodogramm, vorliegen – siehe etwa Schlittgen (2001), Chatfield (1982) –, von denen jede Vor- und Nachteile besitzt. Hier soll die von Gottman (1981, S. 205) gegebene benutzt werden, nachdem wir diesem Autor auch sonst in der Terminologie weitgehend gefolgt sind. Sinnvoll scheint in jedem Fall, den Sinus und Cosinus nicht von *fr·t*, sondern von *2π·fr·t* zu bilden, denn nur dann ist die Periodizität der trigonometrischen Funktionen mit jener der Zeitreihe vergleichbar.

Die Größe $I(fr)$, für die offenbar keine spezielle Bezeichnung existiert – Dichte wäre vielleicht die treffendste –, stellt eine summierte und normierte Kovarianz dar, welche die Zeitreihe mit dem jeweiligen darstellenden Funktionenpaar zeigt. Wird $I(fr)$ gegen *fr* aufgetragen, erhält man das *Periodogramm*. Der Ausdruck ist denkbar ungeeignet: Es wird ja nicht *die Periode gegen etwas* aufgetragen – so wie beim Autokovariogramm die Autokovarianz gegen den lag –, sondern *etwas wird gegen die Periode* aufgetragen; üblicherweise geschieht dieses Auftragen zudem nicht gegen die Periode, sondern gegen ihren *Kehrwert*, die Frequenz *fr*.

Zur Erstellung des Periodogramms einer Zeitreihe werden für die Frequenzen (die unabhängige Variable) wieder die Größen

$$fr(j) = \frac{1}{K} \cdot j \text{ mit } j = 1, 2, \ldots, J$$

angesetzt, wobei *J* die halbe Länge der Zeitreihe nicht überschreiten darf.

Erstellung des Periodogramms für jene Zeitreihe, an der im letzten Abschnitt die Fourier-Approximation demonstriert wurde, soll die Vorgehensweise demonstrieren. Wir betrachten also die Zeitreihe 1; 0; –1; 1; 0; –1; 1; 0; –1 mit der Länge *K* = 9.

Ihre Varianz beträgt 0,75 (bei Division durch *K* – 1 = 8) bzw. 0,67 (durch Division durch *K* = 9).

Für die niedrigste wählbare Frequenz $fr = \frac{1}{9} \cdot 1$ bestimmt sich dann:

$$I(fr_1) = I(\frac{1}{9} \cdot 1) = \frac{1}{2\pi 9} [(\sum_{t=1}^{9} x(t) \cdot \cos \frac{1}{9} 2\pi t)^2 + (\sum_{t=1}^{9} x(t) \cdot \sin \frac{1}{9} 2\pi t)^2 =$$

$$\frac{1}{18 \cdot \pi} [1 \cdot 0,77 + 0 \cdot 0,17 + (-1) \cdot (-0,5) + 1 \cdot (-0,94) + 0 \cdot (-0,94) + (-1) \cdot (-0,5) + 1 \cdot 0,17 + 0 \cdot 0,76 + (-1) \cdot 1]^2 +$$

$$\frac{1}{18 \cdot \pi} [1 \cdot 0,64 + 0 \cdot 0,98 + (-1) \cdot (0,87) + 1 \cdot (0,34) + 0 \cdot (-0,34) + (-1) \cdot (-0,87) + 1 \cdot (-0,98) + 0 \cdot (-0,64) + (-1) \cdot 0]^2$$

$$= 0.$$

Für die nächsthöhere Frequenz $fr_2 = \frac{1}{9} \cdot 2$ gilt: $I(\frac{1}{9} \cdot 2) = 0$.

Für $fr_3 = \frac{1}{9} \cdot 3 = \frac{1}{3}$:

$$I(\frac{1}{9}\cdot 3)=\frac{1}{2\pi 9}[(\sum_{t=1}^{9}x(t)\cdot\cos\frac{1}{9}\cdot 6\pi t)^2+(\sum_{t=1}^{9}x(t)\cdot\sin\frac{1}{9}\cdot 6\pi t)^2]=$$

$$\frac{1}{18\cdot\pi}[1\cdot(-0,5)+0\cdot(-0,5)+(-1)\cdot 1+1\cdot(-0,5)+0\cdot(-0,5)+(-1)\cdot 1+1\cdot(-0,5)+0\cdot(-0,5)+(-1)\cdot 1]^2+$$

$$\frac{1}{18\cdot\pi}[1\cdot 0,87+0\cdot(-0,87)+(-1)\cdot 0+1\cdot 0,87+0\cdot(-0,87)+(-1)\cdot 0+1\cdot 0,87+0\cdot(-0,87)+(-1)\cdot 0]^2$$

$$=\frac{1}{18\cdot\pi}[-4,5]^2+\frac{1}{18\cdot\pi}[2,61]^2=0,48.$$

Schließlich: $I(\frac{1}{9}\cdot 4)=0$.

Offensichtlich kamen hier die gleichen Rechenprozeduren zum Einsatz wie in Tabelle 10.1 zur Schätzung der Konstanten in der Fourier-Approximation. Dies gestattet eine interessante Sichtweise der Größe *I(fr)* (siehe unten).

Zunächst aber zum Periodogramm: Der Graph (siehe Abbildung 10.1) zeigt einen deutlich erhöhten Wert von *I(fr)* bei

$$fr=\frac{1}{3};$$

hier ist also die Kovarianz zwischen dem Funktionenpaar einerseits, der Zeitreihe andererseits am größten; dies entspricht nur den Erwartungen, denn die Zeitreihe hat ganz offenbar die Periodizität 3 und dies ist auch die Periodizität der Funktionen

$$\cos\frac{1}{3}\cdot 2\pi t \text{ und } \sin\frac{1}{3}\cdot 2\pi t;$$

für alle anderen Frequenzen ergibt sich der Wert 0. Es zeigt sich also ein Linienspektrum, Zeichen einer ausschließlich deterministischen Zeitreihe ohne stochastische Anteile und ohne Fehlerterme. Dass diese ultrakurze Zeitreihe ein so klares Periodogramm zeigt, liegt natürlich daran, dass ihre Werte aus didaktischen Gründen „schön" gewählt wurden. Bei üblichen empirischen Zeitreihen mit unsystematischen Fehlerkomponenten sind die Verläufe meist weniger klar. Es wurde schon betont, dass zur Bestimmung eines aussagekräftigen Periodogramms die Zeitreihe möglichst lang sein sollte; in der Untersuchung von Whittacker und Robinson (1924) lagen z. B. über 600 Beobachtungen zur Helligkeit eines Sterns vor.

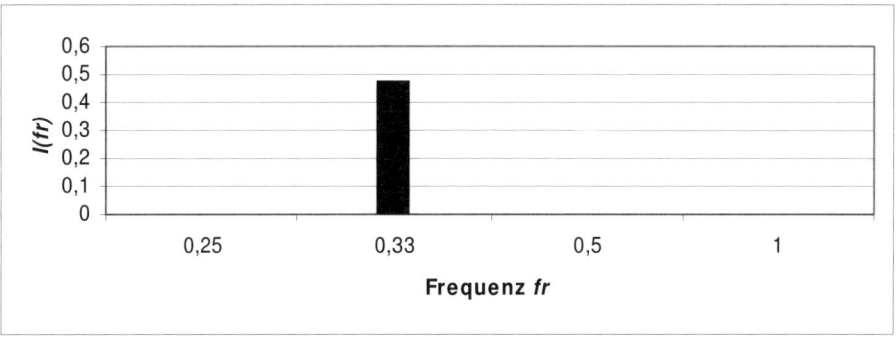

Abbildung 10.1: Periodogramm der betrachteten Zeitreihe

Eine solche Zeitreihe, wie sie in empirischen Datensätzen anfällt, ist zum einen natürlich wesentlich länger, womit auch die Größe *I(fr)* für sehr viel mehr Frequenzen berechnet werden muss, beispielsweise bei $K = 101$ für die Frequenzen

$$\frac{1}{101}; \frac{1}{101} \cdot 2; ...; \frac{1}{101} \cdot 50 \, .$$

Damit ergibt sich in der graphischen Darstellung eher das Bild einer kontinuierlichen Funktion, deren Argumente (*x*-Werte) sich im Bereich zwischen 0 und 0,5 zusammendrängen, woraus oft ein recht unübersichtliches Bild resultiert – deswegen tragen einige Autoren in einem korrekter so genannten Periodogramm die Größe *I(fr)* gegen die Perioden

$$K; \frac{K}{2}; \frac{K}{3}; ...; \frac{K}{(K-1)/2} \quad \text{auf,}$$

was die Suche nach den vertrauten Perioden (wie 7, 30, 365) sehr erleichtert. Gleichgültig, ob *I(fr)* gegen *fr* oder gegen *P* aufgetragen wird, gilt: Im Fall rein deterministischer Anteile mit Fehlerkomponenten zeigen sich die Hauptfrequenzen weniger in klaren Linien, sondern in hohen Spitzen; kommen stochastische Anteile in der Zeitreihe hinzu, finden sich breitere Kurven (Bänder). Die Periodizität der Zeitreihe spielt sich dann weniger in einzelnen Frequenzen ab, sondern eher in einer gewissen Spanne; so könnte über den Frequenzen

$$\frac{1}{28}; \frac{1}{29}; \frac{1}{30}; \frac{1}{31}; \frac{1}{32}$$

ein breiter Peak im Periodogramm zu beobachten sein, welcher einen ungefähren monatlichen Rhythmus der Vorgänge nahe legt.

Sinn des Periodogramms ist es, Regelmäßigkeiten in einer empirischen Zeitreihe zu entdecken. Sind die Fehlerkomponenten groß, so kann der schiere Augenschein keine Vermutungen über innewohnende Periodizitäten liefern. Indem man zahlreiche Frequenzen für eine Sinus- und Cosinusfunktion durchprobiert, hofft man auf jene zu treffen, die auch in der Zeitreihe verborgen sind. Anzumerken ist, dass keineswegs alle denkbaren Frequenzen getestet werden, sondern lediglich jene, welche ein Vielfaches der reziproken Zeitreihenlänge darstellen; insofern stellt das Periodogramm letztlich nur ein Schätzung dar.

> Periodogramme empirischer Zeitreihen werden erstellt, um mit bloßem Auge nicht sichtbare Periodizitäten aufzufinden. Man bestimmt dazu die Kovarianz der Zeitreihe mit bestimmten trigonometrischen Funktionen unterschiedlicher Frequenzen und sucht, für welche davon diese Kovarianz größere Werte annimmt.

Noch einmal zurück zur Größe *I(fr)* und ihrer inhaltlichen Bedeutung: Wie zu bemerken, waren zur Ermittlung der Fourier-Koeffizienten (siehe Tabelle 10.1) und zur Berechnung von *I(fr)* weitgehend gleiche Rechenschritte nötig, und es ist nicht schwer zu zeigen, dass sich letztere Größe auch mittels der Schätzkoeffizienten ausdrücken lässt, nämlich in der Form:

10.3 $\quad I(fr_j) = \dfrac{1}{4\pi} \cdot \sum_{t=1}^{K} [\hat{a}_j \cdot \cos fr_j \cdot t + \sum_{t=1}^{K} \hat{b}_j \cdot \sin fr_j \cdot t]^2 = \dfrac{K}{4 \cdot \pi} \cdot [\dfrac{\hat{a}_j^2 + \hat{b}_j^2}{2}]$;

von Konstanten abgesehen ist der Wert im Periodogramm für die Frequenz

$$fr_j = \dfrac{1}{K} \cdot j$$

die Summe der quadrierten zugehörigen Fourier-Koeffizienten. Dieser Term ist wiederum ein Maß, wieweit fr_j zur Zeitreihenvarianz beiträgt. Summation über alle quadrierten Koeffizienten (die quadrierten „Amplituden" der einzelnen Frequenzfunktionen) ergibt die doppelte Gesamtvarianz der Zeitreihe, wie zu bestätigen[11]:

$$\sum_{j=1}^{4} [\dfrac{\hat{a}_j^2 + \hat{b}_j^2}{2}] = \dfrac{1}{2} \cdot [\hat{a}_1^2 + \hat{b}_1^2 + \hat{a}_2^2 + \hat{b}_2^2 + \hat{a}_3^2 + \hat{b}_3^2 + \hat{a}_4^2 + \hat{b}_4^2] = \dfrac{1}{2} \cdot (1^2 + 0{,}58^2) = 0{,}67;$$

$$s_x^2 = \dfrac{1}{9} \cdot \sum_{t=1}^{9} (x_i - \bar{x})^2 = \dfrac{1}{9} \cdot \sum_{t=1}^{9} x_i^2 = \dfrac{1}{9} \cdot [1+0+1+1+0+1+1+0+1] = \dfrac{1}{9} = 0{,}67.$$

Die Summe der Periodogrammwerte ist also proportional zur Zeitreihenvarianz[12], gleichzeitig zur Länge der Zeitreihe, denn:

$$\sum_{j=1}^{J} I(fr_j) = \dfrac{K}{4 \cdot \pi} \cdot \sum_{j=1}^{J} [\dfrac{\hat{a}_j^2 + \hat{b}_j^2}{2}] = \dfrac{K}{4 \cdot \pi} s_x^2.$$

Diese Abhängigkeit von der Zeitreihenlänge ist auch Grund, warum sich das Periodogramm als Schätzfunktion der Spektraldichte nur bedingt eignet (siehe 10.5).

Die Größe $I(fr_j)$ als Kennwert einer empirischen Zeitreihe lässt sich noch auf andere Weise bestimmen, nämlich aus ihren Autokovarianzen c_0, c_1, ..., c_{K-1} mittels des Wiener-Khintchine-Theorems; dies bietet zuweilen rechnerische Vorteile, leistet aber in jedem Fall eine elegante Verknüpfung zwischen der zeitbezogenen und der frequenzbezogenen Betrachtung von Zeitreihen; weiter gelingt es damit, die Spektraldichtefunktion zu definieren, ohne auf die Differentation von Spektralverteilungsfunktionen zurückzugreifen (siehe 10.5).

Diesem Theorem zu Folge besteht die Identität:

10.4 $\quad I(fr_j) = \dfrac{1}{2\pi} \cdot [c_0 + 2 \cdot \sum_{h=1}^{K-1} c_h \cdot \cos(2\pi \cdot h \cdot fr_j)]$.

An Hand der Beispielzeitreihe sollte die so kompliziert scheinende Rechenvorschrift rasch klar werden. Zunächst sind also die Autokovarianzen der Zeitreihe zu berechnen, diesmal – entgegen der hier sonst festgelegten Konvention – mittels Division durch die Zeitreihenlänge K selbst.

$$c_1 = \dfrac{1}{9} \cdot \sum_{t=2}^{9} x(t) \cdot x(t-1) = \dfrac{1}{9} \cdot [0 \cdot 1 + (-1) \cdot 0 + 1 \cdot (-1) + 0 \cdot 1 + (-1) \cdot 0 + 1 \cdot (-1) + 0 \cdot 1 + (-1) \cdot 0] = -\dfrac{2}{9};$$

$$c_2 = \dfrac{1}{9} \cdot \sum_{t=3}^{9} x(t) \cdot x(t-2) = \dfrac{1}{9} \cdot [(-1) \cdot 1 + 1 \cdot 0 + 0 \cdot (-1) + (-1) \cdot 0 + 1 \cdot 0 + 0 \cdot (-1) + 0 \cdot 1 + (-1) \cdot 1] = -\dfrac{2}{9};$$

$$c_3 = \dfrac{1}{9} \cdot \sum_{t=4}^{9} x(t) \cdot x(t-3) = \dfrac{1}{9} \cdot [1 \cdot 1 + 0 \cdot 0 + (-1) \cdot (-1) + 1 \cdot 1 + 0 \cdot 0 + (-1) \cdot (-1)] = \dfrac{4}{6};$$

$$c_4 = \dfrac{1}{9} \cdot \sum_{t=5}^{9} x(t) \cdot x(t-4) = \dfrac{1}{9} \cdot [0 \cdot 1 + (-1) \cdot 0 + 1 \cdot (-1) + 1 \cdot 1 + 0 \cdot 1 + (-1) \cdot 0 + 0 \cdot 1 + (-1) \cdot 1] = -\dfrac{2}{9}.$$

Weiter gilt: $c_4 = c_7 = c_1 = -\frac{2}{9}; c_5 = c_8 = c_2 = -\frac{2}{9}; c_6 = c_3 = \frac{4}{6}$;

als Varianz der Zeitreihe wurde oben berechnet: $c_0 = 0{,}67 = \frac{6}{9}$.

Damit gilt beispielsweise für $fr_1 = \frac{1}{9} \cdot 1$:

$$I(fr_1) = I(\frac{1}{9}) = \frac{1}{2\pi}[\frac{6}{9} + 2 \cdot [c_1 \cdot \cos(2\pi \cdot 1 \frac{1}{9}) + c_2 \cdot \cos(2\pi \cdot 2 \frac{1}{9}) + c_3 \cdot \cos(2\pi \cdot 3 \frac{1}{9})$$

$$+ c_4 \cdot \cos(2\pi \cdot 4 \frac{1}{9}) + c_5 \cdot \cos(2\pi \cdot 5 \frac{1}{9}) + c_6 \cdot \cos(2\pi \cdot 6 \frac{1}{9}) + c_7 \cdot \cos(2\pi \cdot 7 \frac{1}{9}) + c_8 \cdot \cos(2\pi \cdot 8 \frac{1}{9})] =$$

$$\frac{1}{2\pi}[\frac{6}{9} + 2 \cdot [-\frac{2}{9} \cdot 0{,}77 - \frac{2}{9} \cdot 0{,}17 + \frac{4}{6} \cdot (-0{,}5) - \frac{2}{9} \cdot (-0{,}94) - \frac{2}{9} \cdot (-0{,}94) + \frac{4}{6} \cdot (-0{,}5) - \frac{2}{9} \cdot 0{,}17 - \frac{2}{9} \cdot 0{,}76] = 0.$$

> Das Periodogramm einer empirischen Zeitreihe lässt sich mittels des Wiener-Khintchine-Theorems direkt aus den Autokovarianzen dieser Zeitreihe bestimmen; sie gehen in die Gewichtung von Cosinusfunktionen ein, über deren Summation wiederum der Wert des Periodogramms für eine gegebene Frequenz berechnet wird.

10.5 Spektraldichte

Wir betrachten nun nicht eine empirische Zeitreihe, sondern eine theoretische. Dies könnte ein deterministischer Prozess der Gestalt $X(t) = 0{,}5 \cdot \cos 2\pi \cdot 0{,}2 \cdot t + e(t)$ sein oder ein AR1-Prozess $X(t) = 0{,}2 \cdot X(t-1) + e(t)$ oder ein reiner White Noise Prozess $X(t) = e(t)$; der Prozess habe einen Mittelwert (Erwartungswert) von 0 und die Varianz σ_x^2 (die unten γ_0 genannt wird). Die *Spektralverteilungsfunktion* (oder *Spektralfunktion*) dieses Prozesses beschreibt in Abhängigkeit von der Frequenz *fr*, welcher Anteil von σ_x^2 mit sämtlichen Frequenzen niedriger als *fr* (diese nicht eingeschlossen) aufgeklärt wird. Im Falle etwa des deterministischen Prozesses $X(t) = 0{,}5 \cdot \cos 2\pi \cdot 0{,}2 \cdot t + e(t)$ hätte die Spektralverteilungsfunktion bis zum Wert 0,2 den Wert 0, um dann einen Sprung zu machen. Als *Spektraldichtefunktion* (einfach: *Spektraldichte* oder *Spektrum*) eines Zeitreihenprozesses, oft symbolisiert mit *p(fr)*, bezeichnet man die erste Ableitung der Spektralverteilungsfunktion[13] nach der Frequenz; im Beispiel würde *p(fr)* bis *fr* = 0,2 den Wert 0 annehmen, dort einen Sprung machen, um danach wieder auf 0 abzusinken. Wie leicht zu sehen, ist eine Bestimmung von *p(fr)* nach dieser Methode problematisch; zunächst müsste die Spektralverteilungsfunktion bekannt sein und selbst dann wäre die Bildung ihrer ersten Ableitung nicht immer einfach. Man wählt deshalb eine andere Darstellung der Spektraldichte – wenn man so will: gibt eine neue Definition –, welche aus den Wiener-Khintchine-Theorem hervorgeht: Von den zahlreichen, in der Literatur existierenden, sich nur durch Konstanten unterscheidenden Definitionen wählen wir jene, die oben auch für das Periodogramm benutzt wurde, nämlich:

10.5 $\quad p(fr) = \frac{1}{2\pi}[\gamma_0 + 2 \cdot \sum_{k=1}^{\infty} \gamma_k \cdot \cos(2\pi \cdot k \cdot fr)]$.

(Das geschieht natürlich in der Hoffnung, dass diese Summe auch immer konvergent ist, was gerade in sehr wichtigen Fällen nicht zutrifft.) γ_0 bezeichnet die Varianz des Zeitreihenprozesses, $\gamma_1, \gamma_2, ..., \gamma_k, ...$ die Autokovarianzen zu den verschiedenen lags. Die natürliche Zahl k läuft dabei bis zum Wert „unendlich", wobei dies nicht immer ein so großes Problem darstellt, wie zunächst scheinend. In vielen Fällen wird nämlich γ_k ab einem gewissen Wert für k gleich 0 oder es wird sehr klein, sodass der Grenzwert der unendlichen Summe leicht bestimmbar ist. Die Definition wird wie üblich durch Beispielrechnungen zugänglicher.

Betrachtet sei zunächst ein reiner White Noise-Prozess $X(t) = e(t)$; für die Varianz (Autokovarianz mit lag 0) erhalten wir damit die Zeitreihenvarianz $\sigma_x^2 = \sigma_e^2$; da die Werte $e(t)$ unkorreliert sind, nimmt die Autokovarianzfunktion für alle lags, beginnend ab 1, den konstanten Wert 0 an; für die Spektraldichtefunktion gilt somit:

$$p(fr) = \frac{1}{2\pi}[\gamma_0 + 2 \cdot \sum_{k=1}^{\infty} \gamma_k \cdot \cos(2\pi \cdot k \cdot fr)] = \frac{1}{2\pi}[\sigma_x^2 + 2 \cdot \sum_{k=1}^{\infty} 0 \cdot \cos(2\pi \cdot k \cdot fr)] = \frac{1}{2\pi} \cdot \sigma_x^2.$$

Das Spektrum des weißen Rauschens ist also eine Konstante.

Für die Spektraldichte eines AR1-Prozesses der Form $X(t) = a \cdot X(t-1) + e(t)$ erhält man mittels der in 5.2 angegebenen Beziehungen nach Umformungen:

$$p(fr) = \frac{1}{2\pi} \cdot \sigma_x^2 \cdot \frac{1}{1 + a^2 - 2a\cos 2\pi \cdot fr}.$$

Hier zeigt sich deutlich die mangelnde Anschaulichkeit des Spektrogramms für nicht deterministische Zeitreihen; gleichzeitig ist doch eine nicht uninteressante Information in ihm enthalten. Das Spektrogramm bei negativem a, z. B. bei einem Prozess der Gestalt $X(t) = -0{,}8 \cdot X(t-1) + e(t)$, hat etwa die Form einer nach oben geöffneten Parabel (ähnelt dem vielleicht noch aus der Schule bekannten Graph der Funktion $y = x^2$). Somit nimmt die Spektraldichte bei $fr = 0$ ihren kleinsten Wert an, ihren maximalen bei der größtmöglichen Frequenz der Zeitreihe, nämlich bei $fr = 0{,}5$, welches einer Periode von 2 äquivalent ist. Dies entspricht auch der Realisation eines AR1-Prozesses mit negativer Autoregressionskonstante: Vom Einfluss eventueller Fehlerterme abgesehen, folgt auf einen überdurchschnittlich hohen Wert ein unter dem langfristigen Durchschnitt liegender, auf diesen wieder ein überdurchschnittlich hoher, usw.

Für einen deterministischen Prozess des Typs $X(t) = a \cdot \cos 2\pi \cdot b \cdot t + e(t)$ ist die Spektraldichte zu den Werten $fr = b, 2b, 3b, ...$ nicht definiert[14]. An diesen Stellen konvergiert die Summe nicht, wohingegen sie sonst 0 beträgt. Das Bild wäre also am besten mit senkrechten Linien bei $fr = b, 2b, 3b, ...$ wiederzugeben, während im übrigen Definitionsbereich die Funktion konstant 0 ist. Insofern ist die in der Literatur üblicherweise erhobene Forderung, das Spektrum nur für von deterministischen Trends bereinigte Zeitreihen zu erstellen, prinzipiell berechtigt; es dürfte aber genügen, sich einfach dieser Definitionslücken (oder Singularitäten) bewusst zu sein; gerade bei deterministischen Zeitreihen möchte man natürlich herausfinden, wo die wichtigsten Periodizitäten liegen.

Bestimmung der Spektraldichte bekannter Prozesse erleichtert nicht zuletzt ihre Anschauung, insbesondere auch ein Verständnis der Eigenschaften der durch solche Prozesse realisierten empirischen Zeitreihen, etwa der in ihnen zu findenden Periodizitäten. Umgekehrt wäre es natürlich erstrebenswert, aus den Gegebenheiten einer empirischen Zeitreihe auf die Spektraldichte des zu Grunde liegenden Prozesses zu schließen, um eventuell diese Information als Hilfe bei der Auswahl eines bestimmten zeitreihenanalytischen Modells heranzuziehen.. Das berührt das sehr schwierige Thema der Spektralschätzung, das hier nur in äußerster Knappheit angedeutet sei.

Für theoretische Zeitreihen, also für Prozesse, lässt sich die *Spektraldichte* bestimmen. Diese gibt an, wie viel der Variation dieses Prozesses durch eine gegebene Frequenz aufgeklärt wird; Frequenzen mit großer Spektraldichte tragen mehr zu den periodischen Vorgängen in der Zeitreihe bei als solche mit geringer Spektraldichte. Die Spektraldichte berechnet sich als unendliche Summe aus den Autokovarianzen des Prozesses mittels einer modifizierten Formel des Wiener-Khintchine-Theorems.

10.6 Spektralschätzungen

Es läge nahe, das Spektrum eines Zeitreihenprozesses aus dem Periodogramm der vorliegenden Realisation, also dem der empirischen Zeitreihe, zu schätzen – wie sich etwa die Autoregressionskoeffizienten eines ARp-Prozesses aus den Autokovarianzen der darzustellenden Zeitreihe schätzen ließen (siehe 5.3). Bereits im vorigen Abschnitt wurde aber erwähnt, dass mit zunehmender Länge der Zeitreihe sich der Wert des Periodogramms für ein und dieselbe Frequenz verändert – Folge der Tatsache, dass mit Verlängerung der Zeitreihe immer neue zu beachtende Frequenzen hinzukommen, für welche Gleichung 10.3 erfüllt sein muss. Von Schätzgrößen wird jedoch erwartet, dass sie sich mit wachsender Datenmenge dem zu schätzenden (endlichen) Wert annähern – so wie beispielsweise der Mittelwert einer umfangreicher werdenden Stichprobe dem Populationsmittelwert immer näher kommt.

Die erste prinzipielle Möglichkeit einer Korrektur besteht darin, die *I(fr)*, die Werte der Frequenzen im Periodogramm, in anderer Form zu berechnen als in Gleichung 10.3 angegeben. Beispielsweise kann man *I(fr)* nicht für die gesamte (empirische) Zeitreihe der Länge K bestimmen, sondern nur bis zur Stelle M (die Zeitreihe gewissermaßen „stutzen"). Ebenso scheint es sinnvoll, Autokovarianzen niedrigerer lags stärker zu gewichten; die Autokovarianzen also zu glätten – es ist daran zu erinnern, dass Autokovarianzen höherer lags an der verkürzten Zeitreihe berechnet werden, somit also von vornherein ungenauer sind; schließlich ist natürlich eine Kombination aus beiden Vorgehensweisen möglich. Die Kombination der Gewichtskonstanten mit der Größe M, auf die man die Zeitreihe zurecht stutzt, wird auch als *Fenster* bezeichnet – genauer: als Zeitbereichsfenster. Nach Größe und Art gibt es deren zahlreiche unterschiedliche, welche üblicherweise nach den Autoren benannt sind, beispielsweise das bekannte, aber heute weniger geschätzte Bartlett-

Fenster, das Tukey-Fenster oder das nach Daniell benannte (welches uns im Rahmen der Frequenzbereichsfenster noch einmal begegnen wird). Zu diesen Glättungen der Autokovarianzen zählen auch das nach J. von Hann benannten Verfahren des Hanning und die ähnliche, auf R.W. Hamming zurück gehende Hamming-Technik. Einzelheiten dazu haben in dieser kurzen Einführung in Einzelfallstatistik keinen Platz; für Genaueres sei auf die einschlägige Literatur verwiesen, z. B. Chatfield (1982, 2003), Gottman (1981), Schlittgen (2001), Schlittgen u. Streitberg (2001).

Die andere prinzipielle Möglichkeit ist, die einzelnen Werte des Periodogramms in gewohnter Weise nach Gleichung 10.3 zu berechnen, aber für die Schätzung der Spektraldichte Periodogrammwerte über mehrere Frequenzen zu mitteln. Zur Schätzung der Spektraldichte des Zeitreihenprozesses für die Frequenz 0,5 wird also nicht $I(0,5)$ benutzt, sondern der Mittelwert einiger um die Frequenz 0,5 herum gruppierter gewichteter Werte $I(fr)$; auch hier wird die gewählte Kombination aus Gewichtungsvorschrift und Zahl der einbezogenen Werte als *Fenster* bezeichnet (diesmal im Frequenzbereich). Beim so genannten *Daniell-Fenster* nimmt man q Frequenzen links und rechts einer betrachteten Frequenz fr_m (beispielsweise mit $q = \sqrt{K}$) und gewichtet deren Periodogrammwerte unterschiedlich – am stärksten fr_m selbst.

Mit all diesen Glättungen unterschiedlichster Art wird mehr oder weniger gut erreicht, dass die neu geschaffenen Periodogrammwerte $I^*(fr)$ sich als konsistente Schätzungen der Spektralwerte[15] erweisen, also $I^*(fr) = \hat{p}(fr)$. Auf dieser Basis ist es auch möglich, zwei Zeitreihen oder zwei Hälften ein und derselben Zeitreihe (beispielsweise vor und nach einer Intervention) auf überzufällige Unterschiedlichkeit zu testen, etwa ob sich die Periodizität gewisser Verhaltensweisen unter unterschiedlichen Bedingungen anders darstellt; für Einzelheiten dieser Tests sei wieder auf die oben genannte Literatur verwiesen.

Das Periodogramm einer empirischen Zeitreihe eignet sich nicht zur Schätzung der Parameter des zu Grunde liegenden zeitreihenanalytischen Prozesses. Erst nach Glättungen des Periodogramms auf verschiedene Methoden (z. B. mittels verschiedener Fenster) kann es zur Spektralschätzung herangezogen werden.

Anmerkungen zu Kapitel 10

1. Spektralanalyse bedeutet in der Physik die Zerlegung eines von einem Körper ausgestrahlten Lichts in seine einzelnen Bestandteile („Spektralfarben"). Die Bezeichnung für das zu schildernde zeitreihenanalytische Verfahren ist ausgesprochen gut gewählt: Was dort zunächst als unkoordinierte Schwankung erscheint, wird in wenige, inhaltlich interpretierbare periodische Prozesse zerlegt, so wie das weiße Licht beim Durchgang durch ein Prisma sich als Summation einzelner wohldefinierter Frequenzen (Farben) darstellt.

2. Wesentliches methodisches Rüstzeug der Spektralanalyse (im zeitreihenanalytischen Sinne) wurde von Whittacker und Robinson (1924) entwickelt, als diese eine Systematik in die zeitlich schwankenden Helligkeiten eines Sterns zu bringen versuchten.

3. Die Bezeichnung Frequenz einer kontinuierlichen Funktion ist eher unüblich, macht aber guten Sinn. Es ist die Zahl der Perioden, die eine periodische Funktion in einer Einheit (bei Funktionen der Zeit: in einer Zeiteinheit) durchläuft. Um klar herauszuheben, dass es sich nicht um eine Funktion, sondern um eine Konstante handelt, wird – im Gegensatz zum üblichen Gebrauch in der Literatur – die Frequenz mit fr symbolisiert und nicht mit f (welche Bezeichnung hier für Funktionen beibehalten sein soll).

4. Neben dieser indirekten trigonometrischen Definition des Sinus für eine beliebige reelle Zahl t gibt es eine direktere analytische, nämlich in Form einer Potenzreihe:

$$\sin t = \sum_{n=0}^{\infty} \frac{(-1)^n}{(2n+1)!} t^{2n+1} = \frac{t}{1!} - \frac{t^3}{3!} + \frac{t^5}{5!} + \dots$$

Dass die trigonometrische und die analytische Definition des Sinus äquivalent sind, ist nicht einfach zu zeigen. Zur Illustration sei nur angeführt, dass sich $\sin 1 = \sin 57{,}32°$ in guter erster Näherung schreiben lässt als

$$\sin 1 \approx \frac{1}{1!} - \frac{1^3}{3!} + \frac{1^5}{5!} - \frac{1^7}{7!} = 0{,}841 ,$$

welchen gerundeten Wert auch der Computer für $\sin 1 = \sin 57{,}32°$ berechnet. Aus der analytischen Definition ergibt sich zudem direkt, dass der Sinus eine ungerade Funktion ist, also $\sin(-t) = -\sin t$ gilt.

Ebenso existiert eine analytische Definition der Cosinusfunktion, nämlich:

$$\cos t = \sum_{n=0}^{\infty} \frac{(-1)^n}{(2n)!} t^{2n} = \frac{t^0}{0!} - \frac{t^2}{2!} + \frac{t^4}{4!} + \dots = 1 - \frac{t^2}{2!} + \frac{t^4}{4!} + \dots$$

daraus folgt unmittelbar die bekannte Tatsache $\cos 0 = 1$ sowie, dass der Cosinus eine gerade Funktion ist, also $\cos(-t) = \cos t$ gilt.

Diese analytischen Definitionen der trigonometrischen Funktion liefern auch eine sehr praktikable (mit der geometrischen äquivalente) Definition von π: Es ist die kleinste positive Nullstelle der Sinusfunktion; damit lassen sich in raschen Schritten zunehmend präzisere Näherungen dieser Größe liefern.

5. Diese Schwingungen der Frequenzen $1 \cdot fr; 2 \cdot fr; \dots; n \cdot fr$ werden auch Oberschwingungen (Obertöne) genannt, die Schwingung mit der Frequenz fr Grundschwingung.

6. Die einzelnen Summanden haben die bemerkenswerte Eigenschaft, orthogonal zu sein: Das innere Produkt (Skalarprodukt) zweier trigonometrischer Polynome der obigen Art, definiert als das Integral des Produkts aus beiden über eine volle Periode, ergibt 0, außer die beiden Funktionen sind identisch.

7. Dabei gelten die Identitäten:

$$a_j = \frac{2}{P} \cdot \int_0^P h(t) \cdot \cos \frac{2\pi \cdot j}{P} \cdot t\, dt \quad \text{und} \quad b_j = \frac{2}{P} \cdot \int_0^P h(t) \cdot \sin \frac{2\pi \cdot j}{P} \cdot t\, dt \quad \text{sowie} \quad c_0 = \frac{1}{P} \cdot \int_0^P h(t)\, dt .$$

Die Integration könnte auch über mehrere Perioden erfolgen; dies muss lediglich in den Konstanten vor den Integralen berücksichtigt werden.

8. Im Falle einer geraden Zahl von Elementen der Zeitreihe könnte man entweder das letzte Zeitreihenglied weglassen oder die Polynome zunächst nur bis zum Grade

$$J = \frac{K-2}{2}$$

bilden, um dann auf andere Weise gewonnene Koeffizienten $a_{K/2};b_{K/2}$ zur Vervollständigung hinzuzufügen. Das sind technische Fragen, die hier nicht weiter interessieren sollten.

9. Der Beweis gründet sich auf die so genannte Orthogonalität bestimmter trigonometrischer Funktionen, nämlich auf die Tatsache, dass

$$\sum_{t=1}^{K} (\cos\frac{2\pi}{K}\cdot j_1\cdot t)\cdot(\cos\frac{2\pi}{K}\cdot j_2\cdot t)=0 \text{ und } \sum_{t=1}^{K} (\sin\frac{2\pi}{K}\cdot j_1\cdot t)\cdot(\sin\frac{2\pi}{K}\cdot j_2\cdot t)=0 ,$$

falls die beiden natürlichen Zahlen j_1 und j_2 verschieden sind. Der strenge Beweis dafür muss hier unterbleiben. Die Beziehung leuchtet ein, wenn man sich die Kurvenbilder vor Augen hält: Nach K Zeitpunkten hat beispielsweise

die Funktion $\sin\frac{2\pi}{K}\cdot 1\cdot t$

genau einmal ihre Periode (mit gleicher Fläche oberhalb wie unterhalb der t-Achse) durchlaufen,

die Funktion $\sin\frac{2\pi}{K}\cdot 2\cdot t$

bereits zweimal. Während die langsame Funktion gerade erst den positiven Bereich verlässt, hat die schnelle bereits alle positiven wie negativen Werte absolviert. Wegen der Symmetrie der Funktionen hebt sich das Integral der Produktfunktion während der ersten Periode der schnelleren Funktion auf – ebenso während ihrer zweiten Periode.

10. Das Periodogramm geht auf die Arbeiten A. Schusters Ende des 19. Jahrhunderts zurück, der Zeitreihen mittels einfacher trigonometrischer Polynome, nämlich durch eine Sinus- und eine Cosinuskomponente gleicher Frequenz fr (also durch sehr rudimentäre Fourier-Reihen), darzustellen versuchte und die Güte dieser Anpassung mittels einer Größe $I(fr)$ bestimmte. Eine größere Bedeutung erhielt das Konzept des Periodogramms durch die Arbeiten von Whittacker und Robinson (1924), welche auf zunächst ganz anders erscheinende Weise die Bedeutung von Periodizitäten im Verlauf einer Zeitreihe quantifizierten. Abgesehen davon, dass von diesen Autoren als abhängige Variable die Periode betrachtet wurde, nicht wie bei Schuster die Frequenz, ergibt sich eine vergleichbare Funktion, die ebenso wie Schusters Periodogramm den durch eine bestimmte Frequenz bzw. Periodizität erklärten Varianzanteil der Zeitreihe bestimmt (Darstellung nach Gottman, 1981, S. 181 ff.; die Wiedergabe im Text folgt ebenfalls weitgehend dieser Quelle).

11. In der Physik ist die Energie eines Lichtstrahls gleich der Summe der quadrierten Amplituden all seiner in ihm enthaltenen Frequenzen, Analoges gilt für die Beziehung zwischen den Frequenzen und der Varianz einer Zeitreihe; daher ist es nicht verwunderlich, dass die Gesamtvarianz einer Zeitreihe zuweilen als ihre „Energie" bezeichnet wird.

12. Diese Beziehungen erlauben es auch, die Größe der Fourier-Koeffizienten (und damit den Beitrag einer Frequenz zur Gesamtvarianz) mit Hilfe des F-Tests auf Signifikanz zu überprüfen (siehe Gottman, 1981, S. 205).

13. Das Integral der Spektraldichte zwischen den Grenzen fr_a und fr_b ist dann ein Maß dafür, welcher Anteil der Zeitreihenvarianz durch Frequenzen in diesem Bereich erklärt werden kann.

14. Dies ist weiterer Beleg dafür, dass sich das Periodogramm nur sehr eingeschränkt zur Schätzung der Spektraldichte eignet: An den kritischen Frequenzen (den reziproken Werten der der Zeitreihe zu Grunde liegenden Periodizitäten) nimmt das Periodogramm

als endliche Summe auch einen endlichen Wert an, während die das Spektrogramm definierende unendliche Reihe an diesen Stellen nicht konvergiert, also – etwas salopp formuliert – den Wert ∞ („unendlich") ergibt.

15. Die Darstellung der Spektren empirischer Zeitreihen in Veröffentlichungen basieren dann auf den modifizierten Periodogrammwerten; daher ihre oft recht glatte Form.

Literaturverzeichnis

Barlow, D.H. & Hersen, M. (1984) *Single case experimental designs. Strategies for studying behavior change*. 2nd edition. New York: Pergamon Press.

Bartlett, M.S. (1946) On the theoretical specification of sampling properties of autocorrelated time-series. *Journal of the Royal Statistical Society*, B8, 27–41.

Bortz, J. & Döring, N. (1995) *Forschungsmethoden und Evaluation*. 2.Auflage. Berlin: Springer.

Box, G.E.P. & Jenkins, G.M. (1976) *Forecasting and control*. 2nd edition. San Francisco: Holden Day.

Box, G.E.P. & Tiao, G.C. (1975) Intervention analysis with applications to economic and environmental problems. *Journal of the American Statistical Association*, 70, 70–79.

Budescu, D.V. (1985) Analysis of dichotomous variables in the presence of serial dependence. *Psychological Bulletin*, 97, 547–561.

Bunge, M. (1967) *Scientific research I/II*. New York: Springer.

Chatfield, C. (1982) *Analyse von Zeitreihen. Eine Einführung*. München: Carl Hanser.

Chatfield, C. (2003) *The analysis of time series*. 6th edition. London: Chapman & Hall.

Cronbach, L.J. & Furby, L. (1970) How should we measure "change" – or should we? *Psychological Bulletin*, 74, 68–80.

Gentile, J.R., Roden, A.H. & Klein, R.D. (1972) An analysis of variance model for the intrasubject replication design. *Journal of Applied Behavior Analysis*, 5, 193–198.

Glass, G.V., Willson, V.L. & Gottman, J.M. (1975) *Design and analysis of time-series*. Boulder: University of Chicago Press.

Gottman, J.M. (1973) N-of-one and N-of-two-research in psychotherapy. *Psychological Bulletin*, 80, 93–105.

Gottman, J.M. (1981) *Time series analysis*. Cambridge. Cambridge University Press.

Gottman, J.M. & Glass, G.V. (1978) Analysis of interrupted time-series experiments. In: Kratochwill, T.R. (Ed.) *Single subject research. Strategies for evaluating change*. New York: Academic Press, pp. 197–235.

Gottman, J.M. & Notarius, C. (1978) Sequential analysis of observational data using Markov Chains. In: Kratochwill, T.R. (Ed.) *Single subject research. Strategies for evaluating change*. New York: Academic Press, pp. 237–285.

Hartmann, D.P. (1974) Forcing square pegs into round holes: Some comments on "an analysis-of-variance model for the intrasubject replication design". *Journal of Applied Behavior Analysis*, 7, 635–638.

Janacek, G. (2001) *Practical time series*. London: Arnold.

Kenny, D.A. & Judd, C.M. (1986) Consequences of violating the independence assumption in analysis of variance. *Psychological Bulletin*, 99, 422–431.

Köhler, Th. (2004) *Statistik für Psychologen, Pädagogen und Mediziner. Ein Lehrbuch*. Stuttgart: Kohlhammer.

Kratochwill, T.R. (Ed.) (1978) *Single subject research. Strategies for evaluating change*. New York: Academic Press.

Kratochwill, T.R. (1978) Foundations in time-series research. In: Kratochwill, T.R. (Ed.) *Single subject research. Strategies for evaluating change*. New York: Academic Press, pp. 1–100.

Kratochwill, T.R., Alden, K., Demuth, D., Dawson, D., Panicucci, C., Arnston, P., McMurray, N., Hempstead, J. & Lewin, J.A. (1974) A further consideration in the application of an analysis of variance model for the intrasubject replication design. *Journal of Applied Behavior Analysis*, 7, 629–633.

Quenouille, M.H. (1947) A large sample of autoregressive schemes. *Journal of the Royal Statistical Society*, 110, 123–129.

Reinecker, H. (1999) Einzelfallanalyse. In: Roth, E. & Holling, H. (Hrsg.) *Sozialwissenschaftliche Methoden. Lehr- und Handbuch für Forschung und Praxis*. München: Oldenbourg, S. 267–281.

Revenstorf, D. (1979) *Zeitreihenanalyse für klinische Daten. Methodik und Anwendungen*. Weinheim: Beltz.

Schlittgen, R. (2001) *Angewandte Zeitreihenanalyse*. München: Oldenbourg.

Schlittgen, R. & Streitberg, B. (2001) *Zeitreihenanalyse*. 9. Auflage. München: Oldenbourg.

Schmitz, B. (1989) *Einführung in die Zeitreihenanalyse*. Bern: Hans Huber.

Shine, L.C. & Bower, S.M. (1971) A one-way analysis of variance for single-subject designs. *Educational and Psychological Measurement*, 31, 105–113.

Westmeyer, H. (1979) Wissenschaftstheoretische Grundlagen der Einzelfallanalyse. In: Petermann, F. & Hehl, F.J. (Hrsg.) *Einzelfallanalyse*. München: Urban & Schwarzenberg, S. 17–34.

Whittaker, E.T. & Robinson, G. (1924) *The calculus of observations*. New York: D. Van Nostrand.

Stichwortverzeichnis

Das große Nachschlagewerk
für Psychologische Diagnostik

Die „Schlüsselbegriffe der Psychologischen Diagnostik" — 100 Begriffe, die auch dem fachlich weniger informierten Leser „irgendwie" bekannt sind, z. B. Anamnese, Arbeitsprobe, Entwicklungsdiagnostik, Faktorenanalyse, Klassifikationssysteme, Persönlichkeitsfragebogen, Testwert. Ein sehr anwendungsbezogenes Nachschlage-werk für Studium und Praxis.

Die „Schlüsselbegriffe" wollen kein Lehrbuch ersetzen, sie ergänzen es allerdings optimal: Das Handbuch
▶ vertieft punktuell, wo das Lehrbuch in die Breite geht,
▶ es schafft über zahlreiche Querverweise ein Netzwerk von Themenzusammenhängen und
▶ ermöglicht die schnelle Orientierung wie auch das Erarbeiten von Themenzusammenhängen.

Klaus D. Kubinger • Reinhold S. Jäger (Hrsg.)
Schlüsselbegriffe der Psychologischen Diagnostik
2003. Gebunden. XII, 472 Seiten
ISBN 978-3-621-27472-2

Illustriert mit praktischen Beispielen, fundiert mit empirischen Belegen, machen auch die gute didaktische Aufbereitung und eine verständliche Sprache das Lesen zu einem Erlebnis: Das gemeinhin als trocken geltende Fachgebiet der Psychologischen Diagnostik lässt sich jetzt selbst von am Thema interessierten Fachfremden leicht erschließen. Ein unentbehrliches Handwerkszeug!

Verlagsgruppe Beltz • Postfach 100154 • 69441 Weinheim • www.beltz.de

Qualitative Sozialforschung

Siegfried Lamnek
Qualitative Sozialforschung
Lehrbuch
4. vollst. überarb. Aufl. 2005
Gebunden. XII, 808 Seiten
ISBN 978-3-621-27544-6

Die qualitative Sozialforschung erfreut sich zunehmender Akzeptanz. Psychologen und Sozialwissenschaftler jeglicher Provenienz setzen qualitative Methoden immer häufiger ein, denn Datenerhebung und -analyse konnten weitergehend methodologisch abgesichert werden. Dem trägt das grundlegend überarbeitete, nunmehr einbändige Lehrbuch Rechnung.

Verständlich und anhand zahlreicher Beispiele erläutert Lamnek zunächst die methodologischen Grundlagen qualitativer Sozialforschung, um darauf aufbauend – immer wieder sehr anwendungsbezogen – die qualitativen Methoden und ihre spezifischen Implikationen im Einzelnen zu schildern. Beispiele und kurze Resumées helfen, den komplexen Inhalt gut nachvollziehen und umsetzen zu können.
Die vollständig überarbeitete 4. Auflage bietet den Vorteil, „alles in einer Hand" zu haben, und natürlich die Berücksichtigung neuerer Entwicklungen, wie etwa der Typenbildung, Online-Gruppendiskussion oder des episodischen Interviews.
Ein modernes Lehrbuch, nicht nur fürs Studium, sondern auch für die berufliche Praxis in Markt- und Meinungsforschungsinstituten oder den Marketingabteilungen der Industrie.

Verlagsgruppe Beltz • Postfach 100154 • 69441 Weinheim • www.beltz.de

Kosten-Nutzen-Analysen und Human Resources

Personalverantwortliche begegnen verstärkt Fragen wie: Wo sollen wir vorrangig investieren? Welchen Wertbeitrag leisten unsere Bildungsaktivitäten? Dieses Buch zeigt, wie sich schlüssige Kosten-Nutzen-Analysen für Personalmaßnahmen aufstellen lassen.

Die akademischen Hintergründe von Personalmanagern sind heterogen: Auch Juristen, Psychologen, Pädagogen, Soziologen und Theologen sind im Human-Resources-Bereich tätig. Sie können den Nutzen der Personalarbeit oft nur unzureichend „in dollars" angeben.

Für sie ist dieses Buch geschrieben: ein Lehrbuch mit Glossar, Angaben zu weiterführender Literatur und vielen Basisbeispielen. Besonders pfiffig: In die Excel-Files, die sich aus dem Internet herunterladen lassen, können die Leser eigene Daten hineinkopieren und so selbst zu aussagefähigen Ergebnissen gelangen.

Augustin Süßmair • Jens Rowold (Hrsg.)
Kosten-Nutzen-Analysen
und Human Resources
2007. Broschiert. 192 Seiten
ISBN 978-3-621-27619-1

Verlagsgruppe Beltz • Postfach 100154 • 69441 Weinheim • www.beltz.de

Verbesserung durch Evaluation

Mario Gollwitzer • Reinhold S. Jäger
Evaluation
Workbook
mit CD-ROM
2007. Broschiert. XIII, 231 Seiten
ISBN 978-3-621-27600-9

Wie gut sind meine Lehrveranstaltungen? Lohnt sich ein Führungskräftetraining? Bringt Projektunterricht mehr als Frontalunterricht? – Anhand von Praxisfragen erklären die Autoren gut nachvollziehbar Einsatzbereiche und Methodik von Evaluation, die als Instrument von Qualitätsmanagement und Controlling in den verschiedensten Praxisfeldern wachsende Bedeutung erhält.

Das Besondere am Workbook Evaluation ist der hohe Anwendungs- und Übungsbuchcharakter:

▶ Es gibt viele Beispiele – aus den verschiedensten praktischen Bereichen, auch typische Fragestellungen von Auftraggebern, so dass jeder sich wieder finden kann.

▶ Einige Beispiele im Buch haben ein kleines CD-Logo. Das bedeutet: Zu diesen Beispielen gibt es auf der CD-ROM einen großen Datensatz zum Rechnen „wie in echt", mit Kommentar zu den einzelnen Rechenschritten und Interpretation der Ergebnisse.

▶ Dazu gibt es jede Menge Übungen:
  - jeweils am Kapitelende „aus dem Leben gegriffene Fragestellungen",
  - auf der CD-ROM zusätzlich Übungsaufgaben mit Antworten.

Verständlich geschrieben gehen die Autoren in 3 ausführlichen Teilen das Wann?, Wozu? und Wie? von Evaluation durch. Ein Glossar, weiterführende Literatur und Zusammenfassungen am Kapitelende runden das für Studium und Praxis geeignete Workbook didaktisch ab.

Verlagsgruppe Beltz • Postfach 100154 • 69441 Weinheim • www.beltz.de

Das Standardwerk zur Testtheorie

Gustav A. Lienert • Ulrich Raatz
Testaufbau und Testanalyse
6. Auflage 1998. Broschiert. X, 432 Seiten
ISBN 978-3-621-27424-1

Der „Lienert" ist seit Jahrzehnten das Standardwerk zur Entwicklung, Anwendung und Interpretation von psychologischen Tests. Wer auf der Grundlage der klassischen Testtheorie psychologische Tests erstellen will, findet hier die einzelnen Schritte bei der Testentwicklung ausführlich dargestellt und an Beispielen erläutert. „Testaufbau und Testanalyse" ist ein profundes und zuverlässiges Lehrbuch und ein unverzichtbares Arbeits- und Nachschlagewerk für diagnostisch arbeitende Psychologen, Pädagogen, Mediziner und andere.

„Der Leserkreis umfasst jeden, der sich mit der Psychodiagnostik auf wissenschaftlicher Basis auseinanderzusetzen hat, gleichgültig ob in praktischer, lernender oder lehrender Tätigkeit."
Schweizer Zeitschrift für Psychologie

„Ein Lehrbuch, das in seiner Klarheit, Systematik und Anschaulichkeit mustergültig ist. Jeder Schritt der Testentwicklung wird an einem Demonstrationsbeispiel erläutert, jede wichtige Formel wird in einem Rechenbeispiel in ihrer praktischen Anwendung demonstriert, und viele Abbildungen und Schemata veranschaulichen die Darlegungen." *Diagnostica*

Verlagsgruppe Beltz • Postfach 100154 • 69441 Weinheim • www.beltz.de